中国质量协会
CHINA ASSOCIATION
FOR QUALITY

美国波多里奇国家质量奖案例研究（制造业）

中国质量协会
赵建坤　王　婧　王文佳　于洪波　编译

中国社会出版社
国家一级出版社·全国百佳图书出版单位

Since 1987, the Baldrige Excellence Framework and its Criteria for Performance Excellence have had one overarching purpose: to reflect and encourage the adoption of the leading edge of validated management and performance practice. In today's global marketplace, excellence in any part of the world benefits everyone. We are therefore pleased to support the spread of excellence across the globe and to enable the translation of Baldrige case studies into Chinese and other languages.

Sincerely,

Robert Fangmeyer, Director

Baldrige Performance Excellence Program

自 1987 年以来，波多里奇卓越框架及卓越绩效标准有一个总体目标：反映并鼓励采用经证实的前沿的管理和绩效实践。在当今全球市场中，任何地方的卓越都会使每个人受益。因此，我们非常支持将波多里奇案例研究翻译成中文和其他语言，使卓越在全球传播。

罗伯特·法麦耶

波多里奇卓越绩效项目　主任

编译者序

卓越绩效模式是自20世纪90年代以来国际上兴起的组织综合管理模式，是由国际上三大质量奖（美国马尔科姆·波多里奇国家质量奖、欧洲EFQM奖、日本戴明奖）的评价标准所体现的一套综合的、系统化的管理模式。

实施卓越绩效模式已成为继ISO 9000之后的又一管理热潮。这一热潮表现为两个方面：一是世界上许多国家或地区借助质量奖的形式来推动本国、本地区企业竞争力的提升；二是这些国家或地区的企业借助于质量奖标准来进行自我评价，寻找改进空间，以实现持续改进和卓越绩效。在国际上最著名的三大质量奖项中，影响力最大的首推美国马尔科姆·波多里奇国家质量奖。该奖自1987年以法律的形式（公法100－107）创建以来一直得到美国企业界和政府的高度重视，为美国各类组织的质量管理水平的提高以及在国际市场一直保持强大的竞争力作出了巨大的贡献。美国前总统克林顿曾说："马尔科姆·波多里奇国家质量奖在使美国经济恢复活力，以及在提高美国国家竞争力和生活质量等方面起到了主要作用。"

作为波多里奇国家质量奖的评审标准——"卓越绩效准则"，不仅在美国国内各类组织中得到积极的应用，而且也得到了世界上很多国家的认可。美国前商务部长德里说："如果你追求质量，你不会发现任何比波多里奇质量奖标准更好的标准。我对这个奖了解越多，我越是坚信，作为一个国家，我们应当持续对它进行投资。"许多国家和地区都直接或间接地采用和借鉴"卓越绩效准则"，建立了本国或本地区的质量奖。据统计，世界上已有50多个国家采用了波多里奇国家质量奖标准（卓越绩效准则）。美国前总统布什说："波多里奇国家质量奖正日益成为一种全球性的标准，世界上类似奖项增长的数量是波多里奇质量奖标准重要性的佐证。"2004年8月30日，原国家质量监督检验检疫总局和国家标准化管理委员会正式发布了国家标准GB/T19580－2004《卓越绩效评价准则》，该标准也主要借鉴了美国波多里奇国家质量奖标准（卓越绩效准则）。

《美国波多里奇国家质量奖案例研究（制造业）》是美国国家标准技术研究院（NIST）精心设计的专门用于培训波多里奇国家质量奖评审员的教材。本书描述了一家虚构的电子（集成电路）行业的小型高科技制造企业柯林科技。案例所虚构的柯林科技与任何一家现实组织没有联系，除一些国家和政府组织外，案例所提及的其他组织皆属虚构。由于这份案例研究是为了培训以及理解波多里奇国家质量奖自评报告内容而设计的，因此没有全部回答评奖准则中的所有方面。柯林科技的过程条款得分在第4评分带，结果条款得分在第3评分带。过程条款得分在第4评分带的组织有系统、有效的方法应对准则的整体要求，但在某些方面和部门的展开有所不同。关键过程得益于基于事实的评价和改进，方法与组织需求不断协调。结果条款得分在第3评分带的组织，对于准则要求和组织使命的重要方面取得较好绩效结果。一些重要方面的结果有对比和趋势数据，其中一些向好趋势明显。

书中包括了有关对标准要求的回答、组织自我评价、资料评审和现场评审以及反馈报告方面的众多信息。本书除了适合评审员培训使用之外，还适合各类申报质量奖的组织使用。对于那些希望通过自我评价，寻找改进空间，以实现持续改进和卓越绩效的企业或组织同样具有参考价值。

本书分为3部分：

第1部分是一份虚构的自评报告。该部分展示了美国波多里奇国家质量奖自评报告的书写格式和主要内容，提供了“卓越绩效准则”7个条款要求的详细信息，回答了19个条款的每一个条款的问题，涵盖了准则中的32个“着重方面”。

第2部分是针对自评报告的评分册。该部分是由非常有经验的评审专家依据自评报告的内容给出的评语和针对19个条款的评分范围，以及一旦进入现场评审时应重点考察的问题。这些问题为制订现场评审计划提供了基础，同时也包括了有待进一步考察和澄清的主要方面。建议的得分范围放在了评语的最后。在实际的自评报告评审过程中，评审委员会将依据评审员的评分信息来判断申报组织是否会进入下一阶段的评审。

第3部分是由评审委员会根据书面自评报告、评语和评分册以及现场评审（假如有）的结果给出的综合评价报告，即反馈报告。所有申报波多里奇国家质量奖的组织都会收到一份类似的反馈报告。反馈报告概述了评审的关键主题，确定了申报组织获得的总分等级，确定每一个准则条款或条款的分值（百分数）范围，列出了优势和改进机会。这一部分对于申报企业来说，是最有价值的。企业通过反馈报告可以获得外部专家对自己企业的客观评估，而且，就获得的价值和申报的成本来讲，近乎是免费的。有很多企业，就是为了获得这份宝贵的反馈报告才多次申请波多里奇国家质量奖的。

长期以来，中国质量协会一直将引进和推广国际上先进的质量管理理念、模式和方法作为研究和开发工作的一项重要任务。我们翻译、出版本书的目的是为国内申报全国质量奖或地方质量奖的组织以及使用卓越绩效准则进行自我评价的组织提供参考和借鉴。

全书由中国质量协会编译。我们在翻译和校对的过程中极力希望做到忠实于原文和避免差错，但是由于水平的局限，难免出现不足和疏漏，望读者多加指正。

编译者

2018 年 6 月

目　录

2013 年资格证明表

> 本文件包含申请 2013 年马尔科姆·波多里奇国家质量奖的资格证明表和资格要求清单。在填表之前，请登录我们的网站（http://www.nist.gov/baldrige/enter/eligible.cfm），核实贵单位是否具备申报资格。
>
> 为进入文本编辑状态，请将光标移到填写区域，点击高亮显示位置即可开始输入。使用 Tab 键移动文本窗格。

除了符合我们网站上规定的一般资格条件和资格要求外，贵单位申报波多里奇奖时还必须满足下列条件之一。如有疑问，请致电（877）237－9064 转 3。

如果符合条件 2、3 或 4，请在下表中填写相应信息。

1. 本组织曾获过波多里奇奖。	是　贵单位符合条件。	否　请看第 2 条陈述。
2. 本组织在 2008—2012 年，曾获过卓越绩效联盟[①]成员奖励项目的最高奖。	是　贵单位符合条件。 奖励项目：州卓越绩效中心 获奖年份：2012	否　请看第 3 条陈述。
3. 本组织在 2008—2012 年，申请过波多里奇国家质量奖，反馈报告中的过程和结果总的分数等级在 8 分及以上。[②]	是　贵单位符合条件。 申报年份： 分数等级总分：	否　请看第 4 条陈述。
4. 本组织在 2008—2012 年申请过波多里奇国家质量奖，并进入现场评审。	是　贵单位符合条件。	否　请看第 5 条陈述。
5. 本组织超过 25% 的员工在本州之外。	是　贵单位符合条件。	否　请看第 6 条陈述。
6. 卓越绩效联盟的奖励项目中没有适合本组织的。	是　贵单位符合条件。	否　请致电（877）237－9064 转 3

① 译者注：卓越绩效联盟（The Alliance for Performance Excellence）是致力于推进波多里奇奖项目，由国家、州和地方基于波多里奇奖项目组织联接的成员网络。

② 译者注：波多里奇奖评审标准的总分是 1000 分，由过程部分（总分 550 分）和结果部分（总分 450 分）构成；过程部分和结果部分的得分等级各有 8 个分级。其中过程部分（以“得分＝分数等级”的形式，将得分与分数等级对应），1—150＝1，151—200＝2，201—260＝3，261—320＝4，321—370＝5，371—430＝6，431—480＝7，481—550＝8；结果部分（得分与分数等级对应），0—125＝1，126—170＝2，171—210＝3，211—255＝4，256—300＝5，301—345＝6，346—390＝7，391—450＝8。

1. 组织的

官方名称	柯林科技公司	总部地址	田纳西州纳什维尔市工业路 624 号，邮编 37217。
其他名称			
曾用名称	（如果过去 5 年内有更名）		

2. 最高管理者

☒先生　☐夫人　☐女士　☐博士

姓名	乔治·米切利（Georgio Michelli）	地址	☒同上
职务	首席执行官（CEO）		
电子邮箱	georgio. michelli@ CollinTech. com		
电话	615 - 555 - 8162		
传真	615 - 555 - 3932		

3. 联系人

指定一位能够代表贵单位接受询问的人。评审过程中贵单位如有关于波多里奇项目的疑问或意见建议，仅限于以下联系人和备选联系人与我方联系。

☐先生　☐夫人　☒女士　☐博士

姓名	米歇尔·布兰登（Michelle Blanton）	地址	☒同上
职务	卓越绩效经理		
电子邮箱	Michelle. blanton@ CollinTech. com		
电话	615 - 555 - 4586	快递地址	☐同上
传真	615 - 555 - 3958		

4. 备选联系人

☒先生　☐夫人　☐女士　☐博士

姓名	杰弗里·梅西埃（Jeff. mercier）	电话	615 - 555 - 2618
电子邮箱	Jeff. mercier@ CollinTech. com	传真	615 - 555 - 3976

5. 申请情况

a. 贵单位之前是否提交过证实性材料？

☒是。说明提交的年份、当时组织的名称（如有变化）。

年份	1992，1999
名称	

☐否

资格证实性材料截至 2013 年 4 月 2 日（推荐评审员截至 2 月 19 日）
奖项申报材料截至 2013 年 5 月 14 日（4 月 30 日提交光盘材料）

☐ 不清楚

b. 贵单位是否获得过马尔科姆·波多里奇国家质量奖？

☐ 是。贵单位是否在 2007 年或之前获过奖？

☐ 是。贵单位具有申报资格。

☐ 否。如果贵单位在 2008—2012 年获奖，那么只有资格获得反馈报告。如有疑问请致电波多里奇项目组（877）237－9064 转 3。

☒ 否

c.（选填：仅用于统计）贵单位是否参加过州或地方基于波多里奇准则评审的奖项？

☒ 是。年份：1993，1997，1998，2011，2012

☐ 否

6. 奖项类别

登录我们的网站（http://www.nist.gov/baldrige/enter/eligible.cfm）核实贵单位是否具备申报资格。

a. 奖项类别（选 1 个）

教育和卫生保健组织可以使用营利性或非营利性标准，可选择服务业、小企业或非营利组织，然而，或许你会发现其他更适合的具体领域的标准。

营利性	非营利性
☒ 制造业	☐ 非营利组织
☐ 服务业	☐ 教育机构
☒ 小企业（少于 500 员工）	☐ 医疗卫生机构
☐ 教育	
☐ 卫生保健	

b. 行业类别。在下表中列出三个最能代表贵单位业务的北美产业分类体系（NAICS）代码（文档结尾可查询）。代码用来识别贵单位的行业以便于安排评审员。

3344		

7. 组织结构

a. 在上一个财务年度，组织实现

☐ 100 万美元以下的	☒ 100 万到 1000 万美元的	⇨	☒ 销售额
☐ 1000 万到 1 亿美元的	☐ 1 亿到 5 亿美元的		☐ 总收入
☐ 5 亿到 10 亿美元的	☐ 超过 10 亿美元的		☐ 预算

b. 附上包含各部门、各单元的组织机构图，并在每个框中注明部门或单元名称及负责人姓名。框中不加底纹或颜色。

☒ 已附图。

c. 本单位与母单位或系统的关系。（可多选）

☒ 并非任何组织的子单位（跳到条款 8.）

☐ 子机构　☐ 受控制　☐ 受管理　☐ 被所有

☐ 分机构　☐ 子单元　☐ 下属学院　☐ 其他________

母单位		地址	
受薪员工总数*			
最高管理者		职务	
电话			

＊受薪员工包括永久的、兼职的、临时的和远程办公的员工，以及组织监管的劳务工。含下级单位的员工但不含合资单位的员工。

d. 贵单位是否母单位下唯一一个申报奖项的子单位？根据母单位组织的规模，奖项可接受多个子单位的申请（核实贵单位是否有资格 http：//www. nist. gov/baldrige/enter/eligible. cfm）。

☐ 是　☐ 否（在下方简要说明）　☐ 不清楚

e. 附上展示贵单位与母单位更高管理层关系的组织结构图，包括所有的中间层，并在每个框中注明部门或单元名称及负责人姓名。框中不加底纹或颜色。

☐ 已附图。

f. 根据组织结构图，简要描述贵单位与母单位或其他子单位在产品、服务和管理架构方面的关系。

g. 提供能够清楚证明贵单位是独立主体的正式文件（如年度报告、组织文化手册、新闻稿件等）。

标题 ________　日期 ________

标题日期附上该文件相关部分的复印件。如果你提供的是网页，请打印并附上有关页面，提供网站名称（不需要网址）。

☐ 已附该文件。

h. 方便的话，简要描述母单位或其他子单位为本单位提供的主要职能，如战略规划、业务交易、研究开发、设备管理、数据收集和分析、人力资源服务、法律服务、财务或会计、销售或市场、供应链管理、全球扩张、信息和知识管理、教育或培训项目、信息系统和技术服务、课程开发和指导、专业项目协作或开发。

8. **资格审定**

再次确定贵单位是否具备申报资格。（http：//www. nist. gov/baldrige/enter/eligible. cfm）

a. 贵单位是否是总部位于美国的独立组织或业务部门？

☒是 □不是 简要说明

b. 贵单位是否正式成立一年以上，即 2012 年 4 月 2 日之前成立？

☒是 □否

c. 贵单位能够回应波多里奇准则七个章节的所有条款吗？尤其是贵单位是否有独立的运营、产品和/或服务的相对应的过程和结果？举例来说，是否拥有独立的领导体系来制定和部署愿景、价值观、战略和行动计划？是否有面向顾客和员工的做法，以及对这些做法效果的跟踪和数据分析？

☒是 □否

d. 如果贵单位的经营涉及美国境外的地区，而且贵单位获得进入现场评审的机会，那么贵单位能否在美国境内提供充足的人员、材料和设备以允许对全球范围内情况的全面评审？

□是 □否 ☒不涉及该问题

e. 假如最终获奖，贵单位能否安排适合人员、准备充足材料在追求卓越大会上以及贵单位美国境内的经营现场分享卓越绩效实践？

☒能 □不能

如果你在 8a、8b、8c、8d 或者 8e 选择“否”选项，那么请致电波多里奇项目组（877）237 - 9064 转 3。

限于作为子单位的申报组织须回答的问题

f. 贵单位与母单位或其他子单位能否明显区分？比如，顾客能否将贵单位的产品和服务与母单位或其他子单位的产品和服务区分开来？贵单位的产品或服务在母单位内部是否具有独特性？母单位内部的其他部门生产类似的产品或服务所面向的客户群是否不同？

□是。继续回答 8g。

□否。贵单位可能不具备申奖资格，请致电波多里奇项目组（877）237 - 9064 转 3。

g. 贵单位是否是教育或医疗卫生组织的子单位？［阅读我们网页“申报组织资格”（http：//www. nist. gov/baldrige/enter/eligible. cfm）审核贵单位的资格。］

□是。转到第 9 项。

□否。继续回答 8h。

h. 贵单位受薪员工是否超过 500 人？

□是。贵单位有申报资格。转到第 9 项。

□否。继续回答 8i。

i. 贵单位是否致力于生产或服务？

☐ 是。该机构是否独立注册并与其他子单位分开？或者该机构在被母单位兼并前是不是独立主体，而且兼并后继续独立运作？

☐ 否。继续回答 8j。

j. 贵单位（1）员工数量与母单位员工总数之比是否超过 25%？（2）贵单位 50% 及以上的产品或服务是否直接销售或提供给外部的顾客或用户，包括母单位、其他对贵单位及母单位有资本或管理控制的组织。

☐ 是。贵单位有申报资格。

☐ 否。贵单位可能没有申报资格。请致电波多里奇项目组（877）237－9064 转 3。

9. 补充材料

组织拥有：（a）支持所有产品线和/或服务线的单独绩效系统；（b）有与顾客/用户、技术、工人或职员类型、计划相对应的产品或服务。

☒ 是。继续回答第 10 项。

☐ 否。贵单位需要提供额外的补充材料。请致电波多里奇项目组（877）237－9064 转 3。

10. 申报格式

如果贵单位申报 2013 年奖项，将采取哪种方式提交申报材料？

☒ 15 份纸质材料和一张电子版光盘（必须在 2013 年 5 月 14 日前寄出）

☐ 只提供光盘（必须在 2013 年 4 月 30 日前寄出）

11. 使用手机、无绳电话或网络电话

是否授权波多里奇评审员使用手机、无绳电话和网络电话的形式讨论贵单位的申报材料？你的回答不会影响组织的申报资格，评审员会对你的信息严格保密，只会必要的时候跟其他注册评审员以及波多里奇项目代表讨论贵单位的申报材料。

☒ 是　　☐ 否

12. 罗列现场

可将包含下列所需信息的现场情况单独附页，必要的时候，可按照职能或区域将现场进行划分，并请覆盖所有列的信息（位置、雇员/教员/职员、志愿者）。如果贵单位获得现场评审资格，波多里奇项目组将会要求更详细的列表。尽管现场评审不会前往美国领土以外的地区，但要求所有的下属单位都可以通过电话会议或视频会议的形式进行联系。

示例				
	现场（美国及境外） 列出所在的城市、州或国家	**员工*** 相应位置填写数据 选 1 个或多个 ☐ 雇员 ☒ 教员 ☒ 职员	志愿者 （或者☐不涉及）	列出各个现场的百分比或填写不适用 选择其中一个的占比 ☐ 销售额 ☐ 收入 ☒ 预算
	郊狼学校 新墨西哥州阿尔伯克基市	381 位教员 200 位职员	25	95%
	仙人掌学校 新墨西哥州伯纳利欧市	17 位教员 2 位职员	3	5%
合计	2	600	28	100%

*“员工”是指完成组织工作涉及的所有人员，包括受薪雇员（如终身雇员、兼职员工、临时员工和远程办公员工以及受组织监督的劳务工）和志愿者。“员工”包括团队领导、监管者和各级管理者。

贵单位				
	现场（美国及境外） 列出城市、州或国家	**员工*** 相应位置填写数据 选 1 个或多个 ☒ 雇员 ☐ 教员 ☐ 职员	志愿者 （或者☒不涉及）	列出各个现场的百分比或填写不适用 选择其中一个的占比 ☒ 销售额 ☐ 收入 ☐ 预算
	田纳西州纳什维尔市	425		100%
合计	1	425		100%

*“员工”是指完成组织工作涉及的所有人员，包括受薪雇员（如终身雇员、兼职员工、临时员工和远程办公员工以及受组织监督的劳务工）和志愿者。“员工”包括团队领导、监管者和各级管理者。

13. 关键运营或组织影响因素

请简洁并尽可能具体地罗列或简要描述下方组织的关键运营或组织影响因素。提供组织的全称（而非简称）。波多里奇项目需要此信息来避免评审员安排过程中的利益冲突问题。评审员也会在评审过程中运用此信息。

k. 主要的产品和/或服务和主要的市场（地方、区域、国内和国际）

> 柯林科技是一家单层、双层和多层印刷电路板企业，也生产软硬结合电路板。此外，也向顾客提供合同研发服务。柯林科技直接向顾客交付产品和服务。主要服务于三个业务领域：航空（国内），个人电子（国际），以及合同研发（国内）。

l. 关键竞争对手（竞争对手中的 5% 或以上）

> SuperFlex，USA Circuits，Ace Circuitry，Ridgeford Technology

m. 关键顾客/用户（顾客或用户的 5% 或以上）

> GBN Corp.，NexTee，MEE2，Sleeker，Valley Tech.，Newton Computers

n. 关键供应商/合作伙伴（供应商或合作伙伴的 5% 或以上）

> UY Electronics，Thai EMS，Apex Glass Works，Supercharged Chips，Mica AWarehouse，Tron Ltd.

o. 财务审计师	f. 会计年度（例如 10 月 1 日—9 月 30 日）
戈德斯坦（Goldstein）和史密斯（Smith）	1 月 1 日—12 月 31 日

14. 评审委员会提名

> 如果贵单位在 2013 年 2 月 19 日前提交资格证明材料，则有机会提名贵单位的高层领导参加 2013 年评审委员会。
>
> 被提名者任期一年，而且必须：
>
> - 之前未参加过评审委员会
> - 美国公民，经常居住地在美国或本土，是申报组织的雇员。
>
> 来自任一组织的委员数量有限制，如果贵单位已经在委员会中有了代表，提名其他人则会影响代表的连任。
>
> 委员会为贵单位提供了重要的学习标准和评审过程的机会，学习时间必须能够得到保证：在 4 月到 12 月之间，委员至少要保证 110 个小时，用于 40 个小时的自学（4 月/5 月），3 到 4 天的培训（5 月），以及 50—70 个小时的独立和合议评审（6 月到 8 月）。如果有需要的话，评审员还需要参加 9 天左右的现场评审。被提名的委员需要自己或由组织负担培训期间的交通和住宿费用。

☐ 先生　☐ 女士　☒ 博士

坎迪斯・筹保（Candice Trobaugh）	来自我们的组织并能够参加 2013 年评审委员会
candice. trobaugh@ CollinTech. com	电子邮箱

☒ 我知悉被提名人或组织需负担参加评审员培训的交通和住宿成本。

15. **费用**

选择资格审查费用（360 美元）的缴费方式。

☒ 支票（附寄）　☐ 汇票（附寄）写明应付“马尔科姆・波多里奇国家质量奖”			
☐ 自动交换中心付款（AHC Payment）		☐ 电汇　银行代码：075 – 000 – 022 银行账户：182322730397	
在通过自动交换中心付款或电汇前，告知美国质量学会（ASQ；[414] 765 – 7205，或 mbnqa@ asq. org）。注明波多里奇奖。			
☐ Visa　☐ MasterCard　☐ American Express			
卡号		持卡人签字	
有效期		工整书写	
账单地址		日期	

发票

如果需要发票信息表（纳税人识别号和认证），请致电 ASQ（414）298 – 8789 拨分机号 7205。

16. **自我证明和签字**

本人声明如下：

（1）本人已核查了所提供的资格证明材料信息。

（2）据我所知，

- 上述材料无虚假信息
- 无重大遗漏事项

（3）基于上述信息和马尔科姆・波多里奇国家质量奖的资格要求，本单位有申报资格。

（4）我知悉若在 2013 年评审的任何阶段发现本单位不符合申报条件的信息，本单位将会被取消获奖资格，只能获得一份反馈报告。

最高管理者签字	工整书写	日期
Georgio Michelli	Georgio Michelli	2013 年 2 月 10 日

17. **提交**

根据 2013 年奖项要求，提交所有的资格证实材料。

- 如提名评审委员会委员，请于 2013 年 2 月 19 日前提交到
- 如不提名评审委员会委员，请于 2013 年 4 月 2 日前提交到

马尔科姆・波多里奇国家质量奖

由 ASQ 转交波奖办公室

威斯康星州密尔沃基市北普朗金顿大街 600 号，邮编 53203

（414）298－8789 拨分机号 7205

附带邮发日期，通过下列方式寄出材料：

- 快递方式（例如安邦快递、联邦快递、联合包裹服务或美国邮政快递）自动记录邮寄日期；
- 美国邮政（不是快递），会有邮局收件日期。

1. **资格证明表** *

☒ 已经完整回答了所有问题。

☒ 已经附上了显示各部门、各单元的组织机构图，并在每个框中注明部门或单元名称及负责人姓名。

☒ 最高管理者已经签字。

限作为子单位的申报组织填写
☐ 已经附上展示本单位与母单位更高管理层关系的组织结构图，包括所有的中间层。
☐ 已经提供了能够清楚证明本单位是独立主体的正式文件。

* 请不要装订该表格页。

2. **费用**

☒ 已经选择了资格审查费用（360 美元，不退还）的缴费方式。

☒ 如选择支票或汇票，已经写明收款人马尔科姆·波多里奇国家质量奖并附在资格证明材料中。

3. **提交和评审员提名**

☒ 提名本单位的高层领导担任 2013 年评审委员会委员，并会在 2013 年 2 月 19 日前提交资格证明材料。

☐ 不提名 2013 年评审委员会委员，并会在 2013 年 4 月 2 日前提交资格证明材料。

☒ 已经提供了邮发日期证明（参考上页说明）。

☒ 将完整的资格证明材料寄到：

马尔科姆·波多里奇国家质量奖
由 ASQ 转交波奖办公室
威斯康星州密尔沃基市北普朗金顿大街 600 号，邮编 53203
（414）298－8789 拨分机号 7205

组织机构图

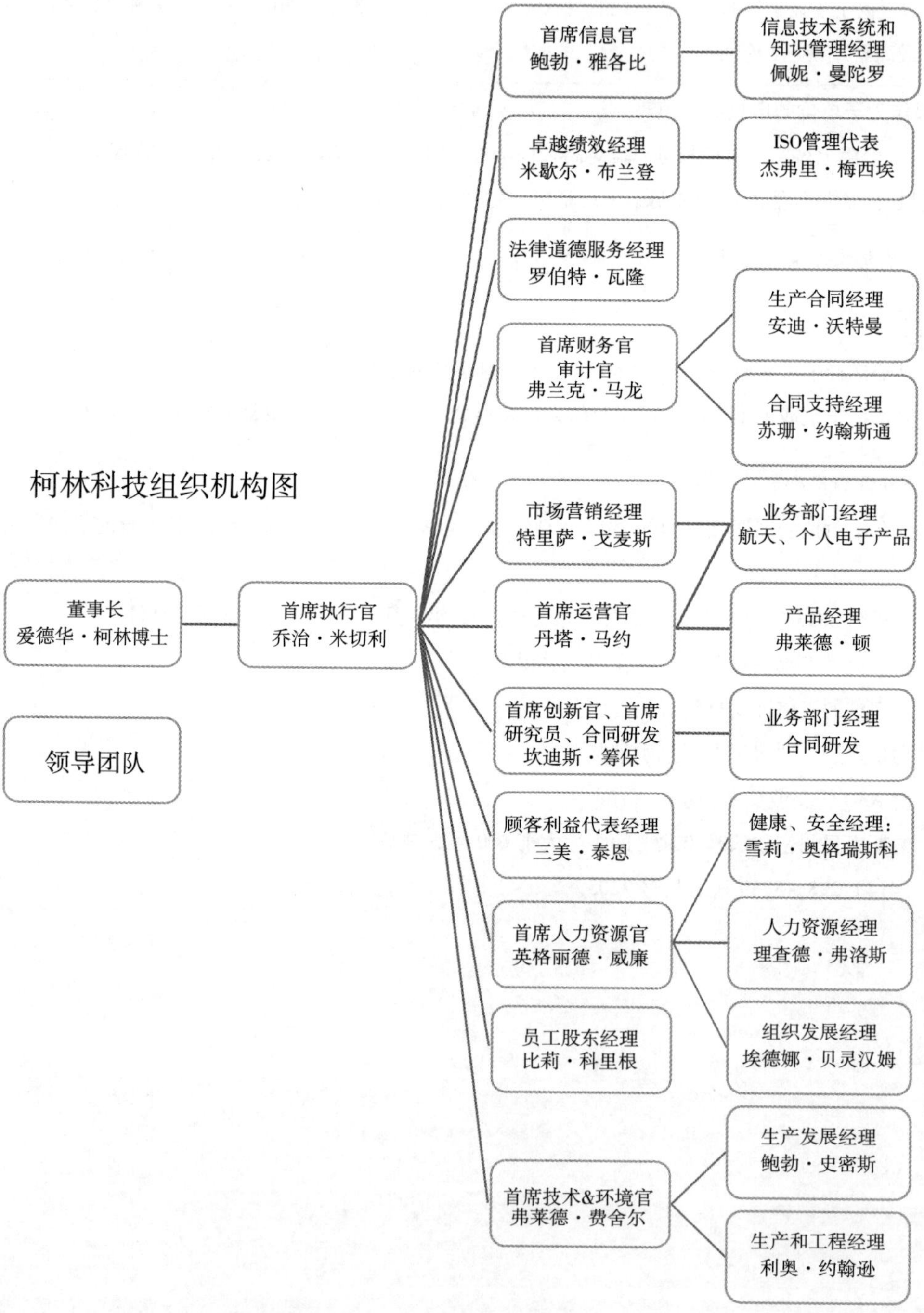
柯林科技组织机构图
董事长
爱德华・柯林博士
领导团队
首席执行官
乔治・米切利
首席信息官
鲍勃・雅各比
信息技术系统和
知识管理经理
佩妮・曼陀罗
卓越绩效经理
米歇尔・布兰登
ISO管理代表
杰弗里・梅西埃
法律道德服务经理
罗伯特・瓦隆
首席财务官
审计官
弗兰克・马龙
生产合同经理
安迪・沃特曼
合同支持经理
苏珊・约翰斯通
市场营销经理
特里萨・戈麦斯
业务部门经理
航天、个人电子产品
首席运营官
丹塔・马约
产品经理
弗莱德・顿
首席创新官、首席
研究员、合同研发
坎迪斯・筹保
业务部门经理
合同研发
顾客利益代表经理
三美・泰恩
健康、安全经理：
雪莉・奥格瑞斯科
首席人力资源官
英格丽德・威廉
人力资源经理
理查德・弗洛斯
员工股东经理
比莉・科里根
组织发展经理
埃德娜・贝灵汉姆
生产发展经理
鲍勃・史密斯
首席技术&环境官
弗莱德・费舍尔
生产和工程经理
利奥・约翰逊

2013 年奖项申请表

A－1 页

1. 组织

官方名称	柯林科技公司
邮寄地址	田纳西州纳什维尔工业路 624 号，邮编 37217

2. 奖项类别和标准使用

a. 奖项类别（单选）

☐ 制造业

☐ 服务业

☒ 小企业 销售倾向于（单选）

☒ 制造业　☐ 服务业

☐ 教育

☐ 卫生保健

☐ 非营利组织

b. 标准使用（单选）

☒ 企业/非营利组织

☐ 教育

☐ 卫生保健

3. 官方联系方式

若必要，请指派一个对组织有深入了解，熟知申请情况，并且有权利回答质疑和安排现场参观的人。波多里奇组委会和贵组织的联系受限于以下联系方式。如果官方联系方式在申请过程中变更了，请通知组委会。

☐ 先生　☐ 夫人　☒ 女士　☐ 博士

姓名	米歇尔·布兰登
职务	卓越绩效经理
邮寄地址	☒ 同上
夜间邮寄地址	☒ 同上（不要使用邮政信箱号码）
电话	615－555－4586
传真	615－555－3856
电子信箱	michelle. blanton@ Collin. Tech. com

4. 替代官方联系方式

☒ 先生　☐夫人　☐女士　☐博士

姓名	杰弗里·梅西埃
电话	615－555－2618
传真	615－555－3976
电子信箱	jeff. mercier@ Collin Tech. com

5. 免责和道德声明

免责声明

我知道这个申请会被评审员评估。

如果我的组织被挑选进行现场评审，我同意组织将：

- 主持现场评审
- 促进一场公开公正的评审
- 支付与现场评审相关的合理的费用（在我们的网站上查看奖项程序的收费界面：http：//www. nist. gov/baldrige/enter/award_ fees. cfm）

如果获奖，我的组织将与其他美国组织分享非专有的成功的卓越绩效战略信息。

道德声明和最高领导者签名

我声明和证实：

（1）我会评估在奖项申请表里我组织提供的信息

（2）尽我所知

- 申请材料中不包含任何不真实陈述。
- 没有遗漏任何在法律上允许公开且影响我组织道德和法律实践的事实。这些包括但不限于法律制裁和道德违背。

George Michelli	5/13/13
签名	日期

☒ 先生 ☐ 女士 ☐ 小姐 ☐ 博士

姓名	乔治·米切利
工作头衔	首席执行官
委托单位名称	柯林科技
邮寄地址	☒ 同上
电话	615 – 555 – 8162
传真	615 – 555 – 3932

术语和缩略语

AB Advisory Board　顾问董事会

ACE Association of Collin Employee Owners　柯林科技员工股东协会

AED Automatic Electronic Defibrillator　电子起搏器

BAT Best Available Technology　最适用的技术

BGA Ball Grid Array　球栅阵列

BSC Balanced Scorecard　平衡计分卡

CAC Collin Administration Center　柯林科技行政中心

CBDP Chemically Bonded Deposition Process　化学结合沉积过程

CCA Collin Customer Advocate　柯林科技顾客支持

CEO Chief Executive Officer　首席执行官

CFO Chief Financial Officer　首席财务官

CI² Continual Innovation and Continuous Improvement　持续创新与改进

CInvO Chief Innovation Officer　首席创新官

CIO Chief Information Officer　首席信息官

CMP Career Management Program　职业管理计划

CNet CollinNet Collin Integrated Network Application　柯林集成网络应用

Cpk Process Capability Index　过程能力指数

CPM Career Path Management　职业生涯管理

CRM Customer Relationship Management　顾客关系管理

CRO Chief Research Officer　首席研究官

CSC Collin Supply Chain　柯林科技供应链

DART Days Away, Restricted, or Transferred　员工因非致命工伤缺勤率

DFM Design for Manufacturability　可制造性设计

EBITDA Earnings Before Interest, Taxes, Depreciation, and Amortization　息税折旧摊销前利润

EEOC Equal Employment Opportunity Commission　均等就业机会委员会

EHS&S Environmental Health, Safety, and Security　环境健康与安全

EIC Electronics Industry Connection　电子工业联盟

EMS Electronic Manufacturing Services　电子制造服务

EO Employee Owner　员工股东（文中简称“员工”）

EPA Environmental Protection Agency　美国环保局

ERT Emergency Response Team　紧急响应团队

ESOP Employee Stock Option Plan　员工股票期权计划

FMEA Failure Mode and Effects Analysis　失效模式和影响分析

HDLW Higher Density and Lower Weight　高密度和低重量

HR Human Resources　人力资源

HRC Human Resources Council　人力资源委员会

IIE Institute of Industrial Engineers　工业工程师学会

IS Information Systems　信息系统

ISO International Organization for Standardization　国际标准化组织

IT Information Technology　信息技术

ITAR International Traffic in Arms Regulations　国际武器贸易条例

ITS Information Technology Systems　信息技术系统

JIT Just-In-Time　准时生产

KPCs Key Product Characteristics　关键产品特性

LAN Local Area Network　局域网

LSS Lean Six Sigma　精益六西格玛

LT Leadership Team　领导团队

MSDS Material Safety Data Sheets　化学品安全使用说明

MTTF Mean Time to Fail　平均失效时间

NEOO New Employee Owner Orientation　新员工入职培训

OPC Collin Operations Center　柯林科技运营中心

OSHA Occupational Safety and Health Administration　职业安全和健康管理局

OTD On-Time Delivery　准时交付

OTJ On the Job　在职

PDCA Plan Do Check Act　策划 - 实施 - 检查 - 处置

PE Personal Electronics　个人电子

PPM Parts per Million　百万分率

PPP Perpetual Planning Process　长期策划过程

PTH Plated-through-Hole　镀通孔

PTO Paid Time Off　带薪休假

QFD Quality Function Deployment　质量功能展开

R&D Research and Development　研究与开发

RDC Collin R&D Center　柯林科技研发中心

RIR Recordable Incident Rate　可记录的事故率

RoHS Restriction of Use of Hazardous Substances　危害物质限用指令

RTIA® Real-Time, Integration, Advancement　实时、整合、推进

SCADA Supervisory Control and Data Acquisition　数据采集与监视控制系统

SCPE State Center for Performance Excellence　州卓越绩效中心

SDEC State Department of Environment and Conservation　州环保局

SG-BJV State Government and Business Joint Venture　州政府和商业联合体

SMEs Subject-Matter Experts　领域专家

SMS Short Message Services　短信服务

SPC Statistical Process Control　统计过程控制

SPP Strategic Planning Process　战略策划过程

SWOT Strengths, Weaknesses, Opportunities, and Threats Analysis　SWOT 分析

UL Underwriters Laboratories　美国保险商实验室

UCE U. S. Council for Electronics　美国电子委员会

USEO U. S. Employee Owners　美国员工股东

VOC Voice of the Customer　顾客声音

VOCs Volatile Organic Compounds　挥发性有机物

WAN Wide Area Network　广域网

WEEE Waste Electrical and Electronic Equipment Directive　报废电子电气设备指令顾问董事会

P　组织简介

“组织简介”是关于组织、组织运营的关键影响因素以及组织所面临的关键挑战的一个简要的描述。

P.1　组织概况

说明组织的经营环境以及与顾客、供应商、合作伙伴和利益相关方之间的主要关系。

a. 组织的环境

柯林科技公司（以下简称“柯林科技”）是爱德华·柯林于1971年创建的互联产业高科技制造商，位于田纳西州纳什维尔市。它在1992年申请了马尔科姆·波多里奇美国国家质量奖，并在1999年再次申请，而且获得了现场评审。反馈报告极富价值，提出了所有高优先级的改进机会。柯林科技多次争创州卓越绩效中心卓越奖，并在2012年获得了卓越奖。

2005年，基于对多层印刷电路板市场变化的预测，公司制定了一些关键战略变革。坎迪斯·筹保博士主动放弃首席执行官的职位，而去领导一个全新的合同研发业务单元。合同研发团队确保使用尖端科技满足顾客的需要。例如，为突破晶体管密度的限制，公司与三所重点大学合作研发替代硅晶片的技术。显而易见，筹保博士对纳米技术的热情，使他做出了领导这项业务的决定。在这次变动中，乔治·米切利除担当首席运营官外，还被任命为首席执行官。

2006年，公司战略性地出售了在日本古河和法国瓦尔邦的制造设施。所获资金用于纳什维尔工厂扩张，包括合同研发团队的实验室空间。考虑到对更高密度、更低重量电路板的需求，柯林科技建立了软硬结合电路板的制造能力，满足新兴的个人电子市场需求。在剥离日本设施时，丹·塔马约被任命为首席运营官。

2007年，柯林科技拓展了员工股票期权计划（ESOP）。现有员工持有公司全部股票，但每个人持有的股票份额不能超过50%。柯林科技采取强有力的股票转让政策，确保收回离职员工拥有的股份，并将其在现有员工股东（也就是所有者，以下简称

"员工"）中重新分配。

（1）*产品供应* 组织主要提供的产品是什么？每个产品对组织成功的相对重要性如何？组织交付产品采取何种方式？

柯林科技是单层、双层、多层电路板，以及软硬结合电路板的制造商。此外，公司也提供合同研发服务。柯林科技直接向顾客提供产品和服务，因为公司认为行业内常用的分销渠道难以维持较高的顾客参与程度。

2008 年以前，多层印刷电路板占主要的产品份额，直到出现了更小更轻的解决方案。维持多种类的产品线（图 P.1－1）仍然是符合柯林科技利益的，而合同研发则增加了市场份额。

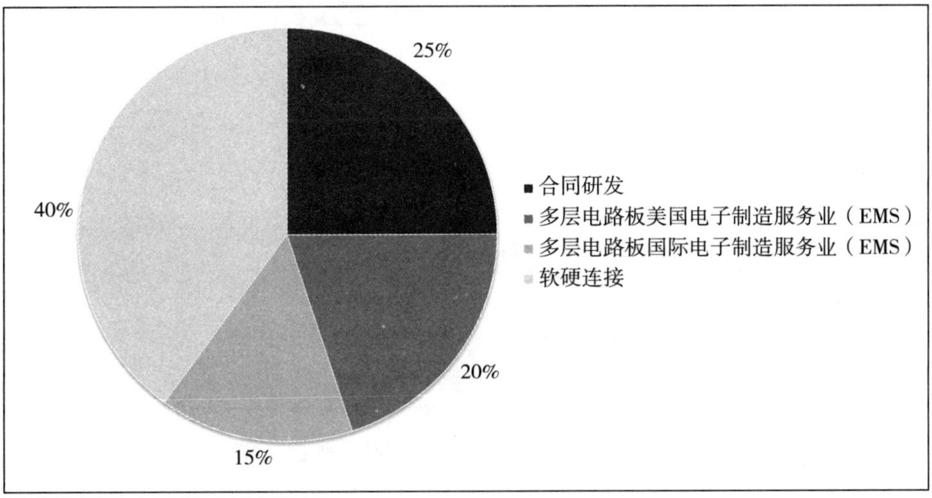

图 P.1－1 2013 年产品组合

（2）*愿景和使命* 组织陈述的宗旨、愿景、价值观及使命是什么？组织的核心竞争力及它同组织使命的关系是怎样的？

柯林科技文化是一种家庭式的文化。员工人人平等，互相信任。作为所有者，每名员工积极致力于公司的成功。这营造了富有热情的工作场所。

通过提供快速响应、卓越品质和高可靠性的高科技产品，柯林科技提高了公司的营业利润。柯林科技的愿景、使命和价值观（见表 P.1－1）是公司各层级制定决策的指导原则。在 2001 年的规划周期，柯林科技重新确定了公司的愿景、使命和价值观，并每年进行审视。在 2009 年的规划周期，增加了核心竞争力的内容。

柯林科技拥有各种类型的人才基础。技术人员基础包括多学科，如机械、化学、电气、材料、工业和制造工程，以及信息系统。高层领导、经理和监督人员也包含在技术人员基础内。技术人员和员工均不来自外部的工会组织。精益过程的实施缩减了支持性工作的员工数量，经过重新培训，这些员工被转移到工厂因研发业务增长所设的不同岗位。员工股票期权计划（ESOP）使每位员工都成为了公司所有者。

表 P.1－1 柯林科技愿景、使命、价值观和能力

愿景
引领未来电路创新
使命
让互联电路用户积极参与未来的产品 为员工提供最佳职业规划和高回报 支持社会和环境 增强我们的社区
柯林科技座右铭（价值观）
协作（Collaboration）：我们是追求同一愿景的同一团队 承诺（Commitment）：我们履行诺言；行事秉持正直、信任、尊重 创造（Creativity）：我们致力于不断创新 勇气（Courage）：我们勇于追求卓越经营 伟大（Colossal）：我们为取得超越他人的绩效而自豪
柯林科技能力
独创：引领产业进步，特别是在工程和研发领域 专业：通过稳健的运营过程，理解我们的顾客并超越他们的期望 特殊的人：通过私人接触，与顾客和相关方构建长久的友好关系

（3）员工概况　组织的员工概况是怎样的？员工或雇员的分类和细分情况是怎样的？不同的员工群体和细分的教育要求是什么？促进员工积极参与完成组织使命和愿景的关键因素是什么？员工构成和职位构成的多样性是怎样的？组织的劳资谈判单位是什么？组织特殊的健康和安全要求是怎样的？

员工构成和员工要求见表 P.1－2。

工厂员工健康和安全的要求与各类化学品和物料的安全处理密切相关。全体员工每年都要参加“化学品安全使用说明（MSDS）”和化学品操作行为规范的知识更新培训。过去 10 年对重金属的连续去除已经使公司不再需要个人健康监视计划。员工均接受过原料安全处理技术方面的培训，这些知识在处理软连接电路卷材时非常重要。此外，适合的搬运技术和个人防护设备的使用也是安全计划中的主要内容。

表 P.1-2 员工构成

员工构成				
员工团队			教育要求	
技术	120	28%	工程师	文学士/理学士 以上
			技术员	大专
工人	228	54%	主管	文学士/理学士 以上
			其他	高中/同等学力 以上
支持	77	18%	全体	高中/同等学力 以上
多样化				
	柯林科技	社区		
白人	64%	74%		
非裔美国人	19%	15%		
拉丁美洲人	10%	6%		
其他	7%	5%		
性别	男性	女性		
	41%	59%		
员工的要求				
“在工作方面我感觉既安全又安心。”				
“我以一名柯林科技股东而自豪。”				
“我在工作上与众不同。”				
“我有机会学习和晋升。”				
“我有竞争力的薪资和福利。”				

(4) 资产 组织主要的设备、技术和设施是怎样的?

柯林科技在2006年扩建成由三座大厦组成的园区。ADC是行政中心，RDC是研发中心，OPC是运营中心。三座大厦通过一层走廊连接在一起。RDC资产包括标准实验设备、尖端显微镜和专有的用于精细线路成像的原型设备。RDC大楼非常干净，各区域除尘等级从百级（ISO 5）到1级（ISO 3）。RDC还配备在制品破坏性试验室。

OPC大厦被视为10万级（ISO 8）的洁净室，各工作区域设计成百级（ISO 4）或10级（ISO 4）。印刷电路板生产线，包括成像、蚀刻、去膜、镀通孔、线路电镀和测试，都自动化完成。其他生产区负责球栅列阵（BGA）、微型球栅列阵（μBGA）、装配、线路板修理，以及保护电路的保形涂层。大多数测试是运用飞针测试仪或毗邻电路特种测试方式在线同步完成的，必要时可以采用破坏性试验。柯林科技采用一家曾获马尔科姆·波多里奇国家质量奖的企业开发的RITA®（实时、整合、提升）技术，通过“柯林科技网”

或“CNET 网”实现云沟通、物流管控和 B2B 沟通。所有的信息技术服务都集中在 ADC 大厦中，包括用于实现生产设备自动控制的“数据采集和监控系统（SCADA）”。

（5）法规环境　组织运营的法规环境是怎样的？有哪些适用的职业健康与安全法规，认可、认证或注册方面的要求？行业标准，环境、财务及产品的法规要求是什么？

柯林科技必须遵循的监管环境要求不断提升。柯林科技持续保持质量体系（ISO 9001:2008）、AS9001（航空航天）和环境体系（ISO 14001:2004）的外部认证。此外，公司还遵从 ISO 26000 中提出的社会责任要求。RDC 研发中心服从 ISO/TR 12885:2008 纳米技术健康安全指南。柯林科技所有的设备的使用都遵从 ITAR 条例（国际武器贩运的条例）、RoHS（电气、电子设备中限制使用某些有害物质指令）和 WEEE（报废的电子电气设备）指令，并经过 UL（保险商实验室）认证。为符合 2010 年 7 月美国禁止使用矿石和金属为刚果共和国与其邻国的冲突提供财政支援的要求，柯林科技已经移除生产过程中的重金属和有关的冲突金属。

柯林科技是电子工业联盟（EIC）的成员。员工们积极参加 EIC 的社区工作，柯林科技也因员工的贡献于 2012 年赢得了 EIC 的赞誉。测试和检查员工获得 EIC 颁发的 EIC-A-600、EIC 6012 和 EIC-A-610 资格证书，焊接员工获得 J-STD-001 认证，维修员工获得 ICP 7711 和 EIC7721 认证。

柯林科技严格遵守所在州和国家的职业安全与健康条例（OSHA）要求，在 2009 年获得（1）SHARP 奖，2011 年获得（2）OSHA 小企业志愿保护计划的 VStar 奖。

柯林科技积极配合州环保局（SDEC）工作，获得多项环境管理奖：2002 年预防工业污染奖、2006 年有害垃圾管理奖和 2009 年能源领袖奖。基于 2009 年工作场所回收再利用和 2011 年工业金属回收的卓越成绩，柯林科技荣获美国国家环保局（EPA）“废物明智计划”金奖。

柯林科技将继续遵守美国劳动部法案，遵从美国通用会计准则，以及服从萨班斯—奥克里斯法案。

b. 组织的关系

（1）组织结构　组织的结构和治理体制如何？组织治理委员会、高层领导和母公司之间的报告关系是怎样的（适用时）？

柯林科技的组织结构相对扁平化。独立的顾问董事会（AB）由公司创始人和董事长爱德华·柯林领导。公司任命能够代表员工利益的信托人，参与独立顾问董事会对员工股票期权计划（ESOP）的评审。首席执行官（CEO）直接向独立顾问董事会汇报，高层领导向首席执行官汇报，所有的其他员工既可以向高层领导也可向经理汇报，再由经理向高层领导汇报。领导团队（LT）由高层领导组成。大部分员工也是职能团队的一部分，团队领导则定期轮换。

（2）顾客与利益相关方 组织主要的细分市场、顾客群和利益相关方是怎样的？它们对组织的产品、顾客支持服务和运营的主要要求和期望是什么？不同的细分市场、顾客群和利益相关方，其要求和期望有哪些不同（适用时）？

顾客是维持柯林科技发展的重要组成部分，分成若干业务细分市场，见表 P.1－3。利益相关者指那些与公司宗旨相符的成员，包括员工（要求见图 P.1－2）、顾客、合作供应商、电子制造服务（EMS）伙伴，以及大纳什维尔社区。

柯林科技与 GBN 公司签订独家合同，为其一种新型机密航空器项目 D 设计和制造产品。项目 D 生产期间，柯林科技生产能力的 80% 将为之配套。为确保充足的产能，柯林科技会在元件平均无故障时间（MTBF）之前彻底地更换有关零部件。柯林科技测量六个主要的顾客要求：电路系统可靠性、高密度低重量（HDLW）电路、有竞争力的价格、产品寿命周期内的顾客支持、产品的准时交付（OTD）和极高的质量（见图 7.1－1，图 7.1－2 和图 7.1－3）。这些要求的优先顺序随市场的变化而不同。

纳什维尔州的社区希望柯林科技提供安全的就业机会，并成为空气和水质管理方面的榜样，成为商业领域的合作伙伴，为众多社会组织提供领导并支持社区发展活动。

表 P.1－3 市场和顾客期望

市场细分和产品用途	主要顾客	期望					
		可靠性	HDLW	价格	顾客支持	OTD	质量
航空航天：驾驶舱和导航仪表、飞行控制模块	GBN 公司	#1	#2	#6	#3	#5	#4
个人电子装置：手机和卫星电话、平板电脑和微型计算机、照相机、玩具	NexTee MEE2 Sleeker	#4	#1	#2	#6	#3	#5
合同研发：电路辅助设计、精细线成像开发、生产过程	山谷科技 Newton 计算机	#3	#2	#5	#1	#6	#4

注：数字代表优先级。

（3）供应商与合作伙伴 组织关键的供应商、合作者、合作伙伴是什么？他们在组织的工作系统，特别是在生产与交付关键的产品和顾客支持服务中起到什么样的作用？他们在增强组织的竞争力方面起到什么作用？与供应商、合作者、合作伙伴沟通的关键机制是怎样的？供应商、合作者、合作伙伴在组织实施创新中起什么作用？组织最重要的供应链要求是什么？

合作伙伴和供应商是柯林科技供应链（CSC）中有价值的成员。70多个伙伴供应商持续提高自身的产能和能力，满足了柯林科技严格的质量要求，这些供应商包括基板材料、工艺化学品、定制成像设备、自动化生产设备的技术支持、校准服务和特殊测试服务。供应商是大宗商品的提供者。

柯林科技拥有两个特别的电子制造服务（EMS）合作伙伴来提供大容量薄板、复杂的电路和电路的装配服务。UY电子工业公司是一家女性所有的小型商业公司，为满足符合“购买美国货法案”要求，柯林科技选择与之合作。当有竞争力的价格成为关键要求时，柯林科技选择与泰国EMS合作。2010年11月“泛洪”时，泰国EMS和其他众多竞争对手的设备被损坏或严重毁坏。但是2012年2月，泰国EMS已能够全面恢复运营，而其他EMS设施4—7个月内仍无法正常使用。泰国EMS证明自己达到了柯林科技对于合作伙伴的严格要求。因为与柯林科技有很强的合作关系，UY电子工业公司扩大了产能，以确保能够按时配送柯林科技所要求的全部外包产品。

为了确保可制造性和测试，伙伴供应商参与全部的设计过程。CNet是柯林科技和其合作伙伴及供应商传输信息的主要渠道。此外远程电话会议和视频会议使实时信息能传递到所有柯林科技供应链。柯林科技供应链价值要求是：（1）有与柯林科技一起创新技术的能力；（2）高质量及可靠的产品；（3）使用领先技术；（4）价格。对于确保柯林科技保持竞争优势而言，要求供应链具备这些能力是必需的。

P.2 组织的形势

说明组织面临的竞争环境、主要的战略性挑战与优势，以及组织的绩效改进系统。

a. 竞争环境

（1）竞争地位 组织处于什么样的竞争地位？在行业内或所在的市场上，组织的相对规模和发展情况如何？组织竞争对手的数量和类型是怎样的？

从宏观角度而言，柯林科技的竞争对手是那些通过兼并和并购成长起来的国际企业集团。在过去的7年中，SuperFlex公司并购了许多柯林科技的竞争对手或者是其子公司兼并了一些竞争者。现在仅存为数不多的美国公司有能力利用全部国产原料生产印刷电路板。自从柯林科技开发了软硬结合的能力，该细分市场大致被平分。竞争对手包括美国电路、Ace电路和Ridgeford科技。为获得完美的顾客参与，柯林科技利用高水平的顾客忠诚度与关键顾客建立独家协议，以保持市场份额。

（2）竞争变化 正在影响组织竞争格局的主要变化有哪些？包括产生创新与合作机会的变化吗？

柯林科技创立 RDC 研发中心的目的，在于确保其在电子工业领域引领创新变革的早期设计地位。自计算机时代开始以来，铜是电路中电子连接材料的选择。柯林科技也依赖硅片；但是，根据电子工业联盟（EIC）的报告，硅片上晶体管的数量翻倍将很快导致其满负荷。RDC 研发中心致力于研究可代替铜的其他导电材料，例如原子大小的碳素纤维管，并研究光子的使用来代替电子的使用。纤维光学已经证实光子能更有效地传递信息。通过对底层技术和原型制作要求能力的合作研究，柯林科技意指重新定义该市场。

（3）竞争数据 在行业中，组织可获得的主要对比性和竞争性的数据来源有哪些？在本行业外，组织可获得的主要对比性数据来源有那些？组织获得这些数据的能力存在哪些局限性？

作为电子工业联盟（EIC）和支持互联工业的许多委员会的一员，柯林科技有机会参与每月的调查并能以优惠的费用获得该产业报告。这个联盟的数据提供世界范围内的有价值的对比信息。柯林科技能获得关于产业趋势、订货出单比率、高层领导和普通员工的薪资和福利研究报告。

其他对比数据的来源是波多里奇美国国家质量奖网上资源和年度“追求卓越大会®”。柯林科技通过“制造业最佳工厂®计划”网络出版物和“最佳职业规划®计划”搜寻可利用的信息。每三年，柯林科技会与一家外部公司签订合同并进行顾客参与调查，这将校准柯林科技内部开展的调查以获得有效的数据。员工调查（员工参与度）聘请第三方完成以便获取有效的对比数据。柯林科技也跟踪“美国员工股东（USEO）”和员工股票期权（ESOP）协会获得一些绩效比较数据。

b. 战略背景

组织在业务、运营、社会责任、人力资源方面所面临的关键战略挑战与战略优势是什么？

柯林科技拥有若干战略优势，同时努力应对战略挑战，详情见表 P.2－1。

表 P.2－1 战略优势和战略挑战

战略优势	
SA－1	快速交付高质量、高可靠性互联解决方案的商业信誉
SA－2	对问询的及时响应和处理快速变化订单的成功历史
SA－3	当订购和交付产品时候要“私人接触”
SA－4	有关决策所分析的明智风险，确保不开发的风险不超过继续的风险
SA－5	有降低精细线（直径 1mil. 和间隙 1mil.）产品不合格的稳定过程
SA－6	二级可持续能力（共分四级）：消除使用有害原料，主动设计和开发减少能源消耗、充分回收利用副产品、设备和减少废物
SA－7	员工享受最佳职业规划®和员工股票期权计划，他们获得与其工作相关的能力认证

续表

战略挑战	
SC-1	通过兼并的行业扩张是近十年的趋势，也是柯林科技成为100%员工持股的原因
SC-2	坚持当前生产要求的同时，还继续扩大顾客合同研发服务
SC-3	高密度低重量（HDLW）的顾客要求更细的线和间隙（10—50μm），这要求投资更贵的设备以保障达到稳定过程
SC-4	三级可持续能力要求增大R&D投入以提升可持续能力/绿色制造能力（长期挑战）
SC-5	员工积极参与可持续能力要求他们充分支持和提升环境的可持续性
SC-6	培养全体员工的领导力，不管他们目前是何职位和头衔

c. 绩效改进系统

组织绩效改进系统的主要要素是什么？包括评价过程以及关键的组织项目和过程的改进吗？

在1992年和1999年波里多奇反馈报告中，柯林科技被证实在绩效改进方面拥有坚定的战略并做了很多改进。在2012年初，一位员工给高层领导带来一篇美国质量学会出版物中的文章后，柯林科技齐心协力将业绩改进和可持续发展系统进行了整合。这个整合的系统包括两项主要内容：持续改进与创新（CI^2）。学习这两项内容的差别对公司很重要。不断创新意味着，为确保这些创新和改变是有意义的，公司会经常处于警觉和警惕状态。这要求领导在承担明智风险的前提下选择战略性的改进机会。持续改进意味着会有一连串和不间断的机会，需要在公司高层领导指导下，排除障碍，沿着既定的创新之路前行。

这个整合的系统与加强关键过程的“策划—实施—检查—处置（PDCA）”框架协调一致。在过程设计和业绩评审过程中的数据分析所发现的一些问题，经过PDCA循环得以改善。新的问题解决了可持续和分析过程的整合（见表6.1-1）。

柯林科技进行ISO9001认证，所有过程都在这样的内部审计过程中经历年度评价和改进。检查表指导审核包括对过程负责人的提问，以核实过程是否已被评价，问题是否通过CI^2过程得以解决，CI^2过程是否采用了精益六西格玛（LSS）或其他适宜的改进技术。

1 领导（120 分）

“领导”类目评审组织高层领导的个人行为如何引领组织，保持组织持续稳定发展。同时还评审组织的监管系统，以及组织如何履行其法律、道德和社会责任并支持其所在的主要社区。

1.1 高层领导（70 分）：高层领导如何发挥领导作用

说明高层领导的个人行为如何引领组织、保持组织持续稳定发展，说明高层领导如何营造一个促进顾客参与、创新和高绩效的环境，说明高层领导如何与员工和关键顾客进行沟通。

1.1a 愿景、价值观和使命

1.1a（1）*愿景和价值观* 组织的高层领导如何确立组织的愿景和价值观？高层领导如何通过领导系统将组织的愿景和价值观展开到全体员工、关键的供应商和合作伙伴、顾客和其他利益相关方（适用时）？高层领导的个人行为如何反映出其对于组织的价值观的承诺？

1995 年，坎迪斯·筹保与他的领导团队（LT）在孟菲斯花了一周的时间，分析柯林科技现存的优势、劣势和成功的整体障碍因素。他们通过一个分析过程确定了一组核心价值观、总的公司使命和战略方向。几年之后，他们开发并优化了领导过程，将其与战略策划过程（SPP）整合在一起。在每年一次的战略策划过程中，他们都会评价愿景和价值观，以确保这些关键信息有效定义柯林科技的运营方式和未来发展方向。他们通过 2001 年战略思考训练，再次优化了愿景、使命和价值观（表 P.1－1），保证了愿景能够完全涵盖电路和互联解决方案的技术进步。从那时起，领导团队每年都会对愿景和价值观进行评价和确认。2009 年，他们重新修订了使命，将“支持关键社区”更新为“支持社会和环境”和“增强我们的社区”。这种变化与柯林科技承诺的在社会责任和可持续发展能力方面的变革更加协调一致。

领导团队通过柯林科技的领导系统（图 1.1－1）、沟通过程和领导集体的模范行为，展开公司的愿景和价值观。新员工的入职培训由一名领导团队成员指导，他亲自讲授柯林科技的愿景和使命，以及柯林科技座右铭（价值观）和柯林科技能力。伙伴供应商参与“柯林科技承诺”研讨会，被作为与柯林科技做生意的基本门槛。同时，柯林科技也通过伙伴供应商合同强化其愿景、价值观和使命。顾客在与柯林科技顾客支持（CCAs）的早期沟通中了解柯林科技的历史，而这些顾客支持人员阐明公司的愿景、价值观和使命如何与他们的互联需求协调一致。

2008 年以来，柯林科技领导团队每月都会识别与愿景、使命和价值观相关的最适合的“生动词语”信息。这些信息要经过一个字一个字精雕细琢，以确保不同的人在表达时有一致性。例如，使命经过修订之后，词语表达为：“我通过……支撑社会”，这使得每位领导团队成员都可以以自己的努力为例来说明，然后再问员工们有可能采取的行动。

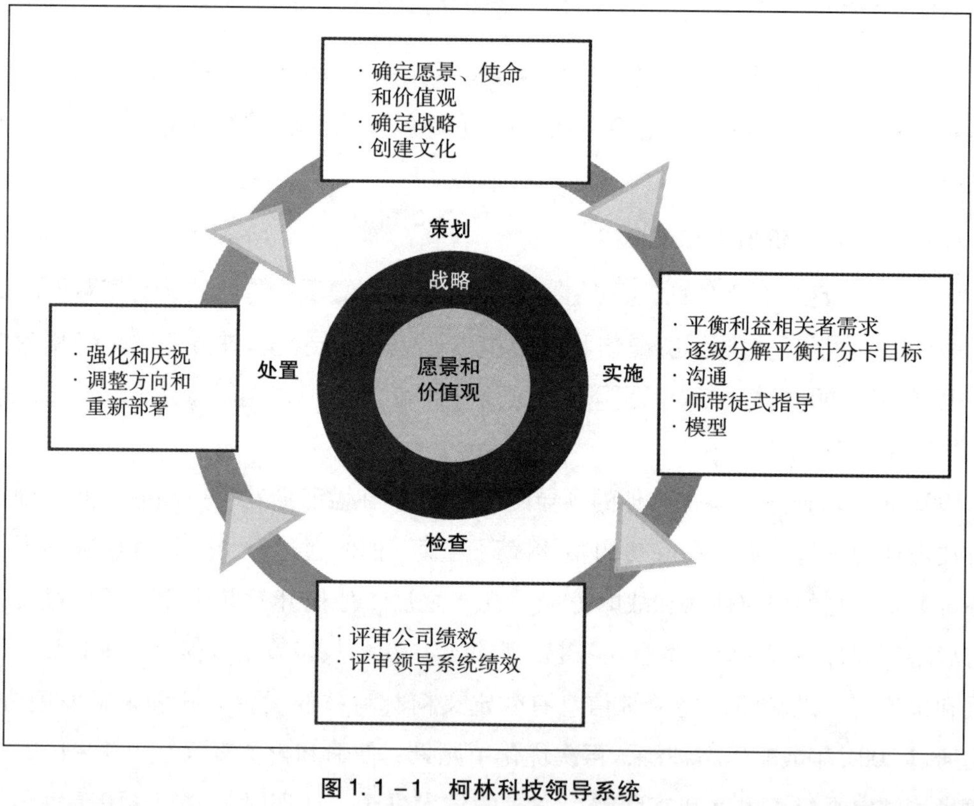

图 1.1－1　柯林科技领导系统

1.1a（2）促进法律和道德行为　高层领导的行为如何体现对遵守法律法规和道德行为的承诺？高层领导如何营造要求遵守法律法规和道德行为的组织环境？

柯林科技领导团队每个人都承诺服从法律和道德行为，而且员工也做出同样的承诺。柯林科技的座右铭要求必须诚信地兑现所有的承诺。诚信重要性的这种信号，起始于新员工的入职培训和由领导团队指导的“柯林科技承诺”研讨会。近期的一个生动词语是“我们正直地生活”。领导团队成员花了整整一个月的时间，以实例向员工说明最适当的强化这条座右铭的员工行动。这个语句生效的当月，所有的员工都收到了一封来自 CEO 的邮件，邀请他们参与到年度的道德进修课程。柯林科技大学的在线教育平台会保留完成课程的记录。系统会自动提醒那些没有按时完成道德进修课程的人员。该目标是每年 100% 完成，而且已经连续八年达到。

1.1a（3）创造可持续性的组织 高层领导如何建立一个具有可持续性的组织？他们如此行动：

- 创造一种环境，以实现组织的使命，改进组织的绩效、形成绩效领导力，以及实现组织的和个人的学习；
- 营造一种员工文化，以持续交付积极的顾客体验，并增强顾客参与；
- 创造一种环境，以促进创新和承担明智风险，实现组织目标和增强组织的敏捷性；
- 参与组织的继任策划和培养组织的未来领导者。

2006 年至 2007 年间，领导模式发生了转型。导致变化的重要原因是，要增强柯林科技在“创造一个为员工未来着想的公司”的环境。相当多的努力集中在设计和生产过程当中。领导团队需要使用相同的工具，确定员工支持公司的必经过程。绘制领导对 PDCA 改进循环的各种责任，成为定义柯林科技领导系统的方式。一位领导成员在笔记中说：就是在那个时候，领导力成为了自觉能力。

柯林科技领导系统与战略策划系统整合在一起。可测量的战略目标清晰地与柯林科技能力、愿景、价值观，以及战略挑战和战略优势相互协调。与之相关的行动计划和相关测量指标逐级展开到业务区域、部门、团队直至员工个人。每位员工都有一个从自己责任和绩效到公司成功的清晰视线。这驱动每位员工在勇敢地追求卓越业务的过程中不断地改进和持续地创新。这是柯林科技另一条座右铭。

目前执行的月度绩效评审，是对 2010 年启动的季度评审制度的优化，帮助领导者确定相对于预测绩效的进展情况。这种评审频率使领导团队更加准确地确定变革的时机，使灵活工作系统具有良好的适应性。

组织的和个人的学习如员工们呼吸的空气一样普遍。PDCA 改进模型成为每个过程无形的基础。柯林科技一直勤勉地建立知识管理系统，整合信息，以易于分析和再次利用。这些系统无形中避免了一些问题的重蹈覆辙。组织汲取的教训在每周会议和部门会议进行讨论，也是领导团队周会上的规定议题。个人学习同样重要。职业规划管理（CPM）过程识别每位员工期望的个人学习，并追踪学习的完成情况。

领导团队自身主动担当个人的学习。2008 年，首席执行官（CEO）、首席运营官

（COO）和首席研究官（CRO）/首席创新官（CInvO）共同合作，创建了一个培养顾问董事会、领导团队和未来领导者成员的过程。与一所当地大学合作，柯林科技举办多种人才发展研讨会，包括顾问董事会每年一次、领导团队每季度一次、未来领导者两年半一次。强调的是领导者的角色，而不是管理者的角色，帮助管理者放手去做好日常任务，强化领导者、导师和沟通者的技能。这些研讨会由一名外部教员和一名内部领导团队成员共同指导。

柯林科技的领导者们长久以来就认识到，公司的成功始于顾客，终于顾客。战略目标和行动计划，以及柯林科技的座右铭，确保一致性地交付积极的顾客体验。柯林科技开发的一个战略优势是与其顾客的“私人接触”（Personal Touch）。近些年该行业经历的兼并产生了一些大的集团公司，它们在顾客和供应链之间往往扮演着中间商的角色。结果是，顾客可能都不知道他们的产品在哪或如何制造。柯林科技为每一个顾客指定一名顾客代表，跟踪顾客的咨询，以构筑一种友好的私人关系和提供单独的、专有的接触点。此外，领导团队成员与每一个顾客基于共同的利益建立了关系。顾客对柯林科技私人接触的回报就是重复购买。

领导团队对自觉转向持续改进与创新（CI^2）的支持，增强了创新和承担风险的环境。这样的环境有利于实现战略目标#3（表2.1－3）和领导力的培育。这种环境也使组织具有灵活性。

每名领导团队成员至少负责指导一名未来领导者。每年的继任计划从一线管理者开始，并向上到董事会主席。2010年继任计划的一个结果是，需要扩充当时的未来领导系统，为员工轮换团队领导者角色做准备。

1.1b 沟通和组织的绩效

1.1b（1）沟通　高层领导如何与全体员工和关键的顾客进行沟通，并使他们积极参与？他们如何在组织内鼓励坦诚、双向的沟通，包括有效使用社会化媒体？他们如何沟通关键的决策？他们如何在激励员工方面发挥积极的作用，包括参与奖励和认可活动，以增强他们关注高的绩效，以及以顾客和经营为中心？

柯林科技认为，谨慎剥离其国际设施的一条有效措施就是努力改善沟通。虽然公司内部能够使用电子沟通方式，但是被认为与顾客沟通具有价值的“私人接触”在员工层次还尚未开展。领导团队决定将柯林科技领导系统的“实施（DO）”部分视为关键的日常活动。沟通被视为是能够使领导团队展开多种沟通的一个过程，而这些多种沟通常能有效地满足员工、顾客、合作供应商和纳什维尔社区的需要。

所有关键的决策均采用正式的沟通计划。这一变化是领导团队对员工调查的意见做出的响应。员工注意到信息在领导团队成员之间并非完全一致，在宏观指令层面也有类似情况，若某位领导团队成员存在错误理解，会采取不同的行动。

简单的、一页纸沟通计划确定关键词、合理的信息、针对特定信息的不同听众、针对每种听众的传递方式，以及负责每种传递途径的领导团队成员。至少针对每种听众的传递方式必须能够确保双向沟通。在随后的员工调查中发现了一些改进，它已经成为沟通的规范。不同类型的沟通见表 1.1－1。

表 1.1－1　沟通方式

载体	频率	听众
开放日 ⇅	D	EO
柯林科技通讯 ⇅ 时事通讯和报纸	M	EO，C，S，P
LT 徒步漫谈 ⇅ 领导者在生产区域待 1 小时/天	D	EO
问 LT ⇅ Cnet 和 CollinTec. com 上的电子布告栏	U	EO，C，S，P，N
LT 词语 ⇅ 领导者沟通重要的消息	U	EO，C，S，P
规划务虚会 ⇅	A	EO
Cnet 特征 柯林科技内网	U	EO
交换任务 ⇅ LT 成员与员工交换 1 天工作	M	EO
E－快速扩散 批量电子邮件沟通	U	EO，C，S，P，N
员工论坛 ⇅ 股东会议	Q	EO
布告栏	U	EO
B 房间消息 策略地放在卫生间的消息	U	EO
LT 会议 ⇅	W	LT
职员/部门会议 ⇅	W	EO
CollinTec. com 公共互联网站	U	EO，C，S，P，N

续表

载体	频率	听众
柯林科技顾客公报 顾客电子布告	Q	C
合作伙伴供应商报告 合作伙伴和供应商电子布告	Q	S，P
“柯林科技承诺” ↕ 领导导向	U	S，P
AB 会议 ↕ 治理结构	M	AB，LT，EO
柯林科技建议 AB 博客	M	EO
Michelli 实时 CEO 博客	W	EO
Tamayo 理论 首席运营官博客	W	EO
Trobaugh 号角 首席研究官/首席创新官博客	W	EO
城市礼堂会议 ↕ 社区会议	U 或 SA	EO，C，S，P，N
州卓越绩效中心 ↕	A	EO，C，S，P，N

注：↕ 双向沟通。

D＝每日，W＝每周，M＝每月，Q＝每季度，A＝每年，SA＝每半年，U＝需要时。

EO＝员工，LT＝领导团队，AB＝顾问董事会，C＝顾客，S＝供应商，P＝合作伙伴，N＝大纳什维尔社区。

2012 年一项新的举措是，柯林科技与其他美国本土的电子工业联盟（EIC）成员共同开发全行业在线 Q&A 论坛，称作 Inte Connect。公司需要实时监视论坛，或者至少领导团队成员每季度轮流进行关注。当必要时，柯林科技回复其中一些问题以分享组织的知识。

领导团队成员给予践行柯林科技座右铭和使命的员工以正式的和非正式的认可，有口头“干得好”和书面表扬，记录在柯林科技通讯中的表彰是针对持续获得高绩效的员工团队，有的还可以获得公司创始人爱德华·柯林亲自颁发的员工卓越奖章。

1. 1b（2）聚焦于行动　高层领导如何确立对行动的关注，以完成组织目标、改进绩效、驱动创新和承担明智奉献，以及实现组织的愿景？高层领导如何识别需要采取的行动？在设定组织绩效的期望时，高层领导如何注重创造并平衡顾客和其他利益相关方的价值？

柯林科技聚焦于行动是自战略目标、行动计划和计分卡指标分解到员工而开始的。全部领导团队每天在生产和研发区域会至少花一小时，分享当前的信息和了解一些相关的情况。他们还每月花一小时帮助全体员工完成其工作。这些非正式的对话经常会帮助他们更好地相互理解彼此对于公司成功的贡献。

柯林科技重视把从顾客处获得的反馈传递给员工。这是2011年增加的顾客声音（VOC）活动的结果，目的是促进员工将顾客的需要整合到生产环境中。

测量系统和频繁的绩效评审为每个员工、团队、部门和业务细分市场提供数据和信息，以分析他们的绩效，识别即刻的更正和预防措施、持续创新或连续改进。

在2010年，领导团队将绩效评审视为一个过程改进，并优化了月度会议活动。在评审中，领导团队做出有意识的决策，更加关注利益相关方诉求，并建立起月度评审计划（表1.1－2）。

每次评审的最后会有一个固定的提问，“今天讨论的决策将如何影响到我们满足其他相关方需要的能力?”这就引发一个由于竞争需要或优先次序导致的平衡或不平衡的讨论。需要时，会启用一个类似于力场分析的方法，以再平衡资源和其他优先次序，并邀请适宜的相关方群体主席参与。

柯林科技为每个相关方群体（表1.1－3）都安排一个员工团队，他们来源于公司所有层次和区域。这些团队每两周会聚一次，共同落实与被分配的相关方群体有关的年度改进目标。

每一个团队都由一名高层领导者指导。团队成员要服务15个月，而且在服务周期最后的四分之一要重叠，以确保无缝衔接。当领导团队发现需要进行变革以平衡相关方的需要时，相关的利益相关方团队会主动采取变革措施。在执行或沟通变革之前，这些团队会完善行动计划和沟通计划。

表1.1－2 领导团队月度评审计划

周	评审项目
1	顾客绩效 ● 当前顾客参与和满意 ● 未来业务的渠道 ● 新市场或新产品的机会

续表

周	评审项目
2	运营和财务绩效 • 产品质量水平 • 过程有效性 • CI^2 团队状态 • 截至当月的财务数据
3	员工绩效 • 安全绩效 • 员工参与 • 员工超越（员工表彰项目） • 员工变动
4	战略执行 • 战略输出指标（顶层平衡计分卡指标） • 关键行动计划产出的指标 • 路线调整 • 资源平衡
5	领导力开发和领导系统的优化（每季度一次）

表 1.1－3　2013 年领导团队利益相关者团队任务

领导成员	利益相关方责任
坎迪斯·筹保	顾客
弗莱德·费希尔	社区
比莉·科里根	员工作为股东
米歇尔·布兰登	员工作为劳动力
弗兰克·马龙	柯林科技供应链
丹塔·马约	电子制造服务（EMS）合作伙伴

1.2　治理和社会责任（50 分）：组织如何实施治理和履行社会责任

说明组织的负责任的治理及提升领导力的做法。说明组织如何确保其行为符合法律和道德规范、履行社会责任以及支持其所在的主要社区。

1.2a　组织的治理

1.2a（1）治理体制　组织如何评价并实现治理系统中以下关键因素的?

- 组织行为的管理者责任归属；
- 财务责任归属；
- 运营、治理机构成员的选择及其信息披露政策的透明度（适用时）；
- 内部审计和外部审计的独立性；

- 股东和利益相关方利益的保护（适用时）；
- 高层领导者的继任策划。

柯林科技自上次波多里奇奖申请以来，已经强化其治理体系。通过对波多里奇标准变化的持续跟踪，柯林科技认识到外部顾问董事会的价值。2004 年，董事和公司创始人爱德华·柯林建立了顾问董事会构建基本标准。该董事会需要平衡在员工期权计划、互联接技术和相关研究以及市场等各受托责任领域的专业意见。并且，公司选出能代表这些领域的最初顾问董事会，在早期的几年里，领导团队提供季度报告。

在 2006 年，柯林科技建立了公开潜在利益冲突和提升顾问董事会成员选择透明性的正式流程。顾问董事会的每位候选人在被特设任命委员会推荐之前，必须完成一项严格的有关公开信息的调查。在 2007 年，增加了一个正式的委员会结构。执行委员会监督 CEO 的薪酬、董事会评价和发展。财务委员会监督财务责任，包括外部审计人员的选择、内部审计人员的独立性（财务和 ISO 标准）。当在这些审计中没有发现问题时，该委员会会列出一些观察项，以确保在内外部审计中保持充分严格。在 2009 年，顾问董事会的职能扩大，增加公司可持续发展的专家和学术界的代表。建立可持续性委员会的目的就是支持公司在此方面的努力，如监督保护相关方的利益、开展公司级的对标学习。在 2011 年，执行委员会的职能扩大，以监督领导团队的继任计划。柯林科技进行任职能力的评价，确保领导力开发课程满足培养合适的领导成员。

领导团队应用的每周评审过程（表 1.1 –2），会每月形成上报董事会的报告，以此建立起管理行动的责任。

1.2a（2）绩效评价　组织如何评价包括首席执行官在内的高层领导的绩效？如何运用这些绩效评价来确定管理层的薪资水平？如何评价治理机构各成员的绩效（适用时）？高层领导和治理机构成员如何运用这些绩效评价结果来促进自身的进一步发展，如何改进其自身的领导有效性以及组织的治理机构和领导系统的有效性（适用时）？

所有员工，包括 CEO、COO 以及 CRO/CinvO，均参与每年的职业规划管理（CPM）过程。360 度评价过程可以从下属、同级人员以及个人绩效方面的主管获得反馈信息。这些信息和最近的员工调查结果——涉及沟通，对愿景、使命和价值观的理解以及对公司领导和主管的信任方面的内容——在每季度召开的领导力开发和领导体系优化会议上一起被分析，以识别柯林科技领导体系需要改进的地方。公司举办季度研讨会，解决领导者能力提升问题，内容包括领导力培养课程或者识别的其他需关注的方面。在以上每一方面领导体系都进行 PDCA 式的评审。这个过程驱动的一项改进就是，通过由董事会主席、CEO、COO 和 CRO/CinvO 编写的博客，强调近期的活动，以改善顾问董事会、领导团队和员工之间的沟通。

顾问董事会的执行委员会负责CEO的薪酬，其方案要基于公司的业绩、管理责任、个人领导绩效和顾客反馈来确定。顾问董事会使用修订版本的过程分析问题（表6.1－1）进行年度的改进循环。除了在1.2a（1）中给出的改进之外，顾问董事会近期正在开发基于360度反馈的个人评估项。

1.2b　法律和道德行为

1.2b（1）*法律和法规行为*　组织如何处理其产品和运营给社会带来的不利影响？如何预测公众对组织当前和未来的产品以及运营的隐忧？组织如何针对这些影响和隐忧主动做出预先准备，包括节约自然资源和运用有效的供应链管理方法（适用时）？为达到或超越法规和法律的要求，组织主要的遵守过程、测量方法和目标是什么（适用时）？有哪些主要的过程、测量指标和目标用以应对组织的产品和运营带来的风险？

柯林科技的过程和产品，假如得不到正确控制，可能会对现在和未来的社区状态有严重的影响。这些影响涉及：

1. 公众健康（工厂和社区的风险）
2. 环境改善（空气和水污染）
3. 废物管理（固体废物的填埋、控制以及回收）
4. 能量储存

对这些过程的严格控制能够使柯林科技顺利地达到各种相关法规监管部门的要求。柯林科技经常受到环保局（EPA）、职业安全和健康保护部（OSHA）、空气质量管理部以及危害物事务办公室，以及其州、县和城镇等相关机构的审核。

过去24年多时间里，没有相关的违反或惩罚影响到公司运营，仅在2008年发生过一次在空气质量评估时因设备故障的小罚金。为保持这个纪录和应对未来社会的影响，柯林科技设立了分专业的风险管理团队。这些团队不仅在公司内部，而且还与监管部门联合，共同识别潜在的风险，确定或优化控制措施，建立监控指标，以及设定挑战目标，以驱动主动地改进。表1.2－1列出了这些领域的一些风险、过程、指标和目标。

表 1.2-1 风险管理过程、指标和目标

领域	风险	过程	指标（%）	目标
公众健康	铅暴露	转换成无铅的焊接材料 员工季度监控使用铅的地方	血铅浓度（%）	生产中铅的使用量 0 < 法定限制的 0.2%
	空气中的化学物	VOCs 过滤 每周检测	空气中化学物浓度（%） 空气中有害化学物浓度（%）	0.00% 诱导化学物 < 法规限度的 0.2%
	化学物处理	每日审核	违反次数	0 操作失误
环境改进	VOCs	VOCs 过滤	空气中 VOCs 浓度（%）	0.00%
	水污染	回收过程	水纯净度 回收水的再利用	99.9% 95.0%
废物管理	填埋	回收过程	废物回收量	98% 的废物得到回收
能量储存	全球变暖	最小化使用 使用风力电能	设备使用效率	> 90%

公众健康团队［由健康安全保安经理雪莉·奥格瑞斯科（Shirley Ogrysko）领导］负责与当地的职业健康和安全管理局（OSHA）和公众健康组织的合作。她的团队自行审核所有建筑物内的 MSDS 的管理、危害物料的暴露，以及潜在安全或健康违规。该团队还与州监管董事会和许多保险机构密切合作，经常陪同他们执行定期审核。公司配合地方消防部门和紧急计划委员会，设定了提升目标。雪莉是州紧急计划部的一名活跃成员。因为这个角色，她不仅逐步熟悉未来标准，而且还将大部分精力投入确定公众健康和工作场所安全的方向上。在柯林科技，雪莉全权负责环境健康与安全团队（EHS&S）、危害物团队和紧急响应团队（ERT）。红十字认证每位紧急响应团队成员执行首次帮助、使用电子起搏器（AED）以及控制工厂内伤害事故。弗莱德·费舍尔博士（Fred Fischer）（首席技术和环境执行官）领导环境改进团队，他们用技术手段提高了柯林科技在环境管理领域的地位。

弗莱德和他的团队设定了工厂环境控制方面的卓越标准。弗莱德对各类环境计划并不陌生。他在过去 17 年中已经成为“绿色协会”的一名活跃成员，现在主持“国家空气质量管理区”在当地的“良好工厂空气”分委员会。以前的工作重点是消除生产过程中的泄漏，现在的工作指向是减少那些虽然被视为对员工无害但有刺激气味的化学物的使用。挥发物的减少是通过开发拥有专利的“1 级微过滤器”实现的，当将其安装在排气生产装置的时候，它捕捉并消除所有挥发性有机化合物（VOCs）以及其他被排放到空气中的挥发物。这种过滤器也可以自动创建和分离，以及分类每日挥发物

报告。这种装置目前通过美国环保局（EPA）获得许可证，被认为是对一般商业公众“最适用的技术（BAT）”，并且已向顾客和供应链免费提供了15年没有。

为了预测未来，弗莱德任命几名团队成员担任国家和州内各类环境董事会的活跃分子。在1987年，柯林科技设定了消除在制造运营中产生的固体废物的目标。通过变更操作和垃圾处理方式，以及实施植物复垦和再利用计划，公司实现了这个目标。柯林科技要求伙伴供应商只供应可回收或再利用的包装容器。在厂区内，固体废物回收容器合理地摆放在所有建筑物内，废物管理团队每月检测数量报告（图7.4－7），确保回收的物料不会散落。

由于业务运营需要消耗非常庞大数量的水，柯林科技安装了全厂区的反渗透系统，能够回收90%以上的总用水量。这套水回收系统经过本州水利用董事会的认证。每个季度，工厂的水质都会被检测并自动生成报告，通过专有的安全门户传送到董事会。柯林科技在过去11年中获得了本州和环境保护局（EPA）数次的表扬。

能量储存对柯林科技的成功来说也是非常重要的。柯林科技的合同购电来自于可再生资源，这种电力的较高价格增大了公司的能源投入。高耗能设备的空运行时间均被仔细检测。通过月度评审，能源保存团队识别出高耗能设备的空运行时间。他们与设备操作人员密切配合，自动减少或停止这种设备，以减少空运行时间。计算机利用程序选择停止那些没有活动任务的设备。建筑物的灯按照计时器和动作感应器控制。自1995年以来，柯林科技已经减少了超过95%的能源浪费。中央大厅的仪表板跟踪显示柯林科技碳累计减少的足迹（见图7.4－6）。

1.2b（2）道德行为　组织如何倡导并确保在组织所有交往中的道德行为？在组织的治理结构中、在整个组织内部，以及在与主要顾客、合作伙伴、供应商和其他利益相关方的交往中，促进和治理道德行为的主要过程、测量指标或目标是什么？组织对违反道德的行为如何监测和处理？

经营道德是柯林科技不会妥协的另一个方面。所有的新员工会接受4小时关于此主题的培训，培训中还包括柯林科技经营行为规范的学习。培训结束时，每位员工参与考试，表示理解和践行公司道德约束。该规范涵盖顾客接触、礼品、工作外出、骚扰、竞争对手、供应商关系和软件应用等方面。

公司要求每年实施在线的道德行为再培训，并且通过匿名热线电话来收集可疑的不道德行为。这个热线在过去五年的确使用过一次，公司对指控进行了调查并且解雇了有关的员工。员工问卷调查结果显示，员工对于公司过去五年报告不道德行为的满意评分均超过97%，而问题“我已经观察到不道德行为”在同期一直低于1%（表7.4－1）。

近期对道德操守的一次PDCA，确定了添加在线合规报告页面的必要性，已于2012

年12月完成。此外，CNet软件内置了投票和许可检查。它每天扫描所有计算机中非许可软件，当发现陌生或非许可软件时，及时提醒信息技术系统（ITS）团队。

1.2c 社会责任和对关键社区的支持

柯林科技依据ISO 26000指南文件要求调整其参与和发展社区的活动，以保持与国际标准的一致性。公司的社区关注焦点是教育和文化、增强被雇佣和技能、技术开发与获取通道、增加财富和收入、投资健康和社会。其主要社区确定为大纳什维尔地区。然而，当柯林科技在泰国的电子制造（EMS）伙伴遇到洪水灾害时，员工们立即采取行动，捐献家用电器、食品和采购医疗品的资金。公司充分利用现有的物流渠道，用四个48尺的货柜将捐赠品海运到泰国。

社区参与活动是通过一个特殊的PDCA过程确定的，并且通过这个过程收集和了解需求。柯林科技确定了最佳的参与方式，并开展活动。理想结果就是柯林科技和社区双方互利。基于对活动结果的观察，柯林科技也许继续参与该活动，或许选择将其资源调整到更符合公司愿景、使命和价值观的社区活动，因为这些活动可以为整个社区创造更多利益。

1.2c（1）社会福祉 组织如何将社会福祉与利益作为组织战略与日常运营的一部分加以考虑？组织如何为环境、社会和经济系统的福祉作出贡献？

柯林科技已经将对社会福祉和利益的考虑纳入日常运营。自2007年以来，社区利益相关者团队每两年开展一次社区调查。此项活动被视为柯林科技全公司范围的一项创新。调查结果证实环境控制团队的成功，在过去三次调查中没有浮现一些隐忧（表7.4－1）。

柯林科技开发了一条林荫道路，在2006年扩充了植物，将之变成一个公园，安装了一些体育设施。这个绿地用于员工和大纳什维尔社区使用。柯林科技赞助了四个年龄段的小联盟橄榄球队。经过2011年社区调查，几个足球队也纳入赞助的对象。这些体育团队使用这块绿地进行训练，其他一些社区团队也在这训练。这里每天都有社区内的社会和体育活动。

从历史角度看，柯林科技通过其纳税，为纳什维尔及其所在州的经济发展作出了突出贡献。此外，在过去十年中，公司每年对非营利组织的物质和财务捐献达到了其收益的8.5%。公司与监管部门积极合作，协调政府部门要求与公司业务过程相一致。另外，柯林科技与许可机构共同优化一些流程，以帮助建设一些有利于社区经济发展的新设施。在过去15年中，为支持智慧的柯林科技能力，柯林科技积极参与由市长主持的本州政府和商业联合体（SG－BJV）计划。该计划的设计初衷是使田纳西流域成为商业和政府整合的模范。

1.2c（2）社区支持　组织如何积极主动地支持并增强组织的主要社区？组织的主要社区有哪些？组织如何识别这些社区，确定组织参与的领域，包括与组织核心竞争力相关的领域？高层领导和员工如何共同对社区的发展作出贡献？

柯林科技在以下四个方面提供支持和工作以增强社区：教育、经济发展［1.2c（1）］、健康和通用社区活动（表1.2－2）。公司允许每位员工最多有三个带薪日去参与相关的社区活动。在教育方面，员工与当地社区和州立学院合作，将商业和学习更好地结合。许多高层领导者在峰州大学（Peak State University）和社区学院做关于互联电路科技的演讲。在峰州大学的工程系，柯林科技投资搭建了一个供学生设计和制作电路的工作实验室。柯林科技向大学捐献了一些贵重的仪器设备。弗莱德·费舍尔（Fred Fischer）在商业运营中教授环境控制晚间课程，作为峰州大学MBA课程的一部分。每年夏天，柯林科技通过雇用一些合作生和实习生来支持社区和州内的学院。这些学生每年夏季都回到公司上班，直到他们毕业。假如有职位空缺，参与该项计划的学生毕业时可以立即得到聘用机会。

表1.2－2　社区参与

社区	员工	活动
教育	员工	在K－12学校开展质量学习和应用；在柯林科技计算机培训中心提供基础计算机和英语培训
	高层领导者	在州大学和社区学院进行演讲
	管理者、高层领导者	与K－12学校的教职员工、州大学和社区学院教员结成伙伴关系，构建现实学习的模拟场景
	信息系统员工	对当地学校的计算机实验室提供持续的支持
经济发展	员工	参与当地的商会，开展“欢迎到纳什维尔计划”，促进工人加入纳什维尔员工队伍
	员工	与当地的市民组织进行波多里奇午餐会交流
健康	员工	联合之路，红十字会，食物救助，帮助老年人大扫除
	员工	为社区居民提供免费的流感疫苗、免费的体重分析
社区活动	首席执行官	成为电子连接工业董事会高层的一员
	高层领导者、员工	在年度州质量展览会上演讲
	高层领导者、员工	参与合作质量交换计划
	员工	为假期计划提供礼物
	员工	担当绿地上小联盟球队的教员

柯林科技计算机培训中心是开放的，由其员工管理，可供当地 K－12 年级使用。这些课程向 K－12 年级愿意学习或进一步提升技能的学生提供基本的计算机培训。培训的内容包括文字处理、绘制表单、画图和互联网。公司还提供额外的在线资源，协助那些英语学习者及其家庭成员练习说读英文。这些班级，从周六上午 9：00 到下午 1：00，包括学生午餐时间。在下午 1：00 和下午 6：00，计算机中心对学生开放，以方便他们在互联网上完成作业和开展研究。这些教育拓展的活动与柯林科技能力的三个方面相互协调。

公共健康团队确定几项培训和增强社区的计划。此外，紧急响应团队（ERT）每月提供“自然灾害生存”课程。因为 2011 年发生洪水的缘故，生存课程除龙卷风外，增加了如何应对洪涝灾害。许多员工自愿参与当地的健康组织。雪莉・奥格瑞斯科保留一份能够为自然灾害的受害者提供家庭住宿援助的名单。这份名单也留存在当地的紧急计划委员会文件中。柯林科技质量视频文件已经分发给 100 多家企业，也可以通过工业工程师学院宣传册找到。公司员工和领导者参与的其他关键社区支持活动见表 1.2－2。

2　战略策划（85 分）

“战略策划”类目评价组织如何制定战略目标和行动计划并实施，以及在情况需要时进行调整并对进展进行测量。

2.1　战略制定（45 分）：组织如何制定战略

说明组织如何确定其战略，以应对组织面临的战略挑战并发挥组织的战略优势和战略机会；说明组织如何做出关键工作系统的决策。概述组织的关键工作系统、关键战略目标及其相关目的。

2.1a　战略制定过程

2.1a（1）战略策划过程　组织如何进行战略策划？主要过程步骤是什么？主要参与者是谁？组织的长、短期策划时间区间是什么？组织的战略策划过程如何应对这些时间区间？组织的战略策划过程如何应对组织灵活性和运营弹性的需要？

自上次申请以来，柯林科技战略策划过程（SPP）有了相当大的改变。长期策划过程（PPP）的目的是保持公司对战略的持续关注。员工一旦充分参与到行动计划和计分卡指标的实现过程，随着各类股东在整个年度不同时间进入，有些不协调也就开始浮现。这部分起因于每个季度和有时增加的竞争性行动计划或措施。在2008年初，领导团队是每六个月举行一次会议，确定保留长期策划过程（PPP）理想结果的最好办法，并解决员工对这些不协调的担忧。在当年8月，领导团队（LT）决定还是恢复到每年一次召开关于确定战略和关键绩效指标（计分卡［BSC］）的会议。

股东团队和其他团队将持续扫描，并将信息带入领导团队月度审查会议。2009年策划周期后的评估指出，长期策划过程（PPP）中仍有一个紧迫性元素在战略策划过程（SPP）中缺失。自2010年开始，领导团队调整了领导评审过程，增加了战略评估，新的重要相关方的输入，将战略指标绩效的季度评估改为月度形式。这恢复了战略的持续性，将年度策划过程与定期评估实现了整合。这个过程开始于在环境扫描中采集的数据和信息，如图2.1－1所示。

策划周期的长短基于柯林科技对内外部环境变化快速反应的能力。短期策划周期

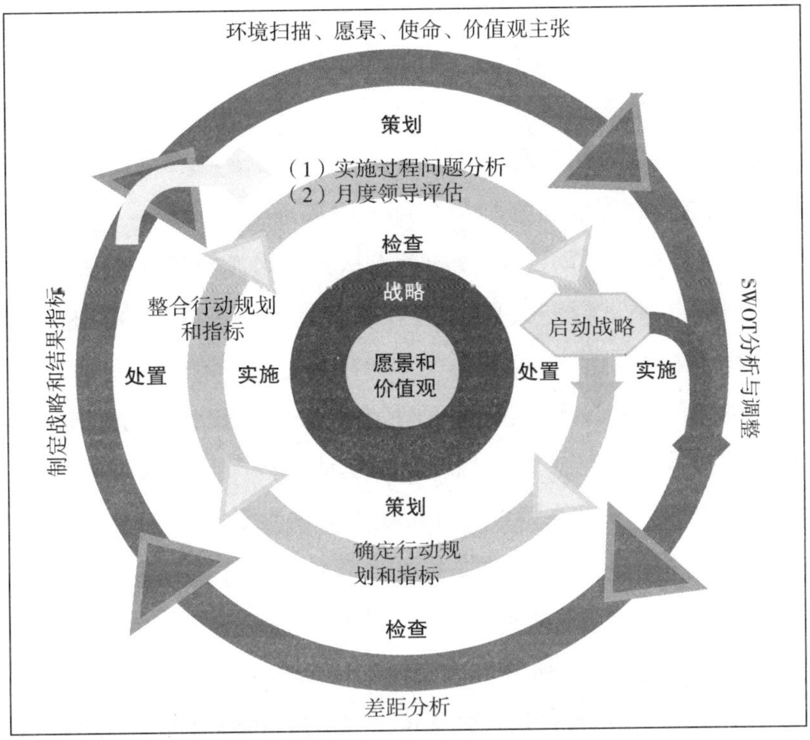

图 2.1－1 战略策划过程

一年，而长期策划从五年缩短为三年，以确保目标和结果指标的有效实施。长、短期的策划周期均需设定战略目标。

2.1a（2）创新 组织如何创建一个支持创新的环境？组织如何识别战略机会？组织如何确定哪些战略机会是需要承担的明智风险？组织的关键战略机会是什么？组织的策划过程如何识别潜在的盲点？组织如何确定其核心竞争力、战略挑战和战略优势（已在“组织简介”中识别出）？这些时间区间是如何设定的？

战略机遇（O of SWOT）作为持续改进来处理。领导团队评估这些机遇，权衡其风险，以确保错过机遇所带来的风险高于成功抓住机遇而所需的过程和核心能力投入。柯林科技目前面临的两个战略机遇是：（1）将业务向更可持续业务模式转变（长期）；（2）提升合同研发业务（短期）。

为提升对创新作为驱动过程的认可度，柯林科技近期设立了首席创新执行官的头衔（CInvO）。在柯林科技，创新和研究是联体的。渐进式和突破式的变革过程是相同的，但成果不同。持续创新得到了清晰界定，过程在“柯林火花”课程中清晰阐述，公司要求全体员工学习这一课程。

2.1a（3）战略注意事项 作为战略策划过程的组成部分，组织如何收集和分析与这些因素相关的数据，并开发相关信息？

- 组织的战略挑战和战略优势；
- 与组织可持续性相关的风险；
- 在组织战略策划过程和信息方面的盲点；
- 组织执行战略规划的能力。

SPP 的投入如表 2.1－1 所示。顾客的投入从多个来源收集，包括年度波多里奇评价（波多里奇自评每半年进行一次）、市场调查、顾客调查和顾客支持报告。CNet 顾客关系管理（CRM）模块是信息存储库，如果顾客在上个季度没有投入，CRM 会备有提醒。大量额外的外部资源投入，包括工业和专业协会、政府机构和独立第三方分析，均整合到战略策划过程（SPP）。初接触顾客可邀请他们参与公司的战略性活动。柯林顾客支持（CCA）向顾客说明他们想培育长期关系的期望，并描述评价方案。波多里奇自评每半年进行一次，并且在公司所有经营单元中，每月至少开展一个团队调查。顾客、合作伙伴供应商和所有股东都被邀请加入柯林的评价团队，这样他们的要求都包含在每月的战略评审会议中。柯林科技鼓励顾客提出要求，而且开发了一种体察终端用户期望的感知方法。市场和柯林科技顾客支持（CCA），同顾客调查一样，通过网络软件以电子方式实施；实施结果在 CNet 可获得。股东团队会不断从股东方面收集信息。

表 2.1－1　战略策划过程的信息资源

信息类别	实例	负责人	受影响的规划元素
顾客数据	顾客调查 CCA 报告 顾客偏好	顾客宣传经理	战略方向 产品开发 工艺管理
市场数据	第三方评估 产业来源	市场和销售经理 业务部门主管	战略方向 产品开发 技术方向
竞争力评估	顾客调查 产品分析 柯林顾客支持（CCA）报告	顾客宣传经理 市场和销售经理	战略方向 产品开发
技术评估	年度技术评估 用户反馈	首席技术和环境官	产品开发 技术方向
明智风险	监管会 安全审计 研究评估	首席技术和环境官 健康、安全经理 首席创新官/首席研究官	产品开发 技术方向
人力资源	人力资源能力评估和能力研究 员工调查	首席人力资源官	人力资源能力

续表

信息类别	实例	负责人	受影响的规划元素
运营	波多里奇评估 ISO 合规审计 绩效分析	卓越经理 ISO 管理代表 COO	工艺管理
合作的供应商	供应商评级 合作伙伴表现	生产主管	产品开发 供应链管理
经济环境	经济报告	首席执行官 CEO 首席财务官 CFO/审计官	战略方向 技术方向

许多这样相同的评价提供了对竞争环境的分析。从竞争角度来看，参与这些调查的利益相关者也涉及和柯林所在行业相关的市民、业务、监管和技术社区。他们把外部关系中的丰富知识带入适当的评价和调查载体中。柯林科技的市场、顾客和员工满意度调查包含了一些直接问题，如与竞争对手比较公司绩效、产品和服务。柯林每年委托一项独立研究，评估其所在行业内的最先进技术和评价竞争威胁。公司与业务一流的产品和服务质量进行对标——不仅与竞争对手，而且还要与其顾客的“最佳供方”进行对标。柯林运用这些分析识别竞争差距和闭合率，进而设定短期和长期产品、技术和质量目标。

风险的全面分析，对于协助公司领导确定在竞争激烈的市场脱颖而出的必备战略至关重要。把被确定为潜在风险的问题综合成一个特定的报告，报送给月度的领导团队（LT）评审会议。每当柯林科技识别了新产品开发的可能性，一份详细的风险分析报告就会完成。产品的潜在效益和研发成本与产品不推入市场的潜在风险进行权衡。当效益大于风险时，产品开始研发。

在柯林科技规划和目标设定中，主要原料供应商帮助设计决策和提供新技术。作为一个小公司，相对于具备较强的研发能力和与行业相关的其他能力以及其他合作伙伴供应商的需要，柯林科技重点要补充其开发能力。为在识别需求，开发短期和长期目标，并在特殊领域作出改进方面提供帮助，柯林科技还依赖一些外部服务供应商，如保险公司、政府机构（例如 OSHA、EPA 和 EFOC）和会计事务所。

日常接触顾客的柯林顾客支持团队（CCA）提供了另外一个有价值的信息来源。他们近距离接触市场，是产品、服务期望和技术进步的信息情报站。这些信息直接被纳入 CNet 的战略策划位置，并作为信息资源被主管顾客利益相关者团队的领导团队成员提供给 SPP。

SPP 的全部信息资源被分解到 SWOT 分析过程。当 SWOT 分析的重点清晰了，就会进行差距分析过程。在差距分析过程中，领导团队和顾问董事会成员先各自独立评审这些重点，确定所有潜在的盲点，然后再合议。他们关注以下战略问题：

战略方向：柯林科技必须做什么，才能保持其在选定的细分市场中的领先地位？

产品开发：柯林科技是否设计和生产正确的产品，以保持顾客心目中的重要供应商的角色？

过程管理：柯林科技的工作体系和关键过程是什么？工作体系能支持柯林科技的未来方向吗？柯林科技正在进行的管理过程能支持其领导角色吗？

技术方向：柯林科技是否正在追求最好的技术，并以可靠和环保的方式开发产品？

人力资源能力：柯林科技是否正在培养员工，以支持自动化和保持行业领导地位？

一旦确认不再有盲点，领导团队就确定战略目标和关键结果指标。在这一点，执行规划和管理黄金循环（图 2.1－1）会发生一个转变，全部董事和业务部门经理再次参与这个过程。第一步分析战略目标和结果指标，确定执行可行性。资源、核心竞争力、战略优势和战略挑战都反映到战略目标中。战略矩阵完成后，任何差距都是返回战略发展蓝圈，改进目标和指标的原因。当执行可行性被确定后，董事、业务部门经理和其员工为和他们专业相一致的战略目标确定行动计划和结果指标。

2.1a（4）工作体系和核心竞争力 组织的关键工作系统有哪些？组织如何做出关键工作系统的决策？组织如何确定哪些关键过程将由外部供应商和合作伙伴完成？这些决策如何考虑组织的核心能力和潜在供应商和合作伙伴的核心能力？组织如何确定组织未来的核心能力？

柯林科技在早期实施精益六西格玛时确定了其价值流。这表明对产品寿命周期的优化，且开启对顾客提供价值的理解。从工作体系角度看待挑战柯林科技的价值流，使柯林科技更战略性地看待产品开发和过程设计价值流［6.1a(1)］。2011 年，在差距分析和战略策划过程（SPP）可行性研究期间，柯林科技规范化了其工作体系的年评。图 2.1－2 描述了这个评审。

柯林科技从 SPP 的环境扫描中收集信息，并用于确定工作体系需求，如表 2.1－2 所示。它仔细考虑了什么过程真正利用了其核心竞争力和什么过程能通过合作伙伴供应商强大的竞争力或成本效益提供更好的价值。在 SWOT 的分析中，评估核心竞争力，以确保能继续支持战略优势（S of SWOT），可用于解决战略挑战（W and T of SWOT）。当竞争力不足时，新的核心能力会补充进来，这就是为什么要建立合同研发团队。销售和市场员工增加了一种能力，用于在向新的市场推销合同研发之前，了解新业务细分市场的容量和能量。

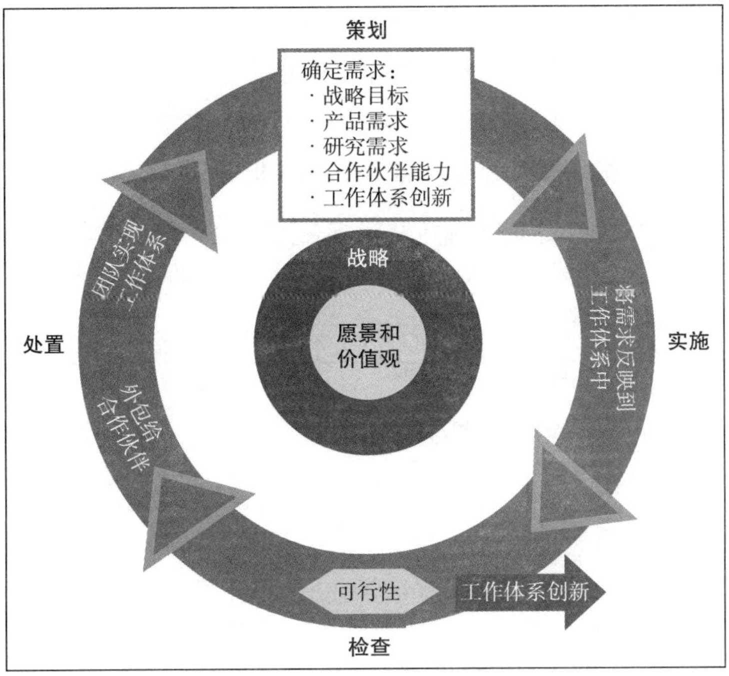

图 2.1-2　工作体系评审过程

表 2.1-2　工作体系和需求

工作体系	需求	相关利益者
产品设计	满足/超出功能需求 满足/超出可靠性需求	顾客
订单执行	满足/超出质量和可靠性标准 准时交付 提供价值	顾客
顾客	利用能力 优化可用的产能 具有成本效益（划算的）	柯林科技 伙伴供应商和 EMS 合作伙伴
	以中性或正向的结果影响环境	柯林科技社区
顾客关系管理	快速响应 精确响应	顾客

2.1b　战略目标

2.1b（1）关键战略目标　组织的关键战略目标和完成目标的时间表是什么？组织战略目标的主要目的是什么？组织在产品、顾客和市场、供应商和合作伙伴及其运营方面策划的关键变化有哪些（假如有的话）？

关键战略目标（见表2.1－3）。SWOT和差异分析的讨论确定了在产品、运营和商业模式的任何创新机会。例如，最初的商业模式集中于电路板制作，包括组装。这种商业模式和工作体系不再保留内部组装的经济可行性，必须进行外包。这一变化使得引入了两家电子制造服务（EMS）合作伙伴。随着柯林科技对环境可持续性的深入理解，它认识到，必须将经济模式改变成更加研发密集型，而且必须开发适合可持续性制造的生产过程。这个长期的改变将会减少制造运营潜在的不利影响。

表2.1－3　战略目标：短期和长期目标

综合	2013年战略目标	Q1	Q2	Q3	Q4	2014	2015
专家、杰出人才 SAs1－3	SO－1 净推荐分值每年提高5%，2012年基线45%	46%	47%	48%	50%	55%	60%
	最佳竞争对手对比	36%	36%	37%	37%	40%	43%
专家、独创性、杰出人才 SAs4－5，SCs2－3	SO－2 通过市场细分，提升未来三年的市场份额：航空领域在34%基础上提升2.5% 最佳竞争对手目前为28%，因国际竞争有下滑趋势	+0%	+0%	+0.5%	+1%	+2%	+2.5%
	个人电子领域在8%基础上提升15%，最佳竞争对手稳定在10%	－3%	+1%	+3%	+5%	+10%	+15%
SO 2	合同研发领域在10%基础上提升30%，最佳竞争对手待定	+2%	+3%	+5%	+8%	+20%	+30%
独创性，杰出人才，SAs 6－7，SCs 4－5，SO－1	SO－3 提升员工对优化业务模式的参与程度，在未来3年，推广可持续性实践的员工比例从25%提高到75%	25%	31%	36%	40%	57%	75%
专家，SA 7，SC 6	SO－4 根据员工调查，在未来三年，提高可证实的领导力和员工决策程度（非团队领导）从35%扩大到60%	35%	37%	40%	42%	50%	60%
杰出人才，SA7，SC1	SO－5 员工持股参与率100%	100%	100%	100%	100%	100%	100%

战略挑战＝SC；战略优势＝SA；战略目标＝SO。

2013年柯林科技预测没有新的挑战，将继续执行前几年计划的变革。通过发挥技术专业优势，合同研发团队帮助公司渗透到了新的市场。软连接电路的增加，是一项产品变革，它让公司进入了个人电子（PE）业务细分市场。与纳米技术结合是互联电路行业的一项创新，它还将影响柯林科技供应链要求和资金设备采购。

柯林科技有预测未来变革的历史。例如，当同行公司并购趋势继续时，柯林科技制定了全员持股的战略性决策。持股的比例与职位和工龄相符合。有正式的流程帮助试用期满的新员工购进公司股票。同时也有另外的流程策划从退休员工或离职员工回购股票。柯林科技相信这是减少劳动力担忧和公司在未来某个时候被收购时有利于每个员工的最好的选择。

2.1b（2）战略目标相关因素　组织的战略目标如何实现以下方面？

- 应对组织的战略挑战，利用组织的核心能力、战略优势和战略机会；
- 平衡组织长、短期的挑战和机遇；
- 考虑和均衡所有关键利益相关方的需求。

战略目标和柯林科技的能力、战略挑战、战略优势和战略机遇的关系（见表2.1－3）。

在差距分析阶段，领导团队和顾问董事会成员确定了短期和长期规划周期。对于短期和长期的时间周期，减少差异的战略执行预期速度是首要决定性因素。领导团队确定的一些目标，将是短期内所需的，同样需要额外时间去完成的目标。在执行可行性审查期间，要提供一个真实情况下的检查。

当战略结果指标确定之后，平衡计分卡方法就提供了一个使所有相关方需求达到平衡的可视化提示。相关利益者团队很快就识别出任何未解决的不平衡。

月度领导评审过程依据先行性指标识别市场状况下的任何突变，并及时响应。然后领导团队确定调整的需要，重新分配资源，并通过相关方团队沟通变化。

2.2　战略实施（40分）：如何实施组织的战略

说明组织如何将战略目标转化为行动计划。概述组织的行动计划、行动计划如何展开，以及监视进展的主要测量指标或指征。依据这些主要测量指标或指征来预测组织相对于主要对手的未来绩效。

2.2a　行动计划的制订和部署

2.2a（1）行动计划的制订　组织如何制订行动计划？组织关键的短期和长期计划及其与组织关键战略目标的关系是什么？

如前所述，董事们运用战略矩阵，把战略目标分解成若干达成战略结果所必需的行动，并确定负责的工作组。董事和他们的员工一起设立中期目标，适宜的预测结果和过程中指标去监控进程。每个行动计划列出在空间、设备、技术和人员方面具体需要哪些资源，其中人员按照技能水平和技能改进进行了归类。完成的战略矩阵表明了详细的行动计划和在CNet网上监控表格之间的联系，领导团队和全部的员工都可以借此进行刨根问底式的评审。关键的行动计划如表2.2－1所示。

表 2.2－1　2013 行动计划和指标

SO	行动计划	指标	一月	二月	三月	四月	五月	六月	七月	八月	九月	十月	十一月	十二月	基准
SO－1	成为那些在过去推崇我公司产品的关键顾客的唯一供应商	重复业务%适用的供应商数量	80%	80%	81%	82%	82%	83%	84%	84%	84%	84%	85%	85%	83%
	保持顾客的总体参与水平	顾客参与程度	98%	98%	98%	98%	98%	98%	98%	98%	98%	98%	98%	98%	97%
	与同行企业共同促进顾客宣传	宣传推荐的次数	1	1	1	2	2	2	2	2	3	3	3	3	不可用
SO－2	当前合同文件满意度	准时交付率	99.5%	99.5%	99.5%	99.5%	99.5%	99.5%	99.5%	99.5%	99.5%	99.5%	99.5%	99.5%	99.5%
		100%的时间满足可靠性的比例	100%	100%	100%	100%	100%	100%	100%	100%	100%	100%	100%	100%	100%
	通过新型号弥补电话损失	个人电子销售	$15k	$35k	$50k	$15k	$35k	$50k	$15k	$35k	$50k	$15k	$35k	$50k	$375k/年
	提高细线能力	Cpk	0.25	0.25	0.25	0.36	0.50	0.58	0.67	0.75	0.79	0.83	0.9	1.0	2.0（内部目标）
	证明纳米碳纤维的生产是合适的	成功原型的次数			1			1			2			1	不可用
	为销售细线产品培训柯林科技顾客支持	研发员工能力通过×3								1	2	3			不适用
	保护和现有顾客的研发合同	新合同数	1		1		2	3	3		4	4			不可用
SO－3	创造一项新举措，鼓励员工的继续教育（例如，利用风能取暖，促进使用可再生能源）	项目追踪里程碑					文字印刷				初步会议			员工培训	不适用
	针对柯林科技如何进一步减少其碳排放量，征求员工意见	每个月实施员工好点子的数量	1	3	4	4	4	5	5	5	5	7	7	9	6/月
SO－4	增加领导培养课程，包括非领导领导力和联合决策制定	项目追踪里程碑	计划批准				初步会议	培训培训师	首次展示						不适用
SO－5	开始追踪员工的退休规划，并体现员工交接计划的预期趋势	Q1 到期后，进行报告		报告草案	报告终版										

2.2a（2）行动计划的实施 如何在整个组织内制订和部署行动计划，并展开至组织的员工中，适当时展开至关键的供应商和合作伙伴，以实现组织的主要战略目标？组织如何确保行动计划的主要结果能够持续？

行动计划传递到整个公司，并通过计分卡联系到职业管理计划（CMP）。所有员工理解战略的重要性，并对短期和长期的战略目标充满兴趣。许多员工在行动规划过程中和他们的管理者充分互动，为制订行动计划和相关的指标提供了输入。

同样，伙伴供应商和顾客必要时参与行动计划的策划。他们的参与能够确保能力与满足新产品和工艺要求产能的匹配。

2.2a（3）资源分配 组织如何确保获得用以支持组织实现其行动计划所需的财务及其他资源，同时满足当前的需要？组织如何分配这些资源以支持这些计划的实现？组织如何评价并管理与计划相关的财务及其他风险，以确保组织的财务生存能力？

在战略策划过程期间，公司实施两次决定，确保可以获得充分的资源以执行战略。第一次是在领导团队和咨询董事进行差距分析的时候。在财务、人力资源或其他资源的任何限制都会在战略目标的确定中加以初步考虑。董事会成员和业务部门经理在可行性审查时做了第二次决定。这些决定可作为一种现实情况的检查，确保柯林科技有实现战略的能力。在需要的时候，两组中的反复对话持续进行，直到领导团队、咨询董事、董事和业务部门经理同意规划的可行性。资源需求识别出来并分配给每个行动计划。首席财务管理（CFO）/审计员和CEO对资源需求的汇总情况实施最终的评审，以确保资源是充分的、没有重复分配，最终锁定预算。

不间断的月度领导战略评审会议是管理资源分配和应对任何新兴风险的机会。

2.2a（4）员工计划 组织为实现短期和长期的战略目标及行动计划，制订了什么样的人力资源或员工计划？这些计划如何应对在员工中产生的潜在影响和员工技能与保有量需求的潜在变化？

关键的员工计划（见表2.2－1）。为支持细线能力，对员工进行准时生产训练作为过程改变。例如，可能需要更多的员工支持航空业务部门的成长。对员工影响最大的是长期支持可持续发展的商业模式。研发合同有很多重点，员工需要调整其技能组合以适应新的设备和相关过程。开发了新的课程为员工纳米技术生产预期的变化做准备。

2.2a（5）绩效评估 组织制定了什么样的主要测量指标或指征，以监视行动计划的完成情况及有效性？组织如何确保整体的行动计划测量系统对于组织的协调一致起到强化作用？

在SPP的行动策划周期中建立了相关的绩效评估去监管行动规划的执行。主要的措施如表2.2－1所示。在与合作供应商的合作中建立适当的目标并监控各自合作供应商的计分卡。

每位员工有与行动规划完成相一致的计分卡绩效。绩效目标的完成是 CPM 季度审查的一部分，以确保全面部署行动规划。

2.2a（6）行动计划的修改　如果情况需要变更计划和快速执行新的计划，组织如何制订并实施更改的行动计划？

如 1.1b（2）中所述，当有需要修改战略或行动规划时，月度领导战略审查确定。适当的相关利益者团队发起改变的交流。受变化影响的董事和业务部门经理负责更新行动规划、措施和目标。新计划的绩效随后每月通过常规平衡计分卡被监控。

2.2b　绩效预测

根据 2.2a（5）中确定的主要绩效测量指标或指征，组织短期和长期计划时间段内的绩效预测是怎样的？组织如何将这些测量指标或指征的预测绩效与竞争对手或可比较的组织的预测绩效，以及与标杆（适用时）相对比？如果在绩效上相对于竞争者或可比较的组织目前存在着差距，组织将如何处理？

柯林科技完全预料到它的竞争对手在制定同样的改进目标。可是，现在的和潜在的顾客表明柯林科技在所有重要的质量领域，包括响应能力、交付、产品性能和可靠性，引领竞争。尽管柯林科技自发地降低价格，可是其改善的唯一机会，降低单位成本，竞争者已经积极地尝试渗透其市场；个人电子单位成本的改进呈现在图 7.5－7 中。柯林科技在持续努力降低价格的过程中，没有降低服务水平和产品性能。价格改进方案对降低成本有积极的影响，并容许柯林科技在不久的未来继续其价格上的领袖位置。柯林科技计划通过持续提高其竞争者能达到的绩效标准来“提高基准”。

绩效预测在表 2.1－3 战略和表 2.2－1 关键行动计划的位置。

3 以顾客为中心（85 分）

“以顾客为中心”类目用于评审组织如何让顾客参与以取得长期的市场成功，包括组织如何倾听顾客的声音、构建顾客关系、运用顾客信息进行改进并识别创新的机会。

3.1 顾客声音（40 分）：组织如何获取来自顾客的信息

说明组织如何倾听顾客的声音，获取顾客满意、不满意和参与的信息。

3.1a 倾听顾客

3.1a（1）倾听当前顾客 组织如何倾听、接触和观察顾客以获得可行动的信息？组织倾听顾客的方法如何因顾客、顾客群和细分市场的不同而异？适用时，组织如何运用社会化媒体和基于网络的技术来倾听顾客？组织倾听顾客声音的方法如何随顾客生命周期阶段的变化而变化？组织如何在产品质量、顾客支持和交易方面紧跟顾客，以获取实时、可行动的反馈？

柯林科技通过以下两种方式倾听并与当前顾客互动：（1）在顾客全生命周期关键点部署多种方法；（2）通过独立的外部来源获得信息。柯林科技通过顾客支持人员（CCAs）指导顾客完成下单过程，并在整个订单完成过程中与顾客保持沟通，跟踪订单进展情况，确定顾客再购买意向，并寻求新的商业机会。相比直接竞争对手和全球竞争者，这种私人接触体现了柯林科技的优势。柯林科技顾客支持人员（CCAs）使用社交媒体与当前和以往顾客保持联系，并为未来业务提供产品性能和创新的最新情况。

合同研发市场采用一种稍微不同的方法（基于项目的方法）。在整个开发生命周期中，经常使用网络通信工具连接各方召开周例会汇报项目进展。为了在项目中保持私人接触，柯林科技顾客支持人员（CCAs）会参与到每个项目团队中。

柯林科技顾客支持报告汇总了每个市场所收集到的信息。顾客利益相关者团队每月监控这些报告，并作为战略策划过程（SPP）的一个重要输入。

3.1a（2）倾听潜在顾客 组织如何倾听以往顾客、潜在顾客以及竞争对手顾客的声音以获取可行动的信息，并获取他们有关组织产品、顾客支持和交易方面的反馈（适用时）？

顾客焦点小组每季度通过柯林科技现场倾听机制验证收集的数据，寻求顾客视角不断变化的需求，并倾听细分市场潜在顾客的声音。柯林科技每两年会委托第三方机构开展一系列焦点小组活动，届时会邀请柯林科技的当前顾客、以往顾客、潜在顾客和竞争对手的顾客参加。焦点小组结果是战略策划过程输入的一部分。柯林科技和顾客一起评估公司短期和长期的产品策略，并探讨应对当前和新兴需求的计划。

业务部门经理每个季度至少拜访一次顾客，考察柯林科技产品的顾客使用情况。在最近的一次拜访中，一位经理指出柯林科技包装会带来顾客操作中的工艺难度，持续创新与改进团队与顾客一起重新设计包装，消除遇到的困难。业务部门经理每年通过 PDCA 流程审核所有的倾听方法，部署方案和学习过程。他们评估和更新调查工具，确保能够应对公司能力和顾客需求的变化。他们评估倾听和学习的数据与分析过程，确定是否进行程序上的调整、是否选择新的数据收集机制，以提高方法的有效性。这些评估为柯林科技提供了一些方法改进。例如，满意度调查是在全年部署，而不是一年一次。这种方法是通过与一个类似规模的中档电脑经销商对标去实现的，提高了满意度测量过程中的效率、周转率、响应率、数据时效性和顾客满意度。同时，它为柯林科技提供了许多项目扩展能力。

3.1b 顾客满意及参与程度测量

3.1b（1）满意及参与程度 组织如何测量顾客满意及参与程度？这些测量方法如何因不同顾客群、市场细分而异（适用时）？组织的测量如何获取可行动的信息，用于超越顾客期望，并确保长期的顾客参与？

柯林科技使用多种方法测量顾客满意及参与程度。除了包含在 CCA 报告中的顾客满意度相关信息外，内部的顾客满意度调查已经开展了超过 15 年。测量工具根据使用过程中发现的不合理情况、年度改进循环机制不断改善。2009 年，顾客利益相关者团队参考网络资料，增加了参与程度的调查问题。同时，测量量表从 5 分制改成了 10 分制，用来确保净推荐值的计算分析结果。

柯林科技通过内外部独立调查来监测顾客满意和不满意情况，并与竞争对手和恰当的标杆进行比较。柯林科技的顾客调查使用标准的李克特量表，基于细分属性和顾客需求的一般和具体的绩效因素，从非常满意（“10”）到非常不满意（“1”）进行测量。顾客使用相同的量表去评价每个属性的重要性，包括对柯林科技表现的总体满意度，相比其他制造商对柯林科技的总体满意度。当顾客在线办理业务的时候，CNet 会对他们进行调查。这些调查基于抽样框，确保每位顾客均被调查。同时，各业务部门每季度调查的响应率大体相同，以确保不同时间和不同部门数据对比的有效性。柯林科技发现网络调查同样适用于所有业务部门。为了让产品终端使用者接受调查更方便，柯林科技应顾客要求也提供其他语言版本的调查。

满意度调查要求顾客相比其他多层板和软硬结合制造商对柯林科技的关键产品、服务和关系属性进行评价。这些信息用来识别和整理业务部门和顾客的需求。柯林科技把顾客主观感知与基于市场测量（表 3.1－1）的客观行为关联起来，去验证顾客对可能购买、推荐和忠诚行为的评价。这个分析用在 SPP 中预测业务前景。

表 3.1－1　市场测量

测量	结果图表
不满意（抱怨）	表 7.2－3
中标率和报价准确性	图 7.1－11
赢得的重复业务百分比	图 7.5－8

柯林科技根据所获取的行业信息，判断所处的相对市场地位，并结合当前市场反馈情况评估其调查结果。具体机制包括频繁的顾客互动和跟踪，顾客焦点小组，参与行业和顾客小组会议，在贸易展览会上的市场关注点调查以及独立的研究。柯林科技的目的是相比竞争对手，针对最重要的产品、服务和关系参与属性，发展快速、全面的调查，使用有意义的量表准确评估满意度和参与度。柯林科技选择一些具有代表性的顾客从细节方面审查其调查问卷，评价调查问题和测量量表的有效性，并提出改进建议。然后，为评估完成调查所需时间以及调查问题、量表和格式的清晰准确性，挑选测试组开展试调查。

为了确认、验证和完善内部正在进行的顾客满意度和参与度调查，柯林科技委托行业研究团队开展与内部调查过程同等规模的独立外部调查。这项调查涵盖了所有领域的顾客关系，包括顾客对公司各接触表现感知的一般性问题。柯林科技把外部的顾客满意度和参与度结果与最近的顾客调查结果做交叉相关分析，来验证数据的准确性和有效性，以及这些数据作为预测满意度、偏好、重复购买、忠诚度和积极推荐的可靠性和灵敏度。

柯林科技调查组织内多个接触点的顾客（即采购、质量、工程、制造），增加数据的客观性和可靠性。调查根据顾客类型进行编码，对数据进行交叉列表分析以评估各接触点的表现。

柯林科技的参与度改进工具箱可以用来识别对满意度和参与度结果提升产生显著影响的因素。该工具箱包括差距分析表、散点图、趋势分析图和帕累托图。柯林科技通过计算每一个评分组合的百分比确定基本的不满意因素、奖励/惩罚因子和增值因素。绘制顾客评价频数分布的时间趋势图，可表明哪些改进是有效的，哪些是需要重点关注的。统计方法可确定顾客评价相比之前是否发生显著变化。

每个属性和整体评分之间的相关性及每个顾客和每个业务部门的满意度评分，能够表明顾客关注的优先级。使用统计推理工具，如多元回归分析，找出对满意度和参与度最相关的属性（满意和不满意的属性）来有效提升顾客满意度、偏好度和忠诚度。

顾客利益相关者团队和业务部门经理运用呈不好趋势或与顾客参与弱相关的分析结果识别改进机会（即改进顾客调查问题，增加问题，或使用不同的测量类目）。业务部门经理可以优先提出关于顾客满意度和参与度测量量表、测量方法和测量程序的改进建议。

柯林科技顾客支持人员（CCAs）在装运或报价的24小时内就开始跟进顾客，确保满足顾客需求。此外，他们征求和记录顾客对最近的产品、服务和交易的感知，通过他们的互动获得一手信息，并及时识别可操作的改进机会。当产品发货时，CNet自动发出装运通知给顾客，并为顾客创建一个跟踪信息备忘录。

当柯林科技顾客支持人员（CCAs）登录CNet时，首页列出了顾客需要跟进的事项，并且CNet打开了备忘录。当接触和结果记录在CNet后，这个备忘录将被删除，而清理这个备忘录的日期、时间和人员会被记录下来。业务部门经理的活动报告确保后续跟进时间不超过服务标准。低于“满意”的评分或负面评论自动触发投诉解决程序（3.2b[2]）。

3.1b（2）与对手相比的满意程度　组织如何获取与竞争对手的顾客满意度的对比信息？组织如何获取其他提供类似产品的组织和行业标杆的顾客满意度的对比信息（适用时）？

柯林科技通过研究顾客如何（买方选择）以及为何（供应商偏好）选择公司而非其他供应商，来洞察竞争对手的活动。柯林科技跟踪顾客流失人数、流失原因，顾客流失后选择了哪家供应商以及由此带来的收入损失数目去了解竞争对手的优势。此外，柯林科技使用一些非柯林科技顾客的数据来了解为什么这些顾客选择了其他供应商。这些分析促使柯林科技提供比竞争对手更广泛的产品和服务线。

一些员工代表参与到柯林科技行业、供应商和顾客的各类研讨会、小组会和大型会议中去更好地了解行业，并获得不断变化的行业、细分市场和顾客需求信息。在贸易展览会上，柯林科技开展市场兴趣调查去收集来自竞争对手的顾客和其他潜在顾客的信息。行业出版物帮助柯林科技调整战略方向。业务部门经理每季度收集、分析和评估顾客、竞争情况和行业数据，并在识别出差距时将这些数据输入领导评审流程中。

通过互惠的合作协议，柯林科技作为关键供应商参与到顾客的战略规划流程，正如顾客参与到柯林科技的战略规划过程一样。许多创新机会出现在航空航天和合同研发业务市场，柯林科技在顾客战略规划中都有重要参与。顾客和合作伙伴参与柯林科技内部波多里奇标准的评估团队。这种机会为产品和服务特征的相对重要性及顾客需求的最好满足提供了持续的输入。

3.1b（3）*不满意程度* 组织如何测量顾客不满意程度？组织的测量如何获取可行动的信息以满足顾客需求，并在将来超越顾客期望？

柯林科技认识到顾客不满意并不总是与调查结果中的不满意一致。公司通过焦点小组的信息去界定顾客接触流程中不满意的真正因素。例如，柯林科技的结果表明顾客在航空业务部门具有高水平的参与程度。最近的一个受委托的焦点小组表示顾客不满意的原因是产品标识和发票流程。这个信息会被传递给相应的过程负责人和柯林科技顾客支持人员（CCAs），由他们进行根本原因分析，并识别所需的改进，实现在所有业务部门中消除该不满意因素。另一个例子，最近的一个不满意是关于发票中详细内容的，柯林科技顾客支持人员（CCAs）与财务和会计人员的改进是将其他信息纳入标准发票模板中。

3.2 顾客参与（45分）：如何服务于顾客的需要以促进顾客参与并构建关系

说明组织如何确定“产品提供”（译者注：本标准中的固定搭配）和沟通机制以支持顾客。说明组织如何构建顾客关系。

3.2a 提供产品与顾客支持

3.2a（1）*产品提供* 组织如何识别顾客群和市场细分以提供产品和服务？组织如何识别并调整产品提供以满足组织顾客群和细分市场的需求，并超越其期望？组织如何识别并调整产品提供以进入新市场、吸引新顾客，并为扩展同现有顾客的关系提供机会（适用时）？

柯林科技目前根据产品功能和用途、顾客需求和顾客利益在整个印刷电路板市场提供三类业务。柯林科技产品的重要功能特性是多层次、软硬电路结合，材料先进，高密度，间距极佳。顾客选择柯林科技的原因是柯林科技具有高质量和可靠性、快速的技术响应、一致的准时交付（OTD）和私人接触等方面的口碑。柯林科技通过与顾客从产品设计到再次订购保持紧密合作，使经验丰富的设计和顾客支持员工成为了为顾客节省资金并加强顾客关系的“虚拟劳动力”。

产品和服务是基于顾客声音（VOC）信息、新兴的技术能力和员工的独创性设计的。随着新技术的研究，这些技术突破可能应用于当前和未来产品中，柯林科技使用顾客需求数据来识别哪些顾客最有可能从中受益。柯林科技技术复杂产品制造商的声誉吸引了苛刻的顾客，这些顾客向柯林科技寻求如何满足他们先进技术要求和开发原型的建议。柯林科技合同研发开发新技术并运用于客户研发活动的原型。

顾客会参与到每一个新产品的设计中，帮助柯林科技更好地理解顾客需求，开发和沟通双方都能接受的期望，并改善业务关系。作为产品开发和创新过程的一部分（图 3.2－1），会建立一个包括柯林科技顾客支持人员在内的跨职能团队；这个团队会整合设计变更，同时顾客或柯林科技工程师会在 CNet 上为设计数据库提供输入。第二天就能将反映这些变化的原型交付到顾客手中。

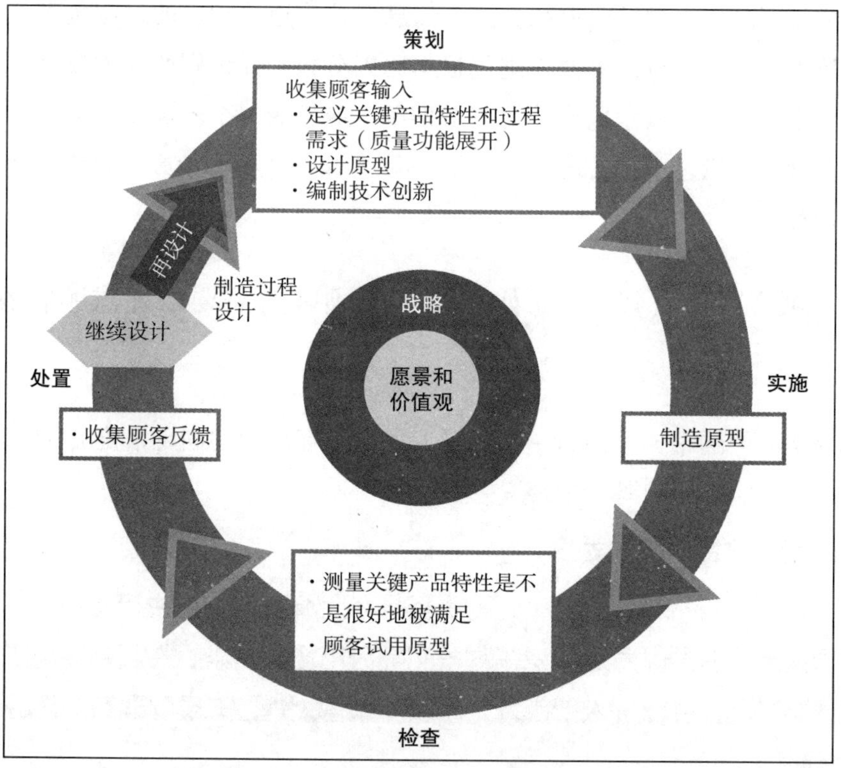

图 3.2－1　产品研发和创新过程

3.2a（2）顾客支持　组织如何使顾客能够获取信息并取得顾客支持？如何使顾客能够与组织开展业务，并提供有关组织产品和顾客支持的反馈？组织关键的顾客支持方式是什么，包括关键的沟通机制？这些方式如何因顾客、顾客群或细分市场的不同而异？组织如何确定顾客的关键支持要求？组织如何确保顾客支持的要求传达到与顾客支持相关的所有人员和过程？

柯林科技为方便顾客与公司沟通，采用了一系列可选择的方法。除了面对面或通过电话、电子邮件的私人接触外，柯林科技通过安全的顾客门户 CollinTech. com 和社交媒体为顾客接触到顾客支持人员提供更多选择。此外，柯林科技顾客支持人员开发了一个博客用于分享和改进技术解决方案，并推广合同研发服务。基于短信服务（SMS）的最佳实践，柯林科技预计在 6 ~ 8 个月内会受益。

柯林科技顾客支持人员和业务部门经理在设计过程的早期就与顾客会面，来决定所支持的顾客期望和偏好。柯林科技顾客支持人员（CCA）与信息技术系统（ITS）部门一起工作确保建立安全通信线路，为那些直接与顾客对接的员工提供适当的权限。

柯林科技顾客支持人员跟进所有的订单去验证满意度结果。柯林科技跟进了现有和潜在顾客商机的流失，以确定其业务流失的原因。这些数据使得柯林科技能够把当前和未来产品聚焦在明确的买家选择标准上，并改善盈亏表现。

3. 2a（3）顾客细分 组织如何使用顾客、市场和提供产品信息来识别当前并预期未来的顾客群和市场细分？如何考虑这些细分中竞争对手的顾客和其他潜在的顾客与市场？组织如何确定当前和未来的产品面向哪一类顾客、顾客群和细分市场？

顾客细分基于从当前顾客、竞争对手的顾客和潜在顾客及市场中收集的市场数据。柯林科技通过确定驱动顾客需求的因素和趋势在全球层面开始顾客细分。柯林科技使用为战略策划过程（SPP）全年收集的市场情报信息，业务部门经理使用这些信息去预测每个地理区域的机会，定义细分市场的需求。然后他们分析细分市场使用柯林科技产品的顾客数据库和顾客调查的现有顾客数据。这些分析结果用来输入到战略策划过程（SPP）和产品及服务设计中。

柯林科技的业务被组织起来去满足三大关键细分市场的需求：航空航天、个人电子产品和合同研发。航空航天顾客把柯林科技的产品集成到其产品中，其中一个主要合同（GBN Corp.）在此部分。个人电子产品市场使用软硬结合技术和非常细的细线去保持互联解决方案的重量非常轻，并且紧密包装或折叠；商品定价是这个细分市场的另一个特点。合同研发顾客经常来柯林科技公司设计部署在极端环境条件下的独特的超精细线互联；他们为要求苛刻的环境订购更少量的非常稳健的产品。合同研发部门还使用市场和技术情报定义新的设计能力，用于确定纳米技术解决方案的未来市场和顾客群。

3. 2b 建立顾客关系

3. 2b（1）关系管理 组织如何经营、构建并管理顾客关系以实现如下目标？

- 获得顾客并占有市场份额；
- 在顾客生命周期的每个阶段留住顾客、满足顾客需求并超越顾客期望；

- 提升顾客参与程度。

组织如何利用社会化媒体增强顾客参与和顾客与组织的关系？

柯林科技与关键顾客建立了合作伙伴关系，这些顾客需要满足按时交付、严格的产品质量和准时化生产需求的高价值产品。关系建立嵌入从最初的顾客接触到最新的订单跟进的所有业务流程中。

柯林科技为每个业务部门分配业务部门经理，以更好地理解该部门的独特特点、特定需求和期望。CCAs 顾客支持人员分配给每个细分市场中具有相似特征的特定顾客。业务部门经理和 CCA 顾客支持人员结构使柯林科技成为顾客业务过程中不同单位之间的整体沟通和协调联系。

顾客关系的历史和现状包含在 CNet/CRM 中，确保统一格式的快速、准确的数据，员工可以使用这些数据做出及时、有力的决策。CCAs 顾客支持人员使用 CRM 数据库去记录和跟踪所有的顾客互动。当顾客或员工进入顾客的安全门户时，CRM 自动登录联系人并显示历史顾客数据，以便所有的员工都可以完全访问顾客的完整历史记录和当前状态。这样就可以通过与顾客直接联系的任何员工来扩展私人接触。

多年来，通过基于定性和定量结合的市场研究来确定关键性能特征，包括深度访谈、焦点小组、邮件和电话调查。柯林科技通过因子分析和判别分析去识别关键的性能因子。因子分析把调查数据分为基本维度，并选择准确测量每个维度（有效性）的属性。判别分析确定选择的性能属性是否能够准确预测整体满意度和不满意（可靠性和相关性）。这些分析的多次迭代产生了统计学上具有有效性和相关性的属性。这使公司能够获取可操作的信息来预测未来顾客的行为和/或代表柯林科技宣传的趋势。虽然柯林科技在所有的业务部门中使用相同的调查方法和测量量表，但是它们使用不同的属性来开发不同细分领域的关系——基于从这些统计方法中得出的要求进行改进。

柯林科技需要建立市场份额，使其过渡到一个可持续的三级水平（见表 P. 2－1）。市场关系是通过出席 EIC 小组委员会、贸易展览会以及短信相结合的方式而开发的。短信使用设计好的框架与顾客接触，通过短信提供的信息可以补充网站或打印获取的信息。信息对应顾客的时区发出，对退订的比率进行监测，用于识别最有效的信息。

3. 2b（2）投诉管理 组织如何管理顾客投诉？组织的顾客投诉管理过程如何确保投诉得到及时有效的解决？顾客投诉管理过程如何使组织能够恢复顾客信心，增进顾客满意和参与？

柯林科技培训 CCAs 顾客支持人员、现场工作人员和管理人员去使用 CNet 投诉表格记录所有的正式或非正式的顾客投诉。顾客可以从 CNet 的任何位置“热键”到这个屏幕，该系统执行时会填写当前顾客信息，员工验证（或更新）此信息并记录投诉。

CCA 顾客支持人员在登录时可以获得了解顾客投诉所需的信息。当投诉被记录时，CNet 立即将投诉转交给适当的 CCA 顾客支持人员进行跟进和解决，并向相应的业务部门经理和顾客利益相关者团队负责人转发一个备忘录。CNet 提醒各方每次登录系统时投诉是“开放”的，并显示其相比顾客服务标准的状态，确保及时地纠正措施。柯林科技要求所有的投诉要与发起投诉的顾客或者顾客指定的人通过直接的私人接触解决，当顾客确认他们对解决方案满意时，投诉被视为解决。如果这无法实现，升级程序需要额外的资源。升级规则基于投诉的编码，柯林科技根据症状或者经历的问题（如顾客所述）、一般原因（基于对先前投诉的详细分析）和根本原因（基于问题的详细分析）对投诉进行编码。

这种方法确保在投诉解决过程中使用合适的资源。投诉编码与用于组织整个顾客关系生命周期收集的数据的其他编码系统一致，如顾客调查和顾客需求以及内部质量数据，如内部不合格率和保修索赔。这种方法使柯林科技把来自顾客的产品性能数据与内部质量评估数据做相关，以确定顾客问题的范围和规模，验证工作绩效和纠正措施的有效性，并评估不作为或采取解决方案对财务的影响。柯林科技通过后续电话跟进和调查来验证解决方案的有效性，重点是满足其所承诺的时间表和解决方案的满意度。

4 测量、分析与知识管理（90分）

“测量、分析与知识管理”类目评审组织如何选择、收集、分析、管理和改进组织的数据、信息和知识资产，组织如何学习、如何管理信息技术、如何运用评价结果改进组织绩效。

4.1 组织绩效的测量、分析与改进（45分）：组织如何测量、分析、提升绩效

说明组织如何在所有层次上和所有部门中，通过数据和信息的使用，测量、分析、评价和改进其绩效。说明组织如何使用对比数据和顾客数据支持决策。

4.1a 绩效的测量

4.1a（1）绩效测量 组织如何选择、收集、校准、整合数据和信息，监测日常运作及组织的整体绩效，包括与战略目标和行动计划相关的实施进度？主要的组织绩效测量指标有哪些，包括哪些主要的长、短期财务指标？这些指标的测量频次如何？如何利用这些数据和信息来支持组织的决策、持续改进和创新？

柯林科技的绩效测量系统设计的目的是为公司提供战略信息，分析数据来监控产品和过程结果，并管理工作流程。有正式的规范来指导指标的选择，如图4.1－1所示。

在战略策划过程SPP中确定了潜在的测量指标，并把公司目标和指标连接贯穿整个柯林科技。将适合对比且对战略至关重要的定量指标添加到领导团队计分卡（最高级别计分卡）中。不定量或缺少预期对比的关键战略指标被分配给合适的利益相关者团队。利益相关者团队通过里程碑跟踪指标，开发定量指标数据流，并识别适合的对比指标。这个测量和对比的结果作为新的输入重新进入选择过程。对新指标的绩效考核包括验证结果是可行的。利益相关者团队的领导团队成员负责对领导审查里程碑项目期间的绩效汇报。

吸引利益相关者团队参与指标选择过程（图4.1－1）是2011年改进的流程。在此之前，没有人负担对公司重要但却不在领导团队计分卡上的指标，在绩效测量的年度过程审查中确定了这一改进。有许多不被公司视为关键的指标，对业务部门、部室或

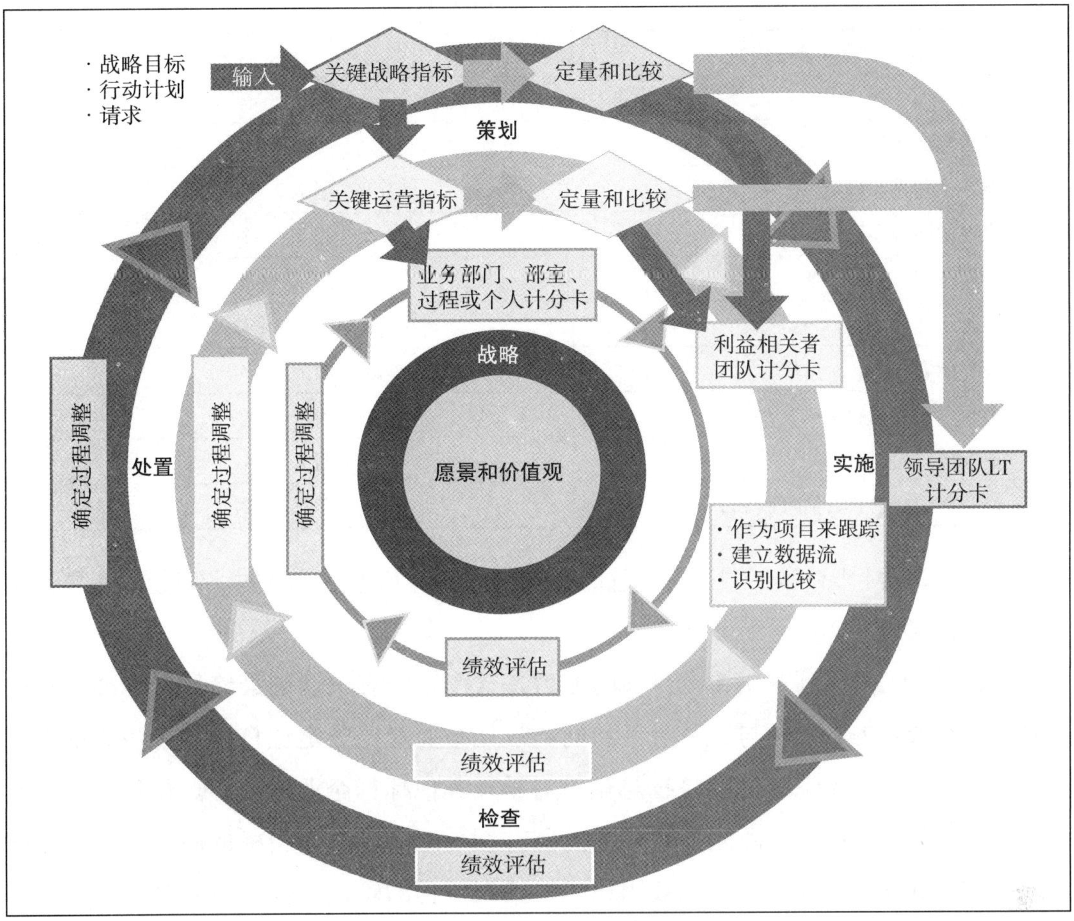

图 4.1－1　指标选择过程

个人作为管理相应过程或产品结果的手段却至关重要。这些指标被分解到各个层级，与领导团队的计分卡指标相呼应，并影响其指标绩效。

所有的计分卡都可以通过 CNet 访问，个别指标可能会被汇总或分解。员工的绩效对个人和团队的指标和目标是完全透明的，柯林科技赋予所有员工查看信息的权利。通过将个人、团队、部室和业务部门结果与公司业绩相关联，所有员工都可直接确定与日常流程相关的成本影响。通过采用领先和滞后指标的结合，柯林科技积极驱动内部流程，同时在外部将自身融入商业社区。有效管理业务需要这两种指标。

跟踪频率根据指标而定，从实时自动化过程驱动的度量到每天、每周、每月或每季度都各不相同。目标与测量频率一致、审查频率也如此，所有计分卡都会在适当的领导审查会议上进行审核。关键测量指标在领导团队计分卡上（表4.1－1）。所有计分卡的结果都可以在 CNet 上获取，用于支持持续改进和不断创新。

表 4.1－1　LT 计分卡

LT 计分卡措施	图表
净推荐值	图 7.2－3
整体顾客参与度	图 7.2－4
顾客推荐累计数量	图 7.2－5
赢得的回头客比例	图 7.5－8
可靠性	图 7.1－3
准时化交付	图 7.1－1
过程能力	图 7.1－8
员工（问卷调查结果）结果	表 7.3－1
业务部门的销售	图 7.5－1
EBITDA 息税折旧摊销前利润	图 7.5－2

4.1a（2）对比数据　组织如何选择和确保有效地利用主要的对比数据和信息，支持组织的运营、战略决策和创新？

柯林科技实现与利益相关者目标的能力是这个系统有效性的最终衡量标准。柯林科技跟踪绩效数据，以便与竞争对手和同类最佳企业对比或定位自己。这些数据除了用于改进外，也用于识别柯林科技与竞争对手及其他标杆企业的差距。每年两次，由顾客倡导主管领导的对标团队进行相关的所有领导团队计分卡指标的研究，并向领导团队提交正式报告。这个信息也被用作战略策划过程的输入，这项研究是与同类企业以及柯林科技业务以外的公司共同开展的。该团队着眼于已知的标杆行业信息（国际共享和标杆联盟、电子工业联盟、美国电子委员会（UCE）、波多里奇奖获得者、USEO、在线出版物和程序等），以及调查数据，顾客输入，至少一个随机选择的标杆咨询公司。所有信息都与现有报告和过去收集的数据进行比较，以帮助确定最佳竞争对手和企业。当识别最佳榜样企业的实践时，柯林科技把现有绩效数据与他们认为业内最佳公司的相似数据做相关分析，如果存在显著的差距，柯林科技建立与最佳同类企业正式的对标会议，在互联行业内部和外部进行比较。通过这种方式，柯林科技确定进一步改进的机会。

4.1a（3）顾客数据　组织如何选择和确保有效利用顾客声音和市场数据与信息（包括对投诉的整合数据），以建立更加以顾客为关注焦点的文化，并支持组织的运营、战略决策和创新？

所有顾客数据被输入 CRM 系统，并与 CNet 的计分卡完全集成。顾客支持人员总结关键账户的活动，包括发布在 CRM 月度报告中的任何投诉。在未参与 CRM 中信息的情况下，不得采取针对顾客的行动。同样，所有操作必须进入 CRM。建立以顾客为中心的信息是柯林科技维系其专业知识核心竞争力及私人接触战略优势的途径之一。

顾客调查评价产生了与柯林科技未来业务相关的产品性能与需求、相对重要性、优先级别和相关级别的定量指标。柯林科技将交易后的信息与波多里奇自我评估相结合，针对公司能力评估，覆盖不断发展的顾客需求。它通过整合细分市场的顾客数据识别细分市场的趋势，探测细分市场的变化，并预测未来细分市场的机会。

为满足未来顾客需求，引入先进技术到设计和制造中的周期限制了学习曲线的斜率。此外，合同研发的创立专注于精简制造技术创新者与柯林科技合作的过程，以测试改进和发展创新者的想法。

柯林科技顾客支持人员按照投诉类型进行确认编码，以便后期进行帕累托分析。CNet 提供涉及解决过程的所有员工的响应时间数据。这些数据汇总起来，由业务部门经理提供给过程团队用于评估、验证、纠正措施和过程改进。投诉审查和过程改进的结果通过电子邮件发布给员工。CNet 文件根据投诉解决结果更新，为将来根本原因分析提供信息。顾客利益相关者团队每年汇集所有的投诉信息，并分析需要系统改进的常见原因问题的趋势和模式。

柯林科技顾客支持人员监控短信聊天，并整合 CNet/CRM 上获得的信息。

4.1a（4）*测量系统敏捷性* 如何确保组织的绩效测量系统能对快速的或不可预测的组织内外部变化迅速做出响应？

在指标选择过程中，柯林科技已经建立了一个闭环反馈流程（图4.1－1）。通过这个过程，向所有的利益相关者提供与公司健康运营相关的信息。柯林科技也使用这个循环来请求必要的修改，以保持其系统与利益相关者和整体业务不断变化的需求同步。半年度标杆评审着眼于柯林科技相对其他公司的输出指标，以确定这些指标的变化。每年，柯林科技对其信息系统开展调查，公司着力寻找更好的信息收集和分析的工具。在 2012 年绩效评估过程审查期间，柯林科技确定把出现差距时实现快速反应的能力以及测量灵敏度评估纳入绩效评审，作为 2013 年的重点领域。

4.1b 绩效分析与评价

如何评价组织的绩效和能力？在评价中如何使用组织关键的绩效测量？组织采用哪些分析支持组织绩效的评价，并确保结论是确凿有依据的？组织及其高层领导如何运用这些评审结果评价组织的成就、竞争绩效、财务健康状况以及战略目标和行动计划的实施进度？如何运用这些评审结果使评价组织对不断变化的组织需求和运营环境中的挑战作出快速应变能力？

领导团队使用计分卡确定组织的绩效。在每周领导审查之前，分析、对照和预测相应的指标，对比当前绩效与目标和过去绩效。其他分析可能包括相关指标的相关或回归分析。这些分析结果提供了公司整体健康状况，这是支持柯林科技承诺与勇气的价值观。审查中存在任何有差距的指标都需要由利益相关者团队发起纠正行动计划，确保及时减小差距。每周领导审查的重点确保与所有利益相关者有关的业绩在每个月审查一次，并持续监控该战略。

领导团队计分卡包含在月度顾问董事会（AB）报告中，如果绩效差距是由顾问董事会识别，并且尚未通过行动计划解决，CEO 把差距关闭行动指派给领导团队成员跟进。

4.1c 绩效改进

4.1c（1）最佳实践 如何识别组织中具有高绩效的单位和运营模块？如何识别可供分享的最佳实践？

领导力评估时审查的所有分析结果均可以在 CNet 上获取，所有的员工都可以查看。此外，所有合同研发项目最少每月审查一次，任何经验教训都总结放到 CNet 上。业务部门经理可以轻松识别和审查高绩效的业务，以确定流程创新或吸取经验教训。适用于多个团队或部门的重要经验教训会在 CNet 主页上突出显示，并被添加到领先实践数据库。这个关系型数据库是员工了解一个过程或产品的“一站式商店”。它与 CNet、CRM 和企业资源规划系统完全集成。该领先实践数据库为标准操作程序和最佳实践提供了一个长期存储库，通过强大的搜索引擎轻松找到相关内容。指定的主题专家审核条目，以确保信息的准确性和完整性。

4.1c（2）未来绩效 组织如何运用绩效评审结果（已在 4.1b 中说明）和关键的对比与竞争性数据来预测未来绩效？组织如何使这些未来绩效的预测和关键行动计划产生的绩效预测之间的差异趋于一致（已在 2.2b 中说明）？

所有的领导团队计分卡指标都需要对比数据。如果不放在竞争环境的境况下，柯林科技无法确定是否成功。追求对比，可确保对竞争对手的持续了解。这些信息组合，在战略策划过程中确定的其他情报以及顾客的直接反馈被用于建立表 2.1－5 的业绩预测。对这些数据和信息的分析是顾客利益相关者团队与标杆团队一起工作的责任。

4.1c（3）持续改进和创新 组织如何运用绩效评审结果（已在 4.1b 中说明）确定持续改进的优先次序和创新的机会？这些优先次序和机会如何展开至整个组织的各工作单位和职能层次？适用时这些优先次序和改进机会如何展开到组织的供应商、合作伙伴和合作者，以确保组织的协调一致？

勇气这一核心价值体现了柯林科技持续改进和创新的方法。在领导力评估会议中，柯林科技评估展示出平稳趋势的绩效，以确定是否应分配持续改进和创新团队来调查改善绩效所需的变更。

一年一度的内部评估过程始于对过去一年的绩效审查，并包括相关过程的所有纠正措施，持续改进和创新团队行动或创新。该审查提供了过程分析问题的来龙去脉。

必要时，领导力评估会引发过程调整或重新确定优先次序。变更的沟通过程是由适合的利益相关者团队主持，并执行沟通计划，确保合作伙伴供应商和利益相关者与新的优先事项保持一致。

合同研发团队专注于为现有产品和过程创造颠覆性创新。在 CNet 上获取的来自当前流程和产品的数据为团队的努力提供了基准。

4.2 知识管理、信息与信息技术（45 分）：如何管理组织的知识、信息和信息技术

说明组织如何管理和提升组织的知识资产和学习所得。说明组织如何确保员工、供应商、合作伙伴、合作者以及顾客所需数据、信息、软件和硬件的质量与可用性。

4.2a 组织知识

4.2a（1）知识管理 如何管理组织的知识以实现：

- 员工知识的收集与传递；
- 来自顾客、供应商、合作者和合作伙伴的相关知识的传递；
- 分享和实施最佳实践。

收集与传递相关知识，以用于创新和战略策划过程。

如前所述，领先实践数据库是柯林科技的智力资本存储库。当员工从柯林科技离开时，他（她）会被询问数据库中是否存在依赖于他/她的任何流程、实践和技巧。因为所有员工都需要一个过渡计划，可以有足够的时间从离职员工处获取信息。

领先实践的信息通过他们安全的 CNet 门户网站设置链接，分享给外部利益相关者。这确保了利益相关者始终拥有最新的信息，同时保留所有文档管理活动。这些利益相关者也可以发布链接，与柯林科技共享文档和信息。

领先实践的使用已被确立为过程设计和管理过程（图 6.1－1）的输入，持续改进和创新团队从这里开始一个过程的不断创新。当持续改进和创新团队或利益相关者团队或领导团队采用领先的做法实施流程变更作为公司改善或创新时，卓越绩效团队适当更新相应的内部审核检查表，以确保对更改进行监控执行。

4.2a（2）组织学习 如何运营组织的知识和资源，将学习嵌入组织运营的方式中？

卓越绩效小组监控领先实践中的活动，报告突出显示添加到现有条目中的新条目和吸取的经验教训。当卓越绩效小组确定新的最佳实践时，会向所有员工发送一封电子邮件，提醒员工关注此信息。卓越绩效小组采用领先实践的信息并在每周领导力评估会议上分享，该小组还创建了战略规划总结报告。卓越绩效小组开展领先实践数据库的年度分析，去验证其持续的准确性和有效性。

4.2b 数据、信息和信息技术

4.2b（1）数据与信息的特性 如何管理组织的数据和信息，以确保其准确性、完整性、可靠性、及时性、安全性和保密性？

准确、及时、可靠的数据对柯林科技的信息系统非常重要，无论是通过手动、机器、语音或局域网收集的数据，都需要是可靠的并被系统正确识别的数据，以确保做出最佳决策。为了保证数据的完整性，柯林科技一直提供输入源和日期，以便及时联系发起人以澄清任何可疑信息。如果可能，自动检查用来确保手动输入的数据在预设的范围内，如字符数或值的预期范围。

大多数的计分卡指标使用集成系统去分析和生成报告，使用条形码通过自动化设备来跟踪材料和产品的实时性，能够保证高水平的准确性、完整性、可靠性和及时性。

柯林科技利用多个安全门户网站与顾客和利益相关者互动。员工拥有在集成系统写入功能的特定角色权限。需要为 CNet 和其安全门户网站的所有用户提供密码保护。密码每隔 60 天更改一次，在 3 年内不会重复。防火墙和过滤器保护柯林科技的数据和信息免受外部的威胁。总的来说，这些措施保证了数据、信息和知识的安全性以及保密性。

信息技术系统小组每年在其过程评估中，分析数据和信息内容的当前获取方法。该小组通过参加年度制造业最佳工厂信息系统竞赛对其方法进行基准评价，以了解其系统与全国企业信息系统的对比情况。

最近的改进是通过增加 4 个新角色微调特定角色的权限，更准确地匹配用户可以访问的信息类型。

4.2b（2）数据与信息的可获得性 如何使员工、供应商、合作者、合作伙伴及顾客在适用时易于获取所需的数据和信息？

所有员工根据其特定角色和密码访问 CNet，无论是在他们的工作地点或在自己的团队空间，员工还可远程安全访问 CNet。顾客和利益相关者团队通过安全的门户网站进入他们需要的 CNet 的特定区域内。

4.2b（3）软件和硬件的特性 如何确保软件和硬件可靠、安全，并且简单易用？

首席信息官和信息技术系统小组不断监测柯林科技所用硬件和软件的开发。行业报告通过访问合作伙伴供应商站点进行备份，以确定在柯林科技部署哪些技术。例如，员工想利用平板电脑使用产品开发和创新过程（图 3.2-1）修改后的版本，信息技术系统小组收集员工的输入并研究现有技术及其与柯林科技系统的兼容性。结果，最初的请求因为存在安全问题被拒绝，然而，由于原来的需求没有满足，请求保持开放状态。在 2012 年，平板电脑的功能满足信息技术系统的需求，产品开发与创新过程开始启动，并纳入正式测试计划。通过信息技术系统和终端用户的严格测试后，平板电脑已经配置到业务需求明显的岗位。

软件的变更也在公司推出之前经过信息技术系统小组和最终用户的严格测试，这种测试是至关重要的，以确保集成系统仍然能够与部署新版本的软件完全集成。信息技术系统工作人员使用局域网将更新推送给所有受影响的用户。

每年信息技术系统小组开展用户调查，调查中的问题确定了信息技术系统提供用户友好软硬件的有效性。例如，最近反馈意见是对会议室的分离式键盘不满意，因此信息技术系统小组使用符合人体工学的波形键盘替换了分离式键盘，立即收到员工积极的回应。

信息技术系统计分卡报告系统的可用性和安全性。

4.2b（4）紧急情况下的可用性 在紧急情况下，组织如何确保软硬件系统、数据信息的持续可用性，以有效满足顾客和业务需求？

柯林科技注意到在最近的飓风和洪水中，没有足够的信息系统应急准备对竞争对手的供应链造成了影响。在 2011 年初，信息技术系统小组进行了深度流程评估，该评估的结果引出了目前的紧急可用性计划，简言之，如果本地服务器失效时，则可以使用具有所有柯林科技应用程序的冗余异地服务器。本地服务器每隔 8 小时全天候备份到这些位置，如果纳什维尔设施无法支持 CNet 的应用程序，异地位置之一无缝转换，使用户在数据和信息可用性方面不受影响。合作伙伴供应商有需要的硬件清单，并同意在 24 小时内提供所需的硬件。评估的另一个显而易见结果是不将服务器或发电机等关键设备放在建筑物最底层。虽然地下室往往保持凉爽，但这些层也首先会受到洪水的影响。

数据和信息可用性及硬件可用性的组合使柯林科技保证信息可用性不会中断，并且如果存在灾难性事件，会在数小时内提供硬件更换。

5 以人为本（85 分）

“以人为本”类目评审组织如何评估员工能力和员工保有量的需求，以及创造有利于取得高绩效的员工环境。同时评审组织如何激励、管理并发展员工，使其在与组织总体使命、战略和行动计划相一致的前提下，充分发挥潜能。

5.1 员工环境（40 分）：组织如何营造一个有效的、有支持力的员工环境

说明组织如何管理员工能力和员工保有量，以完成组织工作。说明组织如何保持有支持力的、安心的工作氛围。

5.1a 员工能力与数量

5.1a（1）能力与数量 组织如何评估员工的能力与员工保有量需求，包括技能、能力、资格和人员数量？

文森特·多伯特（Vincent Daubert）主导对人力资源能力实行年度评估，来识别柯林科技保持行业领先所需的人员能力。员工能力是战略策划过程（图 2.1－1）所输出长期战略和短期行动方案的关键因素。为满足跟进前沿技术、保持行业领导力、保证掌握核心竞争力的需求，这些方案识别了需对员工进行教育与培训的科目和技能。

每季度开展员工保有量研究，保证人岗匹配。研究战略和行动计划人力资源配置，将各类技能人才安置于合适的岗位。人力资源研究项目随着产品需求的变化调整人员编制，保证人员配置平衡。

5.1a（2）新员工 组织如何招聘、雇用、安排和留住新员工？组织如何确保员工能代表员工群体和顾客群体的多样性的观念、文化和思想？

柯林科技通过多种方式招聘新员工。例如，校招时派技术人员到当地高校宣讲，接下来也会参加招聘会。运用在线工具识别高素质、有经验的候选人。面对所发布实习岗位的激烈竞争，柯林科技最近的新尝试是在招聘过程中评价每个应聘者的 3 条推文（Tweets）选择合同研发的实习生。

选拔过程由一系列渐进的以行为观察为基础的面试组成。初面采取电话面试的形

式，避免最初筛选过程中的偏见。正式的结构化面试在2010年有很大变化，大大减少了面试的主观性，吸收更多理念、文化和思维方式多元化的员工。

为保证柯林科技能够持续构建一支有才华、多元化的员工队伍，公司在所有的应聘者身上应用了员工素质模型。模型整合了所需的素质如个人的职业动机、领导潜力、创新技能、团队意识、变通能力、技术知识以及对顾客和合作伙伴概念的理解。

一经录用，所有的柯林科技员工都将在新员工入职的第一周参加新员工培训课程。直接由领导团队成员介绍情况，以帮助新员工了解柯林科技的价值观、产品、战略以及员工福利和机会。这些知识也可以在CNet上获得参考。在之后的具体岗位培训和导师工作例会上，还会进行持续90天的文化宣贯。

5.1a（3）工作完成　如何组织和管理员工，以实现以下任务：

- 完成组织工作
- 利用组织的核心竞争力
- 强化以顾客和业务为中心
- 超越绩效预期

柯林科技在团队合作的氛围中完成工作。团队建设的主要好处在于促进团队内部及团队之间的合作与协调。强大的团队体现在人力资源委员会牵头举行团队碰头会，不同团队的人员可以识别共同面对的议题，在价值观的指引下提高工作有效性和效率。这种方式为人力资源事务融入柯林科技工作系统提供了评估和对话的健康平台。

柯林科技通过战略策划过程（SPP，图2.1-1）制定和沟通公司的目标和任务。目标一旦在各职能层面得以确立，就成为团队业务升级的基础。公司的领导层和团队领导致力于支持公司范围内任务目标达成，坚持顾客体验至上，努力超出顾客预期。如职业发展路径过程（CPM，图5.2-1），业务规划和战略与个人绩效挂钩。

5.1a（4）员工变化管理　组织如何为能力和保有量变化的需求做好员工准备？这些需求（包括人员数量）随着时间发生了什么变化？组织如何管理员工及其需要，以及组织的需要，以确保连续性，避免减少员工？若必须减少，如何使减少员工带来的影响最小化？组织如何为员工的增长需求周期做好准备并实施管理？

人力资源委员会对员工保有量研究结果进行分析，并与所有员工保持沟通。为此，专门制订了由人力资源委员会和领导团队成员负责实施的沟通方案。

柯林科技在过去5年中进一步增强了竞争力。在每年的员工保有量分析完成后，人力资源委员会会在流程和产品变革前与员工沟通职业发展机会。员工有机会在制定其年度目标时选择所能胜任的新的职业发展路径。如果没有足够的自愿选择者，领导会建议合适的员工去从事新业务。

“柯林火花（Collin Spark）”和“创造力”课程确保员工有态度和能力去支持实现持续创新和改进。

在过去的十年里，员工仅因业务增长而增加。当增长是可预期的，就鼓励员工推荐认可柯林科技核心价值观的应聘者。目前来看，并不存在超过人员正常退休的减员。

5.1b 员工氛围

5.1b（1）工作场所环境 组织如何应对工作场所的各种环境因素，以确保并改善员工的健康、安全和工作场所的易用性？针对员工这些方面的需求，组织设立了哪些绩效测量指标和改进目标？对于不同的工作场所环境，在这些因素和绩效测量指标或目标方面有哪些显著的差异？

在今天的市场下，将环境健康安全融入公司日常运营对柯林科技的长远发展来说至关重要。为此，柯林科技在管理日常工作方面制定了50项最低标准，包括人机设计、最佳照明、噪声、个人防护装备、无障碍环境以及安全等。所有主管和团队领导都有责任确保满足或超出这些标准。这些标准也作为柯林科技环境健康安全体系的基础审查条款。柯林科技会通过各个团队的每月自评以及环境健康安全核心团队组织的一年两次审查来评估标准贯彻的情况。

生产部门和研发实验室部门的工作团队每年制定环境健康安全目标（表5.1－1）。其中，很多安全目标是通用的；而实验室和办公室针对其场所特性设定特定目标。

表5.1－1 关键环境健康安全措施和目标

措施	2013年目标
办公室人机工效问题数	0
健身活动参与度	90%
面临健康风险的员工占比	15%
安全漏洞数	0

5.1b（2）员工福利与政策 组织如何通过服务、福利和政策来支持员工？如何调整这些以满足多样化的员工、不同的员工群体与员工细分的需要？组织为员工提供的主要福利有什么？

人力资源委员会提供的所有服务和员工支持项目都是基于员工、过程改进团队或持续创新与改进团队的建议。后勤服务、员工福利和设施使用满意度的评估调查数据（表7.4－1）是人力资源委员会和领导团队定期关注的内容。

为建立和巩固保障员工幸福和满意的工作环境，柯林科技提供了很多服务和设施。例如，柯林科技的工会组织员工及其家人参加各类兴趣小组等系列活动；绿化园林开放给员工及其家人野餐或进行皮划艇、排球、垒球活动，并可以参加儿童乐园。柯林科技在1999年成立了一个幼儿园，为柯林科技及当地伙伴供应商的员工提供优惠的儿童托管。

柯林科技致力于提升工作场所的卫生和健康。柯林科技对职业卫生和健康的大量投入反映出为员工身心健康而不断改善工作环境的承诺。如柯林科技在近期更新改造了康体中心，中心提供一系列绝大多数是免费的服务。康体中心由专业的健身教练管理，为员工正确使用设施提供培训，并帮助员工制订个性化的健身方案。康体中心还通过培训、个人咨询、现场演示和其他便捷服务提升员工健康水平。柯林科技拥有自己的诊所和专职护士，可以为员工提供免疫接种、基本体检、小病治疗、物理疗法以及按摩治疗。员工调查和健康调查结果表明，员工对绿化园林和康体中心很满意。

公司还提供其他的服务和支持项目，包括员工信用合作社、员工互助项目、防御型驾驶培训、学费报销项目、工作场所干洗、收养帮助服务、通勤服务、年休和参与社区活动。员工还可以获得年休假外的带薪调休。员工累积了4~6周的带薪调休时，可以与年休假合在一起带薪休假。给员工的唯一警告是，他们休假期间必须参加至少一项个人提升活动，并报告期间所学到的经验。

5.2　员工参与（45分）：如何激励员工参与以实现组织和个人成功

说明组织如何培养员工、管理者、领导者以取得高绩效，包括如何促进他们参与改进和创新。

5.2a　员工绩效

5.2a（1）参与因素　组织如何确定影响员工参与的关键因素？对不同的员工群体与员工细分，这些因素是如何确定的？

公司每三年会对过去三年的员工调查结果进行分析，以此来确定员工参与的关键因素。对每个员工细分群体的调查都进行相关和回归分析，将分析结果用于人力资源委员会识别所需要的持续改进和创新团队。当分析结果具有不确定性时，人力资源委员会会建议调整员工调查的问题以更好地获得所需信息。

在确定关键参与因素的前一个PDCA循环中，柯林科技认识到人力资源委员会是处理相关分析最合适的团队。为此，为人力资源委员会和各利益相关团队开发了基础的统计分析课程，以提高员工对相关和回归分析的认识。

5.2a（2）组织文化　组织如何增强以开放式交流、高效工作和员工积极参与为特点的组织文化？如何确保组织文化从员工多样性的观念、文化和思想中获益？

专门的员工利益相关团队对柯林科技文化进行监测和改进。团队通过挖掘可持续的改进以及表达迫切需求的员工留言等，认真分析员工调查结果中关于沟通、高效工作、尊重多元观念的情况。利益相关团队会一项项指出所识别的问题，例如领导身体力行鼓励沟通，或在团队层面上，团队汇报低于工作参与所需的水平。认真的结果分析将在接下来的季度完成，到时会确定问题是否得到解决以及是否需要进一步的干预。

柯林科技参加“最佳职业定位：中小企业”（Best Career Location：Small and Medium Businesses®）奖项评审，获得的反馈报告表明，信任仍是重要的参与因素和柯林科技文化的基础部分。

5.2a（3）绩效管理　组织的员工绩效管理系统如何支持高绩效和员工参与？如何考虑员工的薪酬、奖励、认可和激励措施？如何支持承担明智风险以实现创新，强化以顾客和业务为中心并促进组织行动计划的实现？

绩效管理涵盖所有员工：以12个月为周期确定和评估每个员工的绩效（图5.2－1）。绩效周期始于战略策划过程中战略目标和行动方案的对接。每个员工都会根据战略和行动计划以及个人发展目标确定个人绩效目标。

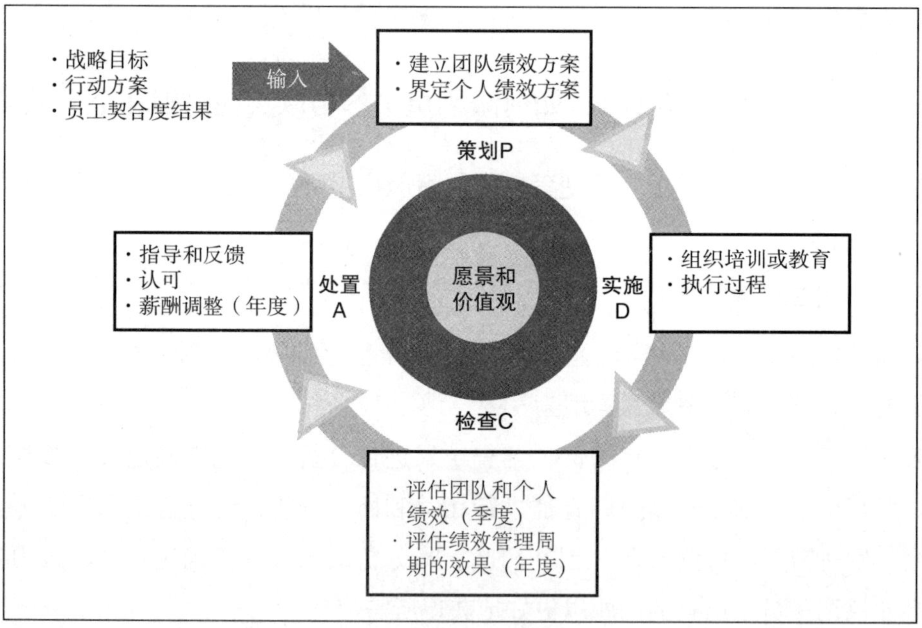

图5.2－1　职业生涯管理过程

在柯林科技，员工对自身发展承担首要责任，同时鼓励员工与主管沟通制订自己的职业发展方案。员工及其主管基于大量的输入因素来识别发展机会。首先，对员工的目前职位进行能力素质模型评估（界定了领导团队、主管、团队领导、团队成员和参与个人的各自能力素质模型）。鉴于柯林科技的能力素质模型界定了满足岗位职能的所需人格特质和技能，能力素质模型的评估界定了基本的发展要求。其次，从战略策划过程中的目标和行动方案识别员工所需的专门知识和技能，以实现个人发展，实现柯林科技整体的包括持续改进和创新的目标。最后，通过评估员工职业目标来识别能够支撑目标达成的发展机会。员工和主管一道识别重点的发展机会，确定合适的发展活动。除了正式的教育和培训外，这些发展活动还包括自主学习、工作经验分享、合作任务开发和专业协会会员活动。

在12个月的绩效周期中，员工每季度会收到相关绩效、领导潜力、发展机会、改进和创新参与、职业成功和改进机会的职业指导反馈报告。

针对1999年波多里奇反馈报告，柯林科技将职业发展规划过程扩大到领导团队和主管，包括针对相应能力素质模型的个人绩效360度评估。运用面谈、一对一会谈及其他的360度反馈工具，收集输入信息，以进行差距分析。评价结果反馈给领导作为上述职业发展规划过程的补充。2006年，柯林科技在团队层面实施360度反馈，以测量团队协作的效果。结果表明，两类测评（员工和团队）为职业发展过程提供了更好的输入。

在年末，针对绩效方案，整合顾客调查结果和波多里奇测评结果，对每个员工的绩效进行评价。之后，根据建立的公式调整员工薪酬水平。其中高层领导的年薪跟其他员工一样适用相同的公式。这些薪酬算法得到全体员工的认可。

绩效方案通过CNet反馈到战略策划过程，实现过程监测，并相应调整公司的未来计划，这一环节与员工股票期权计划的价值直接相关。基于员工（不包括高层领导）提出的创新建议，柯林科技实施建议采纳和激励机制。这一机制鼓励员工提出并实施过程改进或技术创新。每项建议都进行团队讨论，如果实施了建议，那么实施者会获得公司所评估潜在收益中1%的奖励。

5.2b 员工契合度评价

5.2b（1）契合度的评价 组织如何评价员工契合度？组织采用哪些正式、非正式的方法和指标来确定员工契合度，包括员工满意程度？这些方法和指标如何因不同的员工群体和员工细分而异？组织如何利用其他指标，如员工保持、缺勤、抱怨、安全及生产率等，来评价并改进员工契合度？

通过公司定期会议、一对一面谈、跨层级评估、焦点小组、离职面谈和员工调查定期了解员工满意度情况。基于前沿的员工契合度调查计算得出整体的契合度和满意度。

从1989年开始，领导团队就通过员工调查洞悉员工驱动力。调查由Interskill设计和开展，在整个组织内运用焦点小组来设计并开展季度调查。其中，调查采用从非常满意（10）到非常不满意（1）的李克特不同等级量表。在接下来的例会中，Interskill向人力资源委员会和领导团队提供结果数据。Interskill根据差距分析帮助每个团队设定优先改进项，如按相关系数排列的每个属性的重要性、满意度和契合度评价之间的差异、属性之间的相关强度以及整体的评价。在评估中，人力资源委员会审视并改善这些特征，提出运用焦点小组、关键事件技术等开展进一步研究，并识别弥补关键绩效差距的潜在方法。

柯林科技将员工流失率维持在同行业较低水平（图7.3－5），充分保证员工能够和公司领导通过表1.1－1识别的多种博客进行双向沟通。博客使领导能够了解问题可能出现的地方并采取有效行动来提高士气、改善工作条件。

5.2b（2）与经营结果的相互关系 组织如何将员工契合度评价的结果与类目7报告的关键经营结果相联系，以识别员工契合度和经营结果方面的改进机会？

员工契合度与柯林科技测量的顾客契合度直接相关。分析表明，员工契合度每提高1分，顾客契合度相应提高4分。安全和产品质量指标也直接相关。安全结果每变化1%，产品质量也会相应变化，反之亦然。目前正在分析确定员工契合度与净推荐值间的相关关系。

5.2c 员工与领导的发展

5.2c（1）学习和发展体系 组织的学习和发展系统如何支持组织的需要和员工、管理者和领导者的个人发展？如何实现如下任务？

- 应对组织的核心竞争力、战略挑战以及长短期行动计划的实现；
- 支持组织的绩效改进与创新；
- 支持伦理与商业道德准则；
- 提高以顾客为中心；
- 确保离职或退休员工的知识传承；
- 确保新知识和岗位技能的强化。

柯林科技大学提供的培训项目主要分为五个不同领域：技术，包括信息技术系统；管理，包括领导力和组织动态学、创新、道德行为和团队建设；运营，包括生产制造和顾客服务；质量管理，包括精益六西格玛、统计过程控制（SPC）、改进和创新以及顾客关系建立；行政，包括柯林科技集成网络应用、案头参考培训以及环境健康安全。

柯林科技在上述每个领域都提供丰富的培训课程，同时还根据战略和能力需求组织专项培训。柯林科技坚信人员开发不能单靠培训，还包括在职经验、自我学习、专业项目、团队项目以及来自管理者和其他团队成员的指导。

培训的提供方式也采用了新科技。包括年度伦理进修在内的很多课程都采用在线互动学习方式进行。其中，新员工入职培训内容还包括有关道德商业实践的详细内容。

柯林科技的顾客支持过程是通过业务专家和系列研讨来识别潜在的顾客需求并提升个性化服务。

公司要求员工完成年度《柯林科技业务行为过程》的在线进修课程，并在测试中获得好的成绩。

包括度量、绩效标准、持续改进工作和质量控制在内的质量标准运用，也是新员工培训的组成部分。“明天的质量体系”项目是柯林科技为员工在工作生活方方面面拥抱和运用质量管理方法而打造的平台。在模拟练习中，导入精益六西格玛的理念，要求员工必须创造精益流程来实现成功。三个层级的统计过程控制（SPC）在地方机构中教授：基层员工的课程在纳什维尔市区的中央社区学院教授；大学生和研究生课程在高等的州立大学教授。产品开发和创新过程（图3.2－1）和精益六西格玛技术是以茶话会形式的常态主题。

作为制订自身发展计划的一个环节，员工参与自我评估会议，会上个人可以指出自己所需要进一步学习的领域。这使得员工发展计划能够整合个人选择和主管识别的需求。团队领导、部门经理和高层领导清楚员工的发展计划，并会基于日常接触和沟通强化员工的学习。

在柯林科技，员工离职管理需要严谨的规划，以保证公司能够合理回购股份且实现知识延续。卓越绩效团队的一名成员会与离职员工面谈，确定需要进入优秀实践数据库的关键知识，以保证信息不丢失。

5.2c（2）学习与发展的有效性　组织如何评价学习和发展系统的有效性与效率？

在正式的教学和培训方式确定之前，会针对目标受众抽样调查。此外，在培训结束时填写课程评估表，调查结果用于评估培训效果，根据反馈结果调整培训内容和方式。最后，在培训后的3到6个月中，员工及其主管会根据在职工作情况和工作绩效再次评估课程的效果。一年前，测评改成在线调查，收集和分析让培训更加有效的改进项。

5.2c（3）职业发展　组织如何对全体员工的职业发展进行有效的管理？如何为管理和领导职位制订有效的继任计划？

从以往来看，柯林科技取得成功的最初动力来自员工的创新和承诺。鉴于此，柯林科技实施技术、工厂（如管理、运营、质量）和支持（如管理、顾客支持、行政）

三类职业发展路径，这些职位保证柯林科技的成功经营。技术职业道路为所有技术方向员工制定了清晰的职业通道，同时为关键技术职位制定了高层领导成长通道。其他为管理、运营、质量和行政岗位制定的职业发展路径遵循相同的框架。教育和培训项目与这些职业发展通道相衔接，职业通道管理过程增强了柯林科技打造高质量员工队伍的能力，使员工招聘和留用更能满足员工需求。人力资源委员会每年评估职业发展路径，确保开发公司需要的技术和能力。最近的一项变化是将社交媒体的战略应用列入顾客支持岗位的职业发展路径。

6 关注运营（85分）

“关注运营”类目评审组织如何设计、管理并改进其产品和工作系统，提升运营的有效性，以交付顾客价值并实现组织的成功和可持续。

6.1 运营过程（45分）：组织如何设计、管理与改进产品和工作过程

6.1a 产品与流程设计

说明组织如何设计、管理和改进其关键的工作系统，以交付产品，实现顾客价值、组织成功和持续发展。

6.1a（1）设计理念 组织如何设计产品和工作过程以满足全部的关键要求？如何将新技术、组织的知识、产品卓越性以及潜在敏捷需求融合到这些产品和过程中？

6.1a（2）产品和过程要求 组织如何确定关键产品要求？如何确定关键工作过程要求？组织的关键工作过程有哪些？这些工作过程的关键要求是什么？

将产品开发和流程设计整合以确保每种产品的可制造性。产品开发和创新过程（图3.2－1）运用质量功能展开（QFD）来界定关键产品特性（KPCs）和过程要求。对产品设计严格测试，包括原型阶段的顾客测试。

多层印制电路板的设计统一了指定特征的规则，如通过标准的打孔大小和位置确定线宽和间距。这些规则也针对顾客个性化需求进行调整。设计是互动过程，顾客可以在设计阶段通过安全的CNet获取设计信息。中间的设计变更既可能是整合的需求或环境的结果，也可能是应用了能够提高产品价值、降低产品成本的新技术的结果。在模型通过审核之后，运营团队将完成失效模式和影响分析（FMEA）来进一步界定流程设计和管理过程第一阶段的关键产品特性（KPCs）和过程要求（图6.1－1）。当需要工艺流程改造时，中间控制实验室确保变化不影响过程能力。

每个过程或系列过程的设计都是为了满足运营体系需求，以有效和高效实现产品及过程的关键特性。输入因素还包括引入的新科技或为提高过程结果灵活性的变化。黄金过程管理“PDCA”指导着改进运营周期、产量、成本控制及其他过程分析问题中的效率和有效性因素（表6.1－1）。

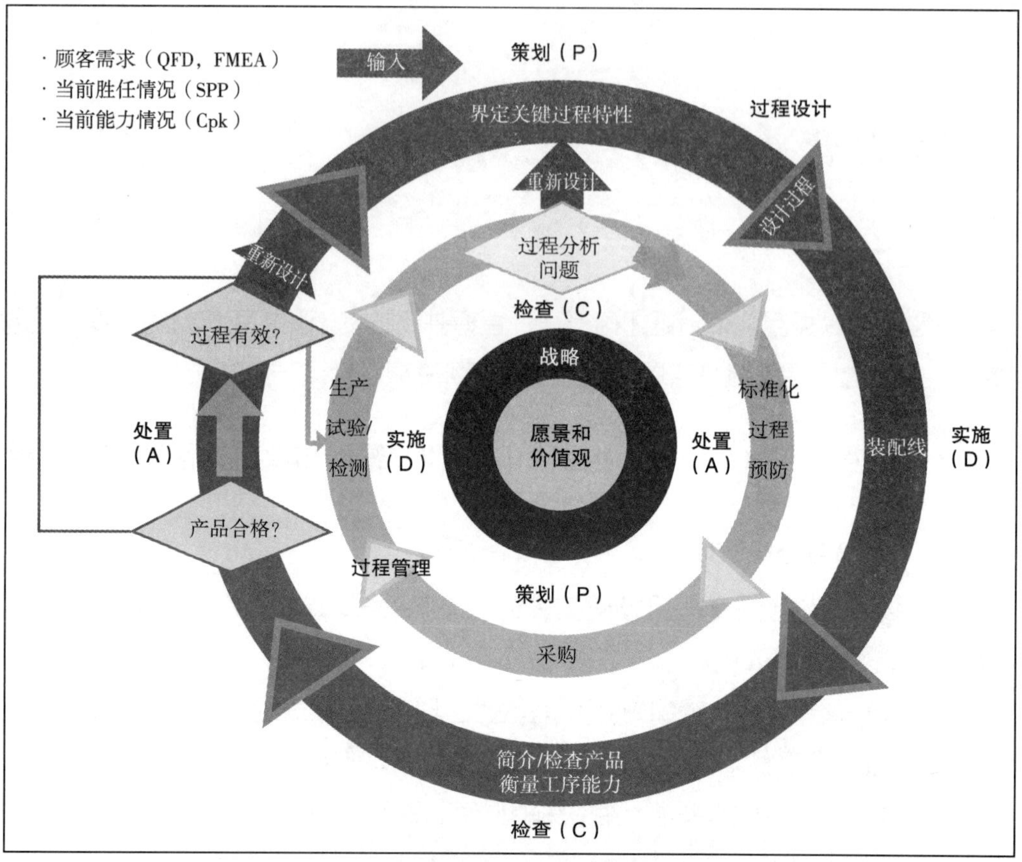

图6.1－1　流程设计和管理过程

关键过程要求通过运用流程设计的输入因素识别出来（图6.1－1），并在FMEA阶段进一步界定。图6.1－2识别了关键过程，表6.1－2列出了这些过程要求。

6.1b　过程管理

6.1b（1）过程实施　工作过程的日常运营如何确保满足关键的过程要求？组织使用什么关键绩效指标或指征和过程指标来控制和改进其工作过程？这些指标与最终产品质量和绩效的联系性如何？

运用设计规则来维持和改进流程设计和管理过程（图6.1－1），设计规则根据知识与新技术和学习经验的应用在CNet中不断升级。对于模型验收来说，关键的是在原型设计阶段了解终端用户的需求并保证过程的有效性。运用流程设计和管理过程来实施关键过程（表6.1－2）。PDCA的检查（C）和处置（A）阶段，对于确保过程结果满足关键指标的所有要求十分重要。

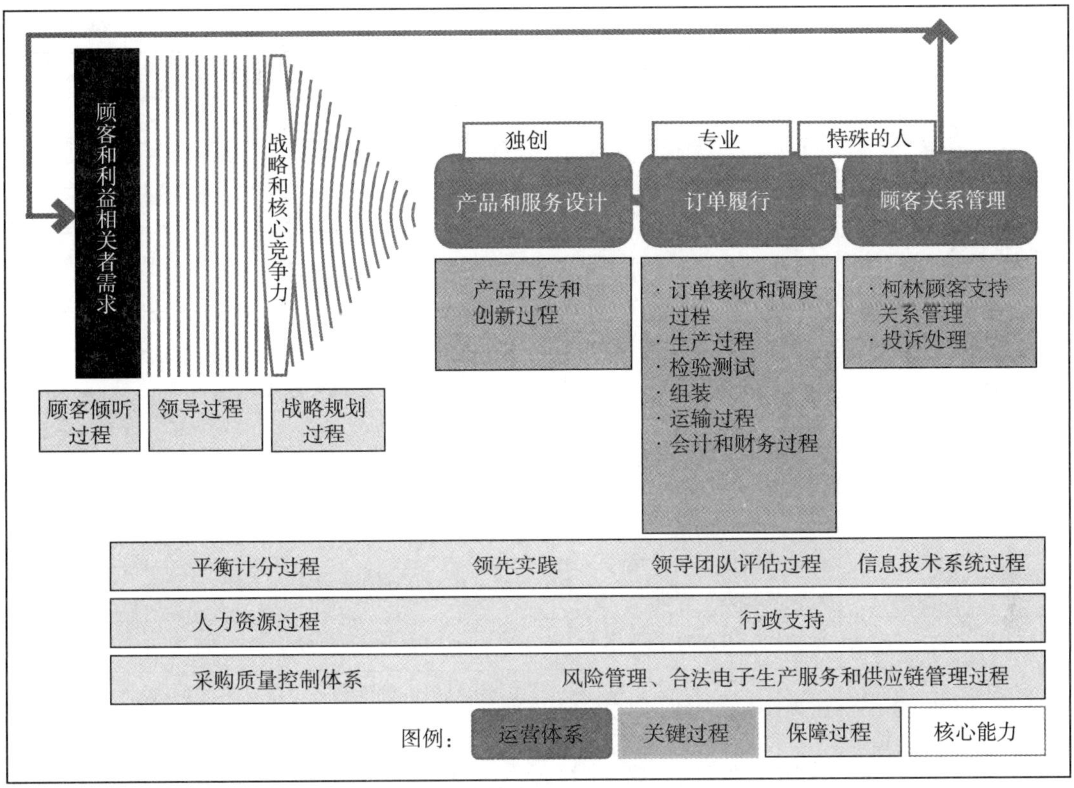

图 6.1－2 运营体系、关键过程和过程保障

表 6.1－1 过程分析问题

过程分析问题
在过程中我们是否取悦了顾客并达到了他们的预期？
在过程中我们是否浪费了原材料？
是否有改进过程周期时间的方式？
新问题
我们能否减少过程中的能源消耗？
我们能否减少过程中对环境有不利影响的原材料消耗？

表 6.1－2 关键过程要求及指标

关键过程	过程要求	指标
产品开发和创新	通过有效过程超出顾客要求	*样机验收* 过程能力（图 7.1－8）
订单接收	准确性，对需求或变化的回应	*失误率* *回应性*
日程安排	准确性，合适的提前交付期	*失误率* *交货时间压缩*

续表

关键过程	过程要求	指标
生产过程		
• 材料准备	规格，洁净度，无表面瑕疵	*统计过程控制缺陷图*
• 成像、显影、刻蚀	线间距规格，无短路，无开路	*统计过程控制缺陷图*
• 化学结合沉淀过程（CBDP）	线间距规格，无短路，无开路	*统计过程控制缺陷图*
• 层压	规格，洁净度，无脱层	*统计过程控制缺陷图*
• 钻孔	开孔尺寸和位置，钻孔清洁度	*统计过程控制缺陷图*
• 镀层	厚度，附着力	*统计过程控制缺陷图*
• 电路组装	组件准确性，定位尺寸，无缺失组件，无短路、开路	*统计过程控制缺陷图*
检验测试	组件准确性，定位尺寸，无缺失组件，无短路、开路	*统计过程控制缺陷图*
配送	准确性，及时性	准时交货率（顾客收货）（图7.1-1，图7.1-9）
结算（会计和财务）	准确性，及时性，需求的回应性	结算准确性和及时性（图7.1-10） *回应性*
采购	准确性，及时性，成本节约	失误率，准时收货
柯林科技顾客关系管理	通过个性服务管理长期关系	顾客调查结果（图7.2-1，表7.2-1，表7.2-2，表7.2-3，图7.2-3，图7.2-4）
投诉管理	以永久预防措施迅速、准确地解决	*投诉解决*

备注：斜体的指标的结果可在现场获取。

生产过程由可编程的控制器通过过程能力设计进行精确控制，控制器的最低工序能力指数（Cpk）是1.45。部分独立过程设计和控制的工序能力指数高达2.33。通过监视控制与数据采集系统（SCADA）对产量进行抽样来保证过程可控，并将平均值与方差录入CNet以进行预测和预防分析。卓越绩效团队监测整体过程绩效报告并分析工序能力指数（Cpk），以确定更富稳定性的过程周期、更具标准化的过程产出。当出现不可控状态时，识别矫正和预防措施。

为验证和确保生产过程符合最初设计，在所有的电路板自动设计试样孔。通过运用符合设计公差的过程设计，保证产品既满足顾客需求，又能在极端环境下运行。

为确保电路板在样品基础上的性能，会将样品放到极端环境中验证所能达到的顾客要求并确保使用周期的可靠性。这些测试在过程实验室进行。

最基本的顾客需求是准时交付（OTD）。管理过程的生产能力是评价产品准时交付情况的最直接指标，生产能力结果体现在图7.1-9。

6.1b（2）支持过程 组织如何确定关键的支持过程？组织的关键支持过程有哪些？这些过程的日常运营如何确保满足关键的业务支持要求？

柯林科技识别了支撑关键价值创造过程成功实施所需要的支持过程（图6.1-2），这些过程在战略规划过程即每年度的整体运营体系审查中识别出来。每个支持过程经过严格审视才作为关键过程提出。过程要求在过程设计和管理过程中识别出来，并在过程实施中运用合适的控制点来确保过程持续发挥作用。支持过程至少每年评估一次，并在必要时进行调整。如，在评估先进实践数据库时认识到需要整理这部分内容以便更好地匹配各类市场，于是成立了一个持续创新与改进团队去建立设计标准并部署变革。经过该团队的努力，将平均的搜索时间从90秒降至15秒。

6.1b（3）产品与过程改进 组织如何改进其工作过程以改进产品和绩效并降低波动？

PDCA持续改进循环融入柯林科技运营体系以及关键过程和支持过程之中。过程改进在柯林科技是一种日常行为，每个过程都在过程管理循环中流转，每年至少一次对过程问题进行分析，识别潜在改进机会。持续创新与改进团队运用精益六西格玛（LSS）技术来创新产品，改进性能，降低不稳定性。

6.2 运营有效性（40分）：组织如何确保当前及未来运营管理的有效性

说明如何控制成本，管理供应链，提供安全的工作场所，做好紧急响应准备，为未来进行创新，以确保有效的运营和交付顾客价值。

6.2a 成本控制

如何控制组织的总体运营成本？如何将周期时间、生产率和其他效率及有效性因素融合到工作过程？如何预防缺陷、服务差错和返工，并在适用时将保修费用或顾客生产率损失降到最小？如何在适用时将检查、测试、过程或绩效审核的成本降低到最少？如何均衡成本控制的需要和顾客的需要？

成本控制下的新技术应用是满足顾客需求的持久驱动力。柯林科技在1998年开发的化学结合沉淀工艺（CBDP）被电子工业联盟（EIC）认可为最佳实践，并在柯林科技许可下广泛应用到行业内，以实现产品的低电流密度和高线数。该工艺应用基于裸基板的沉淀工艺，而非铜蚀刻技术。这一工艺带来的结果是减少层数，使线路板更小更轻，并提高可靠性。生产能力于2002年建设，数量超过实验室能力。研发阶段的模型基于纳米技术建立，在基板上运用超细的碳纤维线路来生产更低成本的互联解决方案。这些模型设计目前正在接受顾客评估。

采用闭环控制体系监测和修正过程。提高质量、降低周期和成本的最好预防工具是运用扎实的工序能力研究和持续的过程控制。所有流程的设计运营工序能力（Cpk）是1.45，任何参数的变化都必须满足最低工序能力要求。这带来的结果是批量的质量水平的提高，缺陷率将以百万分之的缺陷机会（PPM）来测量。

线路板的所有内外层都会自动识别，以确保持续追溯整个生产过程，保证在CNet上的完整可追溯记录。在线路板上的识别，将自动警示生产过程的任何变化，如生产过程中的个性订单。

线路设计时运用外部测试点作为缺陷识别比的指标。生产线中可编程的测试和检测设备确保没有人工干预下的高质量。测试实验室关注在设计时为满足顾客需求的质量保证和所需的可靠性测试。

独特的线路识别几乎已经将处理、打包和运输过程中所有的失误都避免了。

6.2b 供应链管理

如何管理组织的供应链？如何选择供应商，并确保他们合格和定位合理以增强组织的绩效和顾客的满意？如何测量和评价组织的供应商绩效？如何向供应商提供反馈，帮助他们改进？组织如何对待表现不佳的供应商？

公司将供应商分为两类：合作伙伴供应商和普通供货商。合作伙伴供应商提供原材料，如辊铜、卷底板、铜箔板、内层黏着剂和贵金属（例如用于电镀和沉积的铜、铅和金）。合作伙伴供应商还提供电脑软件和硬件、教育和培训、不间断后备电源系统和电子制造设备服务。普通供货商提供钻头及其他商品，如办公用品。

对合作伙伴供应商的资格［P.1b(3)］要求十分严格，以确保持续的高质量材料和服务供应。伙伴供应商须在供应商审查、来源检验和收货检验中证明其相应的核心竞争力、能力和产能。将能证明其持续满足需求的收货检验结果，作为合作伙伴供应商资格的基础；而验收则是基于供应商认证和随机质量保证抽检。

普通供货商资格根据其过往表现如产品质量、准时交付、成本等是否满足需求来确定。

在CNet中，对每个合作伙伴供应商和普通供货商进行5个方面的绩效指标跟踪：

1. 质量
2. 成本
3. 准时交付（OTD）能力
4. 技术
5. 持续改进

在这些方面中，质量、成本和准时交付对柯林科技满足顾客需求的能力具有直接影响。

柯林科技对所有合作伙伴供应商的目标要求是获得优先供应商地位。为达到这一点，合作伙伴供应商必须在整体评级上高于95%，并在每个绩效维度评级方面高于90%。结果如图7.1－14所示。

所有的合作伙伴供应商都可以安全登录CNet来查询他们所获得的评级。当有问题出现时，柯林科技以电子方式通知他们，希望他们立即采取纠正措施。如果季度评级显示伙伴供应商可以从柯林科技的培训项目中获得进步，那么将会邀请供应商参加培训。

鉴于柯林科技在技术上保持着领先地位，合作伙伴供应商迫切需要掌握在未来与任何公司在多层印刷电路板业务开展合作所需的知识和经验。合作伙伴供应商也乐于与柯林科技分享竞争对手和标杆的数据，以帮助其保持领先地位。

6.2c　安全与突发事件应对

6.2c（1）安全　如何提供一个安全的运营环境？组织的安全体系如何应对事故预防、检查、根因分析以及恢复？

没有任何一项业务比为操作柯林科技设备的员工提供一个安全的工作环境更重要。柯林科技实施严格的环境健康安全（EHS&S）体系，包括强制安全和人机工程培训、针对环境健康安全最低标准的自我审查、紧急响应团队（ERT）以及安全责任层级管理。环境健康安全核心团队监督和持续改进公司的安全过程。环境健康安全目标和目标指标已经纳入公司各级人员绩效方案。

柯林科技是整个行业中一直维持最低事故率的组织之一（表7.3－2）。

任何事故发生时都会即刻采取停工措施以控制问题扩大。运用根因分析理念对事故进行彻底调查分析，识别致因因素，并改进过程以避免事故的二次发生。调查结果会共享给环境健康安全核心团队，具有普遍适用性的经验也会在全公司范围内进行沟通。

表6.2－1　安全目标

指标	2013年目标
伤害事故率	0
员工因非致命工伤缺勤率（DART）	0
实验室事故发生数	0

6.2c（2）突发事件应对　如何确保组织对灾难或紧急情况做好准备？灾难和紧急情况准备系统如何考虑预防、运营连续性和恢复？

柯林科技在过去10年间，做到了应急准备与运营过程各环节的无缝连接。此前，备用电源能够保证空气和水处理、信息技术系统（ITS）过程在断电时不受影响。在2002年，建立了过程改进团队（现在持续改进和创新（CI^2）团队的前身），将应急准备整合为一个综合方案。团队成员来自环境健康安全（EHS&S）、紧急响应团队（ERT）和信息技术系统（ITS），以及来自技术、工厂和支持部门的员工。改进团队运用过程设计和管理过程来改造流程，采取更全面的预防措施，并制定从灾难和紧急情况中迅速恢复以确保持续性运营的方案。

公司参照美国国家环境保护局（EPA）的“泄露预防控制和对策方案”制定针对生产过程中危险物品的运营持续性方案。持续性方案包括关键生产模块（处理和回收设施、信息技术系统（ITS））的备用发电，避免因断电造成破坏。其中，所设置的发电设备能确保在1.5秒内恢复供电。这个时间保证在卷线过程中十分关键，通常卷对卷制程（Roll-to-Roll Processing）在断电时需要一个小时以上的清理时间。备用电源的快速启动避免了漫长的清理和重启过程。2011年，这些发电设备从较低的位置转移到了高于洪水水位的外部平台。

持续性方案也包括员工应对火灾、龙卷风或其他灾难的部分。所有员工都可以去了解具体的应急方案，并对应急方案进行季度性评审。每年至少组织三次安全演习来确保员工能及时采取正确行动，演习过程中总结的经验会纳入CNet中的应急预案。

2012年更新的恢复方案包括数据和信息系统、技术和生产过程、支持过程的具体备份恢复方案。支持过程的快速恢复得益于柯林科技顾客支持（CCA）和其他办公室人员能够远程访问CNet，确保经营持续性。柯林科技识别了合格合作伙伴供应商并达成互惠协议，保证多数生产线的同步过程能力。研发（R&D）持续性基于与当地大学的协议。恢复方案在定期过程评估时会进行年度修订。

6.2d 创新管理

组织如何管理创新？如何抓住被认为是明智风险的战略机遇？如何确保财务和其他资源对于抓住这些机会是充足的？如何在适用时放弃一些机会以增强对高优先度机会的支持？

2012年，柯林科技意识到需要一位创新领导。坎迪斯·筹保（Candice Trobaugh）担当了首席创新官（CInvO）的角色，关注产品研发和创新过程（图3.2-1），卓越绩效团队对持续改进和创新团队进行持续创新和改进工具方面的培训。持续改进和创新团队识别了障碍，而首席创新官协调领导团队努力为他们清除障碍。当在战略策划过程识别到战略机遇后，通过风险管理评估确定明智风险是否可用于追求创新。领导团队将重新平衡预算和人事模型来确保资源充分可用，同时还会通过沟通方案沟通变化的优先性。在此阶段，将指定一个持续改进和创新团队执行所需要的产品开发、过程设计和管理过程以把握机遇。领导评估过程也包括评估持续改进和创新团队过程的活跃度。如果足够的过程证实并非战略机遇或需要重新优化，持续改进和创新团队可能就结束使命，将资源以最有成效的方式持续投入。

7　结果（450 分）

“结果”类目评审组织在所有关键方面的绩效和改进情况，包括产品和过程的结果、以顾客为中心的结果、以人为本的结果、领导和治理的结果、财务和市场的结果。绩效水平通过与竞争对手或其他提供相似产品的组织相比较进行评价。

备注：细分市场的结果将运用下列缩写：

A—航空（Aerospace）

PE—个人电子产品（Personal Electronics）

R&D—合作研发（Contract R&D）

任何带有星号（*）的结果都包括2013年1月（January，缩写为J）、2月（February，缩写为F）、3月（March，缩写为M）和4月（April，缩写为A）之外的预期结果。

7.1　产品和过程结果（120 分）：组织产品绩效和过程有效性结果是什么

概述组织的主要的产品绩效和过程有效性和效率结果。包括直接服务于顾客、影响运营和供应链的过程。适用时可将结果按产品提供类别、顾客群和细分市场以及按过程的类型和场所进行划分。结果包括适当的对比性数据。

7.1a　以顾客为中心的产品和过程结果

对组织顾客十分重要并直接服务于顾客的产品和过程绩效的关键测量指标或指征的当前水平及发展趋势怎样？这些结果与竞争对手以及其他提供类似产品的组织的绩效相比较表现如何？

柯林科技监测多个满足顾客要求方面的指标。图7.1－1说明了近期的基于发货时间的准时交付（OTD）水平和趋势。绩效结果在近几个月已经超过了标杆的最佳实践。准时收货时间和收货质量（图7.1－2）是站在顾客角度的产品接收。准时收货情况自2008年以来获得持续改进。同样重要的是首次收货的接收检查结果。来源于顾客的报告表明，柯林科技已经降低了以PPM缺陷为测量指标的一次收货质量不满意水平。柯林科技再次实现了更加稳定的质量水平，其中灵活卷对卷制程的工序能力指数（Cpk）已经高于2.0。

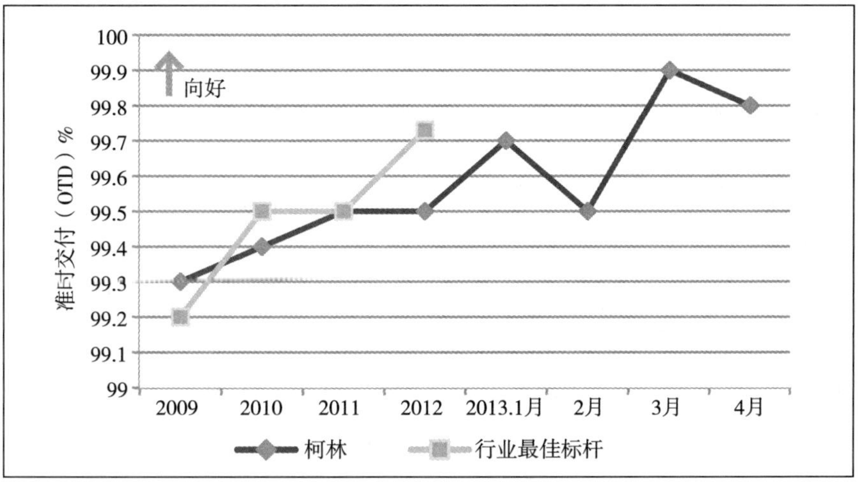

图 7.1－1　准时交付

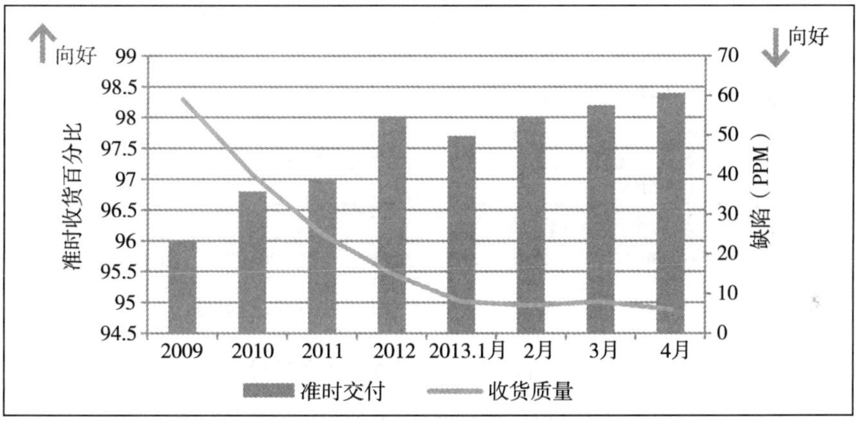

图 7.1－2　准时收货时间和收货质量

可靠性（图 7.1－3）是衡量产品质量的长期指标。得益于高度自动化流程的运用，柯林科技的表现超出行业最佳标杆可靠性的 5%。

过程和产品设计的可行性这一指标，既是顾客关注的质量指标，也是研发团队的结果测量指标。可制造性设计（DFM）是柯林科技过去四年的一个关注重点，如图 7.1－4 所示。除有效的产品和过程设计外，柯林科技认识到要注意及时获取信息以推动产品领先。在过去四年多，柯林科技将过程和产品设计的准时交付率从 95% 提高到近 100%。

行业近年来关注开发高密度、低重量（HDLW）的产品，柯林科技同样重视满足这一需求，而且近四年来，已经充分满足了顾客期望。柯林科技所进行的碳纤维线路开发已经超越当前技术能力并将重新定义顾客对高密度、低重量（HDLW）的期望。

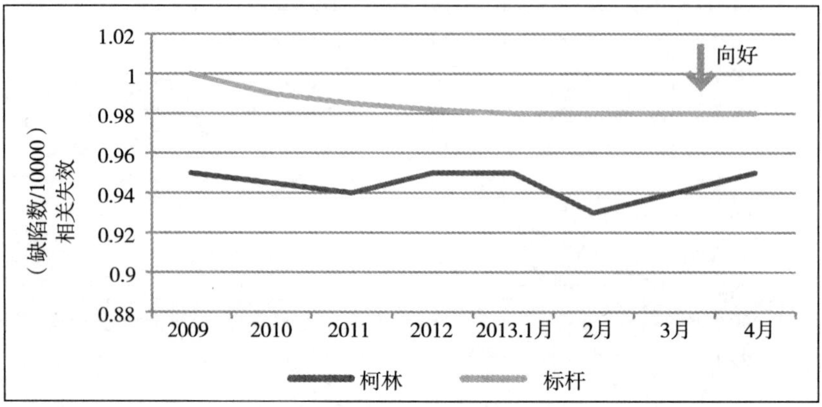

图 7.1－3　可靠性

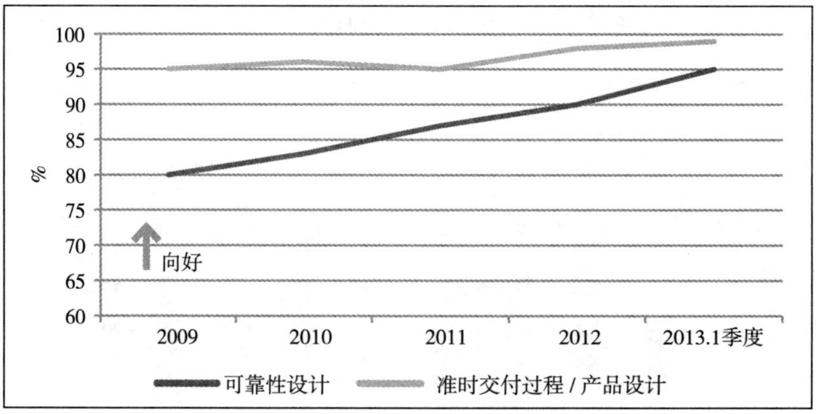

图 7.1－4　合作研发可靠性设计和准时交付

满足顾客价格方面需求的结果体现在顾客调查中（见表 7.2－2 和表 7.2－3），最终的顾客需求关系到顾客支持。柯林科技顾客支持的有效性如图 7.1－5 所示。柯林科技努力在第一时间圆满解决所有顾客的关注点、疑问或问题。顾客沟通转移量的增加是应对无效的指标。

现场质量指标（图 7.1－6）对柯林科技具有特殊意义，综合反映了顾客退货、换货和维修情况。这三个指标独立跟踪，而且数据可以在现场获得。这一综合指标显示了两个产品市场可能出现的退货、换货或维修情况。合作研发的产品未采用这一特殊的测量体系。

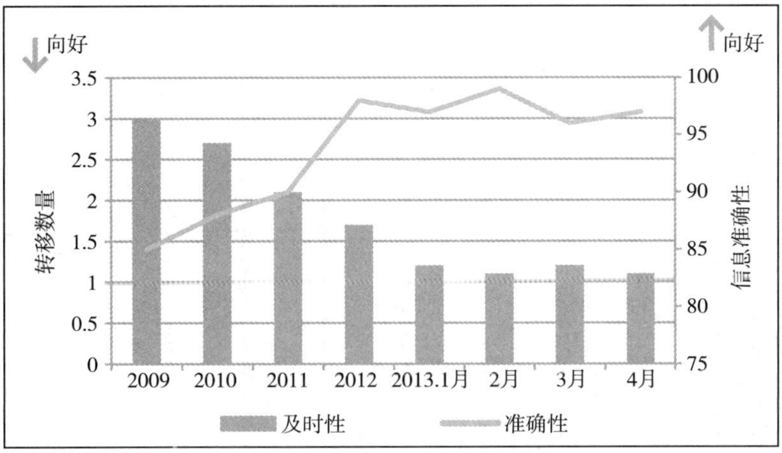

图 7.1－5　顾客支持的及时性和准确性

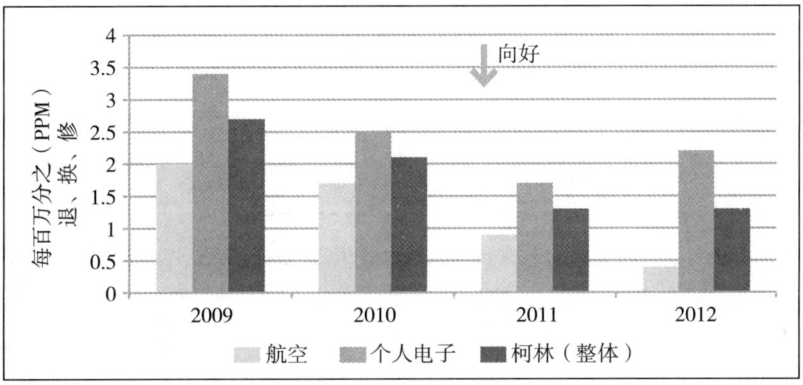

图 7.1－6　现场质量指数

7.1b　工作过程有效性结果

7.1b（1）*过程有效性与效率*　组织关键工作和支持过程的运营绩效的关键测量指标或指征（包括生产率、周期及其他适用的反映过程有效性、效率和创新等测量结果）的当前水平和发展趋势怎样？

过程有效性的主要指标是图 7.1－7 所展示的产品质量，自动化测试和检测设备使得能够确定表 6.1－4 所有过程中产品的质量。柯林科技的绩效等同或超越最佳对手的水平，这样的结果得益于图 7.1－8 所示的较高过程能力。所有的关键生产过程超过了工序能力指数（Cpk）2.0 的最低目标，工序能力指数（Cpk）越高，说明在满足顾客需求方面的能力越强。

过程产出（Processing Throughput）是柯林科技过程中有效流动的关键指标，并一直受到柯林科技持续创新文化的促进。产出由交货的收货订单计算而来。

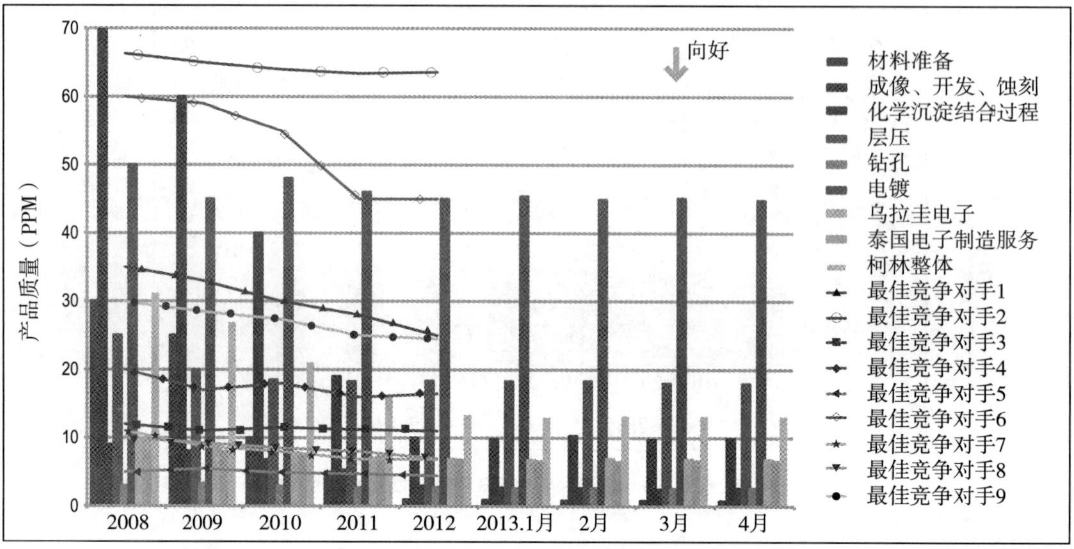

图 7.1－7　产品质量

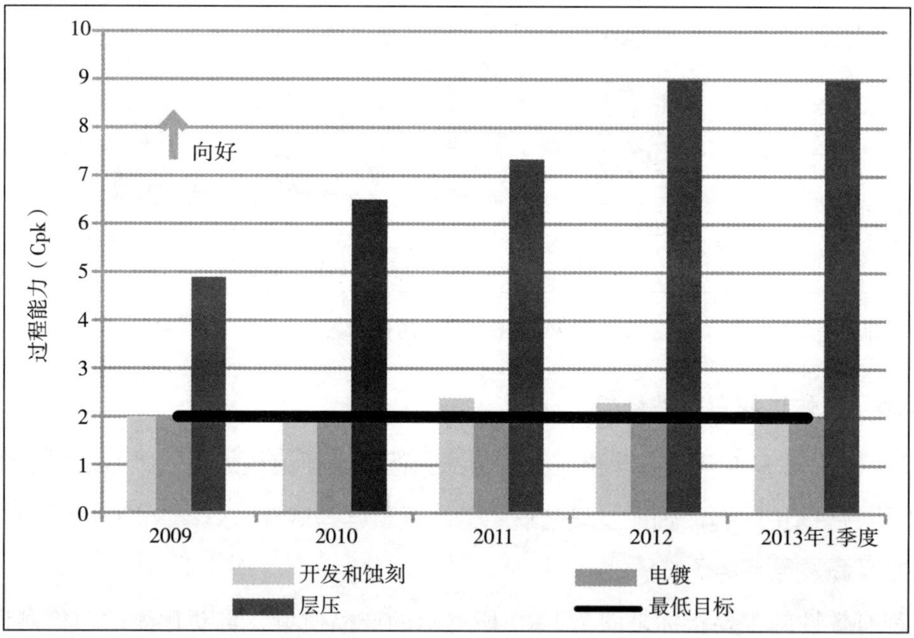

图 7.1－8　过程能力

结算过程对柯林科技来说是一个十分重要的顾客接触过程，需要同时监测该过程的准确性和及时性（图 7.1－10）。面对当前的绩效水平，激发了两支持续改进与创新团队：一支关注改进航空业务复杂结账过程的及时性，另一支关注解决个人电子业务结账的准确性。

如果销售和市场过程效果不佳，那么柯林科技员工将无事可做。为此，柯林科技

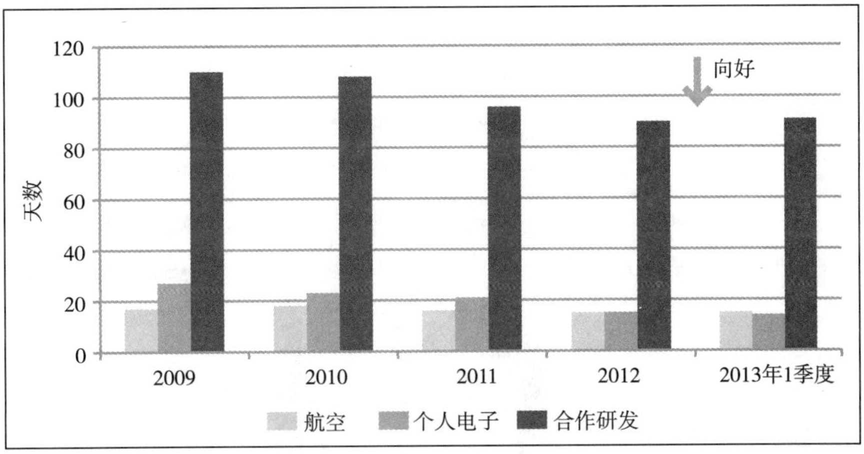

图 7.1-9 过程产量

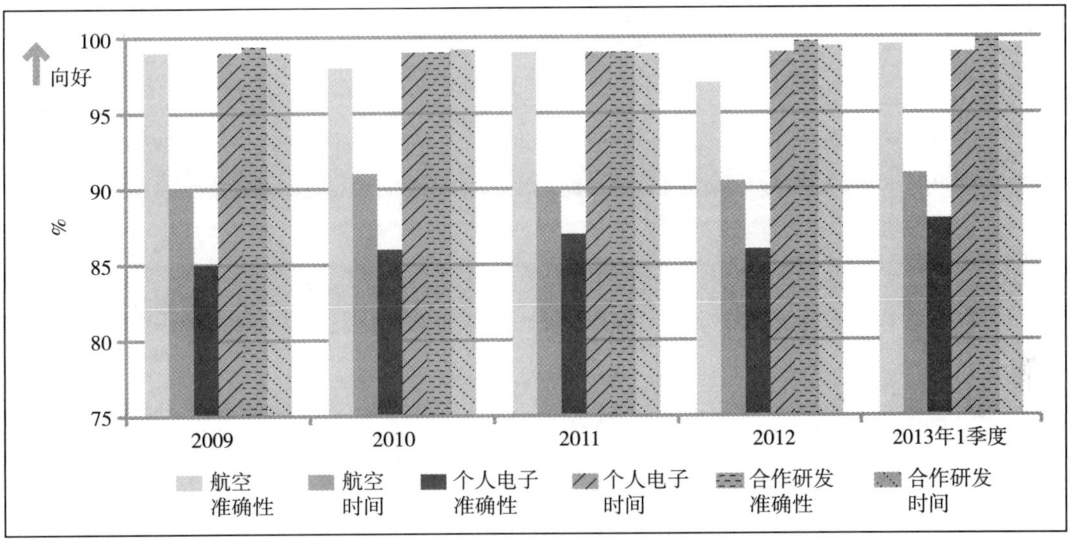

图 7.1-10 结算准确性和及时性

关注两个指标：中标率和报价准确性（图 7.1-11）。柯林科技所有业务中有超过 80% 的回头客业务，这就保证了高中标率。报价准确性是柯林科技跟踪过程有效性的另一方式，准确报价的比例表明每个人完成这一过程的有效性。

由于整个供应链采用安全门户开展业务，所以柯林科技供应链严重依赖 CNet 的可用性和回应性（图 7.1-12）。信息技术系统团队所指的该集成系统的正常运行时间是指“9 的数量”。将 3 个 9（99.9%）作为典型制造业的正常运行时间，而将 4 个 9（99.99%）视为专业化制造业领先的绩效表现。

对柯林科技及其两个电子制造服务伙伴进行了调度有效性（图 7.1-13）的跟踪。理想负荷处在 85% 到 90% 之间，就能确保足够计划外的时间来实现预防性维护和应急

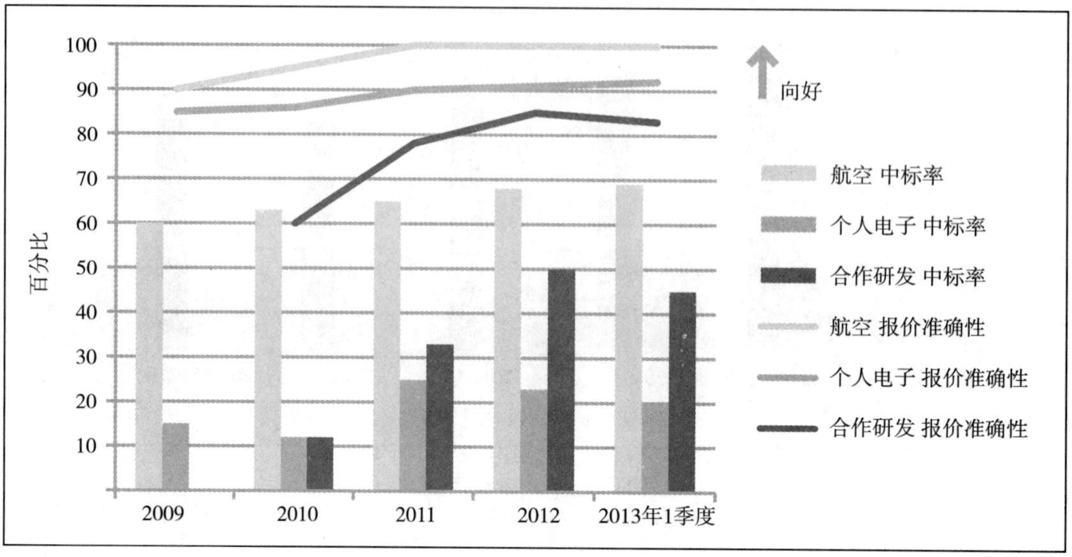

图 7.1－11 中标率和报价准确性

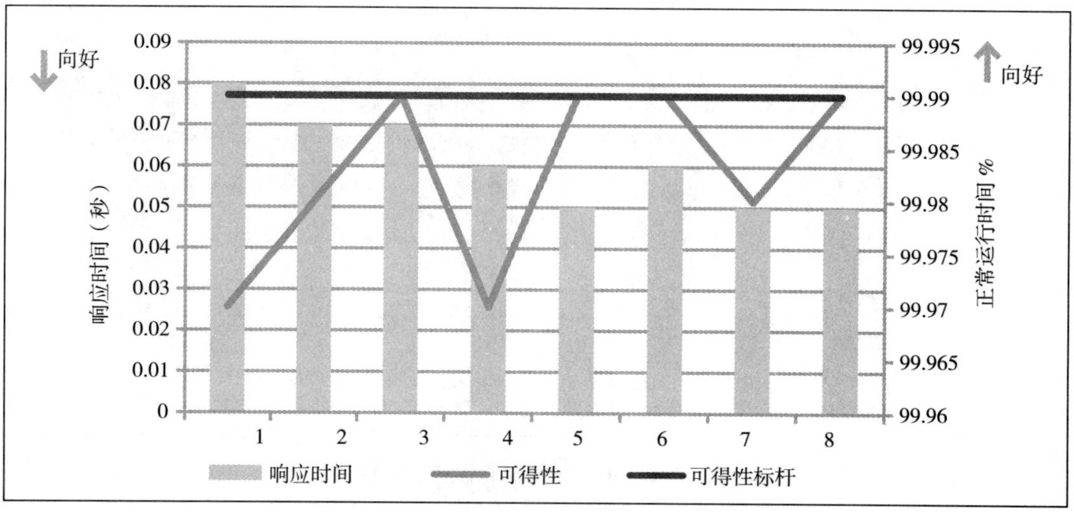

图 7.1－12 柯林集成网络应用（CNet）有效性

能力。柯林科技目前在考虑增加部分三班制的时机。位于泰国的电子制造服务伙伴的产量下降是由于 2011 年的洪灾所致。

7.1b（2）突发事件应对　组织应对灾难或紧急事件的关键测量指标或指征的当前水平和发展趋势怎样？

柯林科技每年进行多次应对各类突发事件的应急演练。表 7.1－1 展示的是以适当频率完成演练的结果，其中火灾演练的频率在 2011 年调整为每半年一次。

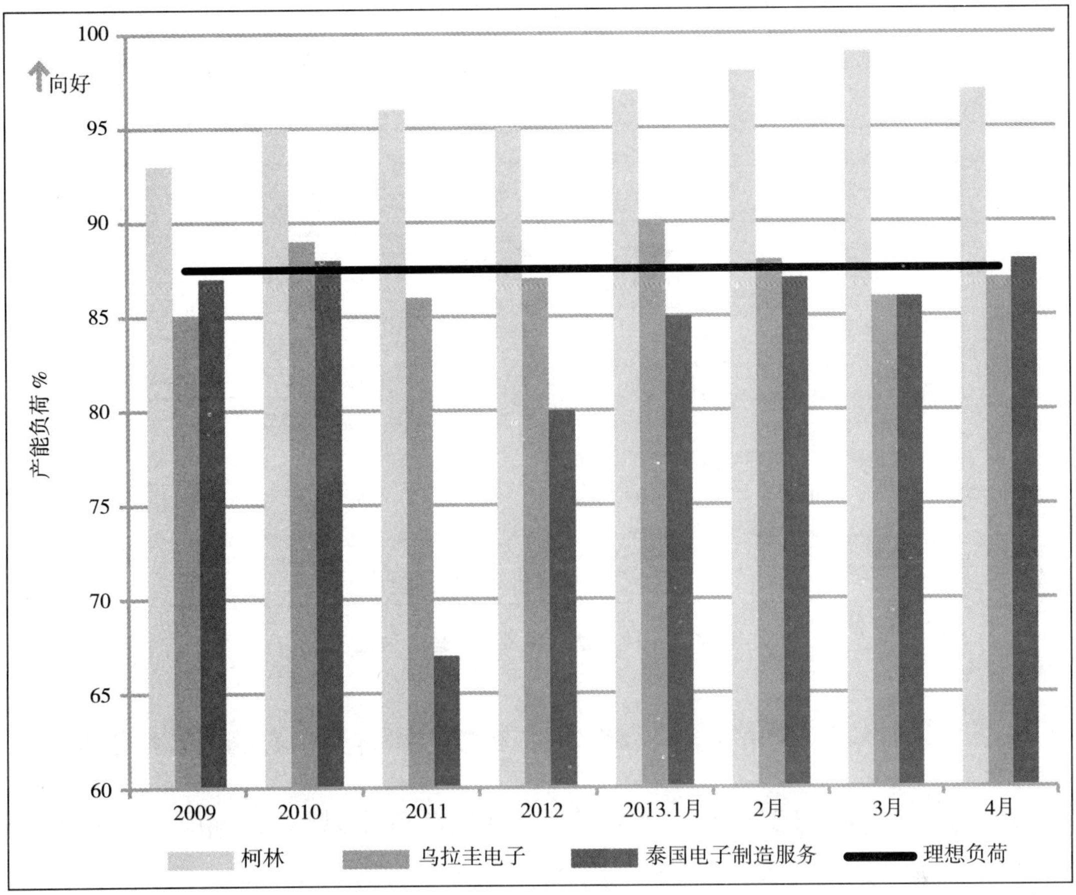

图 7.1－13 调度有效性

表 7.1－1 突发事件应对结果

应急准备					
演练科目	**频次**	**2009**	**2010**	**2011**	**2012**
火灾演练	每半年	1	1	2	2
龙卷风演练	每年度	1	1	1	1
化学品泄漏应对演练	每季度	2	3	3	4
紧急医疗救护演练	每两年		1		1
社区演练	每两年	1		1	
演练中总结的经验		7	8	5	10

7.1c 供应链管理结果 组织供应链绩效的关键测量指标和指征的结果怎样，包括对提高绩效的贡献?

图 7.1－14 表明了柯林科技是如何有效管理伙伴供应商的。在柯林科技 10 分制

的资格标准中，所有伙伴供应商的表现都在8分及以上（注：由于部分月份受水灾影响，2011年和2012年对泰国电子制造服务商的评价是基于10个月的数据结果做出的）。

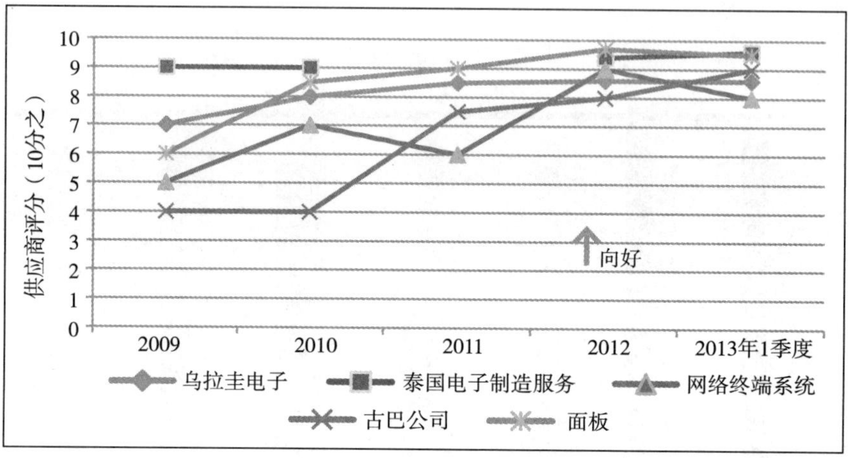

图7.1－14　伙伴供应商管理有效性

7.2　以顾客为中心的结果（85分）：组织以顾客为中心的绩效结果如何

概述组织关键的以顾客为中心的结果，包括顾客满意和顾客参与的结果。适用时可将结果按产品类别、顾客群和细分市场进行划分。结果包括适当的对比数据。

7.2a　以顾客为中心的结果

7.2a（1）顾客满意　顾客满意程度、不满意程度的关键测量指标或指征的当前水平和发展趋势是怎样的？这些结果与竞争者和其他提供类似产品的组织的顾客满意水平相比较表现如何？

柯林科技的顾客调查（图7.2－1）结果表明近几年柯林科技的总体水平、航空和合同研发业务部门的水平达到或高于标杆水平。优异的产品性能保证了这些满意度水平，随着流程改善和对市场更好的理解，个人电子市场的满意度得到改善。

除总体百分比外，柯林科技使用十分制量表分析每个顾客需求（表7.2－1）的总体满意度平均得分结果。在过去的四年中，测量的参与度呈现改善的趋势。持续创新与改进团队根据持续的评价，正在努力减少个人电子市场的单位成本，以提升顾客对定价的满意度。

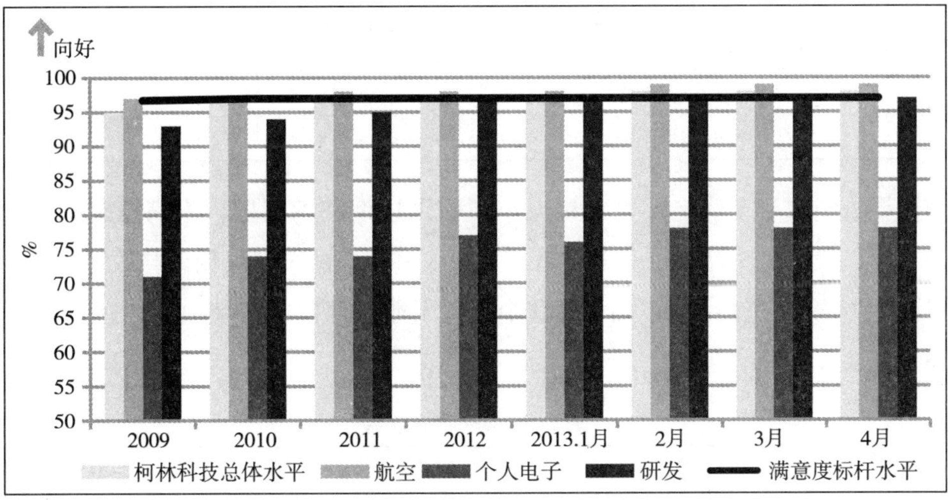

图 7.2-1 顾客满意度总体及细分市场水平

表 7.2-1 顾客满意度总计结果

调查主题	2008	2009	2010	2011	2012
可靠性	8.6	9.1	8.7	8.9	9.1
高密度和低重量能力	9.3	9.3	9.2	9.3	9.4
功能性	9.1	8.9	9.1	9.4	9.5
有竞争力的定价	7.3	7.3	7.3	7.4	7.4
顾客支持	8.3	8.5	8.4	8.5	8.6
交付	8.1	8.4	8.5	8.5	9.0
收货质量	9.6	9.6	9.7	9.7	9.8
价值	7.9	8.1	8.4	8.4	8.5
响应能力	9.3	9.4	9.4	9.6	9.5
参与度		5.1	5.7	6.3	7.2

通过对不同市场顾客最关注的前两位需求进行顾客满意度分析（表 7.2-2），对高密度和低重量解决方案的满意度在所有三个业务板块中都呈向好趋势，这强化了柯林科技在创新互联解决方案方面所做的努力。

表 7.2-2 不同市场顾客最关注前两位需求的顾客满意度

前两位需求		2009	2010	2011	2012
航空	可靠性	8.3	8.7	9.1	9.7
	高密度和低重量	8.6	9.1	9.2	9.4
个人电子	高密度和低重量	7.3	7.3	8.5	8.7
	定价	5.8	6.1	6.3	6

续表

前两位需求		2009	2010	2011	2012
研发	支持	8.5	8.9	9.2	9.5
	高密度和低重量	9.1	9.1	9.5	9.5

顾客调查结果用于确定需要在焦点小组中跟进询问的问题，不满意之处主要集中在四个方面：设计、生产、交付和会计（表7.2－3）。两个持续创新与改进团队目前正在开展两个方面的工作：（1）确定导致个人电子业务部门较差绩效原因；（2）识别顾客不满意的会计流程。

表7.2－3　不满意者

	不满意者				
	市场	设计	生产	交付	会计
2010	航空航天	1	0	1	1
	个人电子	2	1	2	5
	研发	3			1
2011	航空航天	2	1	2	2
	个人电子	3	2	3	6
	研发	4			2
2012	航空航天	0	0	0	0
	个人电子	1	0	1	4
	研发	2			0

合同研发业务部门满意度的一个指标是新研发合同担保（图7.2－2），柯林科技做出了战略决策，2013年将新合同数量增加了50%，以增加这个市场中顾客的多样性。

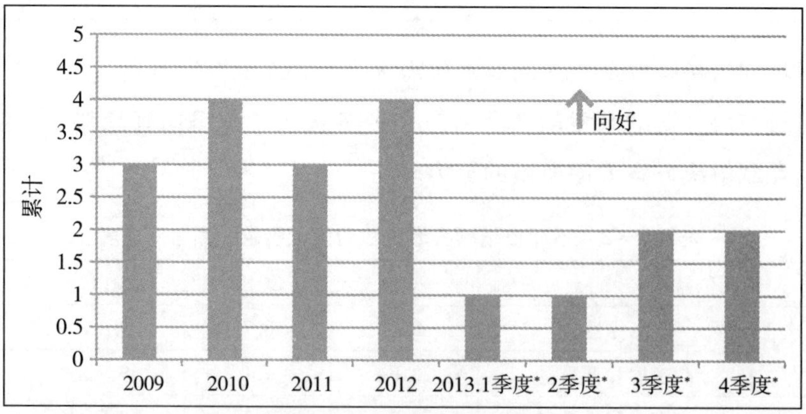

图7.2－2　新的研发合同

7.2a（2）*顾客参与* 顾客参与的关键测量指标或指征的当前水平和发展趋势是怎样的，包括顾客关系建立的结果？适用时，如何将组织顾客生命周期不同阶段的顾客参与结果进行对比？

2009 年，柯林科技开始跟踪净推荐值（图 7.2 -3），使用十分量表提问问题“我愿意向他人推荐柯林科技”，并把评分为 9 或 10 的数量减去评分为 1 到 5 分的数量，柯林科技能够计算净推荐值。目前，另外一个竞争对手跟踪净推荐值，柯林科技相比较行业平均水平表现良好，但仍落后于领先的计算机科技公司。

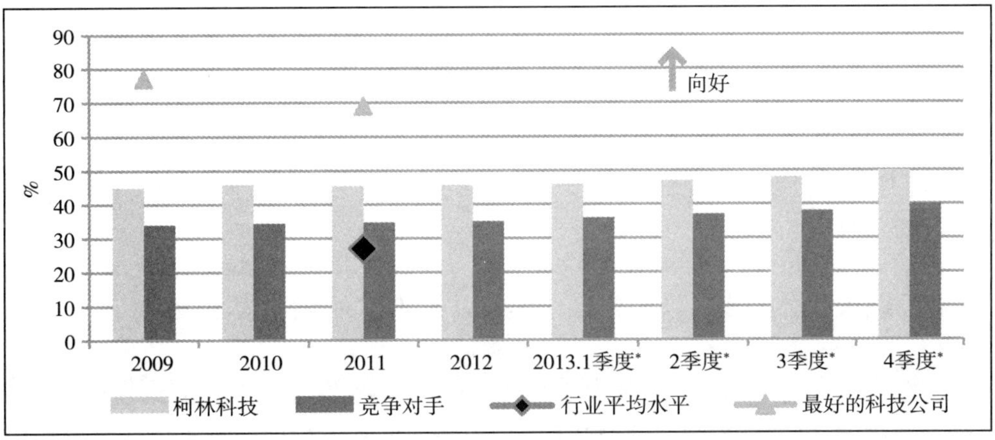

图 7.2 -3　净推荐值

在顾客调查中从参与度问题得来的总体顾客参与度（图 7.2 -4）在过去五年有所改善，并与行业基准水平相比表现良好。这个测量似乎与日常运作有一点遥远，参与度的预测指标是顾客实际推荐的累计数量（图 7.2 -5）。从 2008 年以来，柯林科技这一绩效指标的总体趋势是向好的，在 2013 年预计推荐数量可增加 25%。

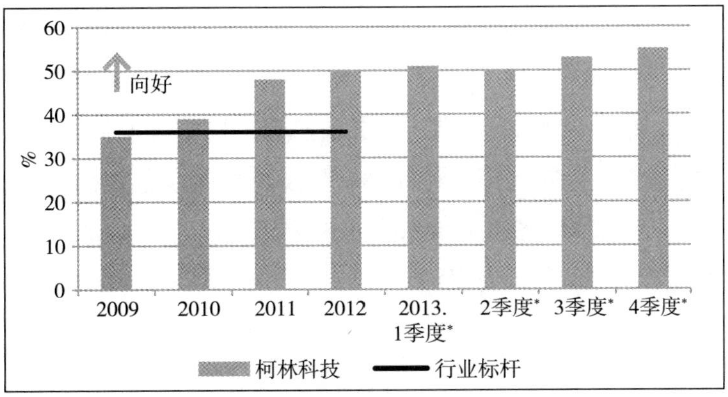

图 7.2 -4　整体顾客参与度

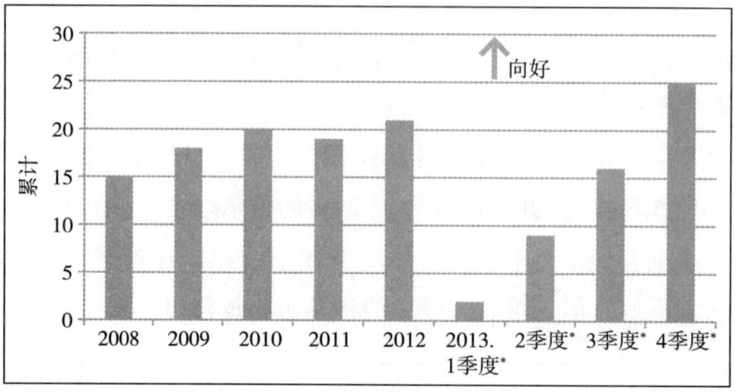

图 7.2－5　顾客推荐累计数量

相关性研究已经建立了以下方面的直接关系：参与度和重复业务的相关性（r＝0.93），顾客收货质量和重复业务的相关性（r＝0.91），顾客参与度和员工参与度的相关性（r＝0.84）。

7.3　以人为本结果（85 分）：组织以人为本的绩效结果如何

概述组织以人为本的员工参与和员工环境方面的关键绩效结果。适用时，按员工多样性、员工群体和员工细分对结果进行划分，包括适当的对比数据。

7.3a　员工结果

7.3a（1）员工能力与数量　组织员工能力和员工保有量的关键测量指标或指征（包括人员数量水平和适当的技能）的当前水平和发展趋势如何？

柯林科技在战略策划过程（SPP）中，对每个部门年度所需的员工能力与数量进行充分研究。数量指人员编制充足，能力则是指人岗之间的技能匹配比例。柯林科技同时还对满足生产波动的季度能力需求变化进行检测。每个员工部门的整体数量和能力如图 7.3－1 所示，呈向好趋势。

7.3a（2）员工氛围　组织员工氛围的关键测量指标或指征的当前水平和发展趋势如何？适用时，包括员工健康、安全和保障，以及员工的服务与福利。

员工氛围是通过员工调查获得的诸多结果中的其中一项。表 7.3－1 中的结果显示了员工对于安全、工资与福利、健康活动、绿化园林和康体中心的满意度，这些都将打造柯林科技健康的工作环境。

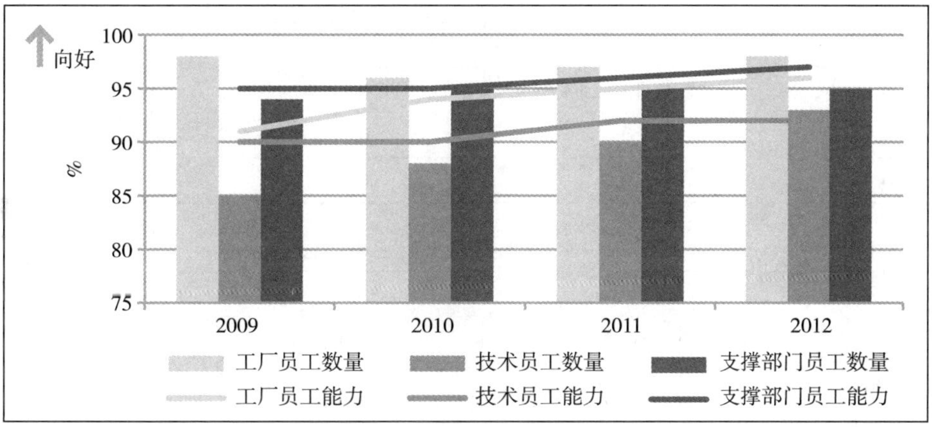

图 7.3－1　员工数量和能力结果

表 7.3－1　员工问卷调查结果

调查问题	2009	2010	2011	2012	2013	标杆
"在工作中我感觉到安全放心。"	88	87	88	89	93	
"我很骄傲能成为柯林科技股权持有人。"	99.4	99.5	99.6	99.7	99.8	
"在工作中我可以创造不同。"	87	88	93	94	95	
"有一个开放沟通环境。"	45	49	48	49	49	37
"我有学习和提升的机会。"	89	90	90	90	90	
"我拥有竞争力的工资和待遇。"	79	81	82	85	85	
"我相信高层领导的决策。"	84	87	88	93	94	74
"我对绿化园林觉得满意。"	85	88	88	88	88	
"我对健康活动觉得满意。"	75	76	81	82	82	
"我对康体中心觉得满意。"	60	67	65	72	75	
总体参与度	27	28	29	31	32	30
总体满意度	79.1	81.3	82.3	84.2	85.1	83

柯林科技同时采取具体指标跟踪安全管理的有效性。表 7.3－2 展示了近三年的伤害事故率（RIR）和有员工因非致命工伤缺勤率（DART）。与行业最高水平相比，柯林科技近两年的员工因非致命工伤缺勤率（DART）与近三年的伤害事故率均表现最佳。这表明环境健康安全（EHS&S）项目有效防止员工在工作中受到伤害。

表 7.3－2　伤害事故率（RIR）和员工因非致命工伤缺勤率（DART）

RIR		DART	
柯林科技	行业前 25%	柯林科技	行业前 25%
0.6	1.1	0.3	<0.1

续表

RIR		DART	
柯林科技	行业前25%	柯林科技	行业前25%
0.5	0.7	0.2	0.3
0.5	0.7	0.1	<0.1

表7.3-3　未遂事故和险兆事件报告

	未遂事故报告数量		
	工厂部门	技术部门	支撑部门
2009	150	5	0
2010	208	19	1
2011	284	23	0
2012	375	37	3
	险兆事件		
	工厂部门	技术部门	支撑部门
2009	2	3	0
2010	0	2	0
2011	1	1	0
2012	0	2	0

柯林科技也举行各类健身活动，其中表7.3-1展示了满意度情况。此外，柯林科技也监测员工参加健身活动的比例情况，以及提供给保险公司的自愿健康调查中员工身体存在健康风险的比例情况（图7.3-3）。健身活动的参加比例在2012年超过了标杆，员工健康风险的比例过去两年都在下降。

安全管理的一项重要内容是对未遂事故进行严格报告和分析（表7.3-3）。随着员工安全意识的增强，近期未遂事故的报告数量出现一个上升局面，而这其实是一种好现象。员工不再忽略明显的安全事故，而会关注所有可能造成伤害的不安全情况。

柯林科技内部化学品的数量需要额外报告对其不经意间的接触。每种情况下的接触都会进行充分研究，并采取预防措施。如在生产领域经常用到的化学品其接触事故不断减少。一支持续创新和改进团队正在致力于提升研发阶段员工接触新型化学品的安全意识。

柯林科技生产设施也设立了空气质量目标（图7.3-2），已经淘汰了生产过程中有毒气体化学品和铅的使用。柯林科技在控制无毒但有刺激性气味的有害气体化学品方面也取得了很大进步。

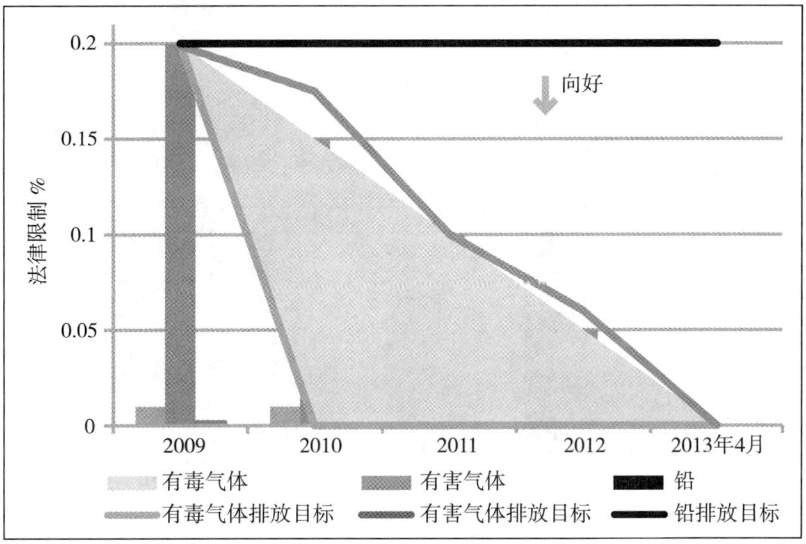

图 7.3-2　有毒有害气体和铅排放

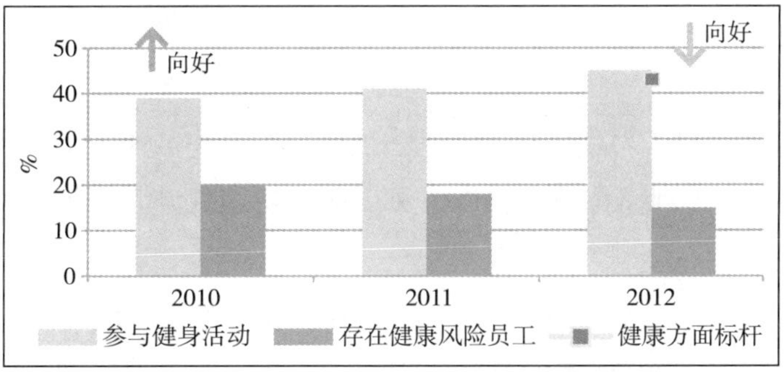

图 7.3-3　健身活动参与和员工健康风险情况

柯林科技实施了多年的员工建议采纳和奖励制度。特别之处是员工需先实施所提建议，给公司带来效益后，获得奖励。所实施的建议数量（图 7.3-4）在过去四年持续提升，对 2013 年的建议累计数量同样进行了跟踪。

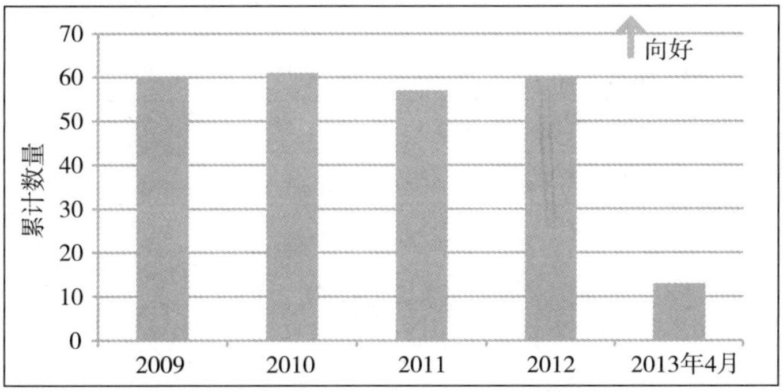

图 7.3-4　员工建议采纳累计数量

7.3a（3）员工参与 组织员工参与、员工满意方面关键测量指标或指征的当前水平和发展趋势如何?

员工参与（表7.3－1）在过去两年都超过了制造业企业中的标杆。分析显示员工参与度越高，公司利润和员工留职率都越高（图7.3－5）。

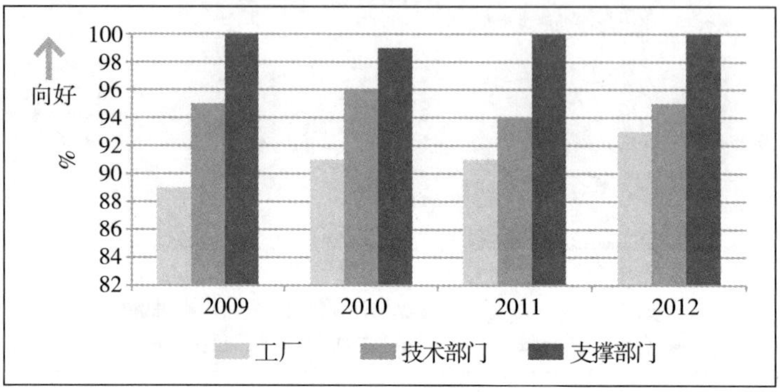

图7.3－5 员工留职率

7.3a（4）员工发展 组织员工和领导发展方面关键测量指标或指征的当前水平和发展趋势如何?

表7.3－1展示了员工对发展机遇的满意度情况。其中战略发展体现在员工拥有一个或多个EIC证书（体现岗位熟练程度、员工能力持续提升、员工领导力得以发挥），参见表7.3－4。

柯林科技之前监测培训完成度情况，近来则以培训有效性结果（图7.3－6）代替这一指标。通过对员工进行调查，及对培训3到6个月后对其主管的调查，来收集培训内容应用于本职工作的效果情况，从而确定培训的有效性。这一做法的改变得益于学习和发展活动的期望，并根据员工分类进行监测，同T＋E杂志展示的标杆进行对比。

表7.3－4 员工战略发展表现

	2008	2009	2010	2011	2012
拥有1个及以上EIC证书的员工百分比	50	71	85	88	89
持续能力提升的员工百分比	20	24	25	50	63
展示领导力的员工百分比	35	34	35	36	35

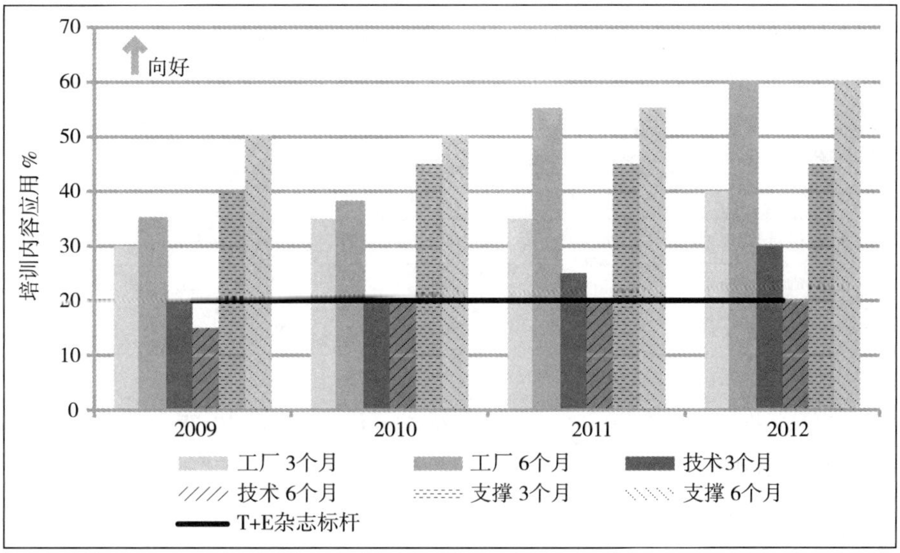

图 7.3－6　培训有效性

7.4　领导和治理结果（80 分）：组织的高层领导和治理结果如何

概述组织关键的高层领导和治理结果，包括财务责任归属、遵守法律、道德行为、社会责任和关键社区支持，以及战略实现等方面。适用时，将结果按组织单位进行划分。包括适当的对比数据。

7.4a　领导、治理和社会责任结果

7.4a（1）领导结果　组织高层领导与员工交流和沟通的关键测量指标或指征的结果是怎样的？包括愿景和价值观、鼓励双向沟通、注重行动等方面。

利益相关者调查提供了许多显示领导力有效性方面的指标信息（表 7.4－1）。在领导信任、对柯林科技愿景的理解、高层领导沟通的有效性等方面的指标逐年改善，从全部利益相关方角度而言，绩效水平已经超过了标杆水平。

表 7.4－1　领导有效性——按照问题的利益相关方调查结果

调查问题	2009	2010	2011	2012	2013	前 10%标杆
员工调查						
我知道我的工作如何影响到柯林科技的成功	90	93	94	95	97	93%
我相信领导采取了正确的方向	86	87	89	88	89	85%
我经常收到公司战略的更新信息	98	99	99.2	99.3	99.7	95%
我能与领导直接敞开沟通	99	99	99.5	99.7	100	91%
我能放心报告可疑的不合格行为	97.3	98.1	98.5	98.6	99.1	96%

续表

调查问题	2009	2010	2011	2012	2013	前10%标杆
我能放心报告可疑的不道德行为	97.5	98.3	98.7	98.8	99.3	97%
我在公司已经发现有不道德行为	0.1	0	0	0	0	1.50%
社区调查						
柯林科技公开地与社区沟通	75	77	74	78	77	56%
我愿意关心柯林科技的领导者	22	25	37	41	43	35%
柯林科技领导者积极关注社区	80	80	84	82	83	48%
柯林科技的活动为社会提供了价值	77	75	78	79	82	N/A
柯林科技防止排放污染	76	75	76	78	79	N/A
顾问董事会调查/自我评价						
顾问委员会全体成员为柯林科技提供价值	45	50	62	75		N/A
顾问委员会行为符合道德规范	100	100	100	100		N/A
顾问委员会行为符合法律法规	100	100	100	100		N/A
我积极为柯林科技成功作出贡献	90	93	94	95		N/A
我积极参与委员会工作	80	81	80	83		N/A
柯林科技的外展活动也为其和社区创造价值	35	40	43	57		N/A
顾客调查						
我了解柯林科技的愿景	89	90	90	90	91	85
柯林科技领导者为我提供了清晰的沟通	81	81	82	85	87	N/A
我了解柯林科技采取哪些措施来提高产品	76	79	80	79	80	N/A
伙伴供应商调查						
我了解柯林科技的愿景	97	96	97	99	100	N/A
柯林科技领导者为我提供了清晰的沟通	65	73	87	96	98	N/A
我了解柯林科技采取哪些措施来提高产品	73	75	76	78	78	N/A
我知道我的产品和服务如何有助于柯林科技成功	85	86	89	92	91	N/A

员工和利益相关方充分相信柯林科技追求的方向。作为计分卡的分解和经常性的领导者沟通结果，员工理解柯林科技的愿景及其各自的工作绩效如何支持公司战略的达成。

生动词语方法对于增强关键理念的作用见图7.4-1。领导团队成员在最初讨论之后，进行了走动式面谈，检查员工对生动词语的认识。报告的百分比代表了了解最新的生动词语的员工数与适宜了解的员工数的比例。柯林科技正在调查为什么技术员工有较低的认知度。最新的了解是这些技术员工更集中于项目目标而非组织的目标。

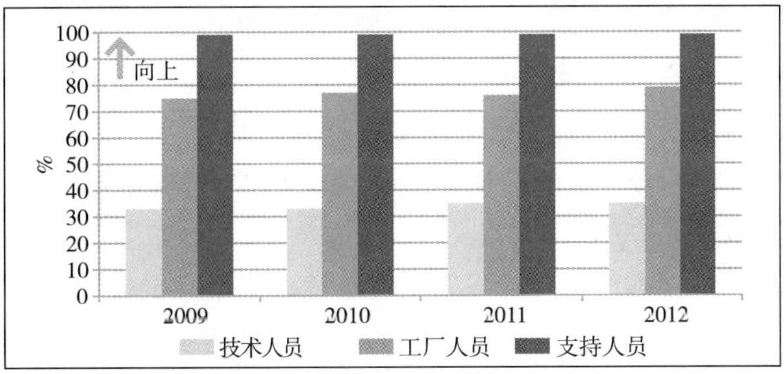

图 7.4－1　生动词语有效性

运用波多里奇开展的半年自我评价是领导有效性和聚焦行动效果的另一个指示信息（图 7.4－2）。从 2012 年州卓越绩效中心（SCPE）积累的数据看，柯林科技过去四年显示出稳定的提升趋势。

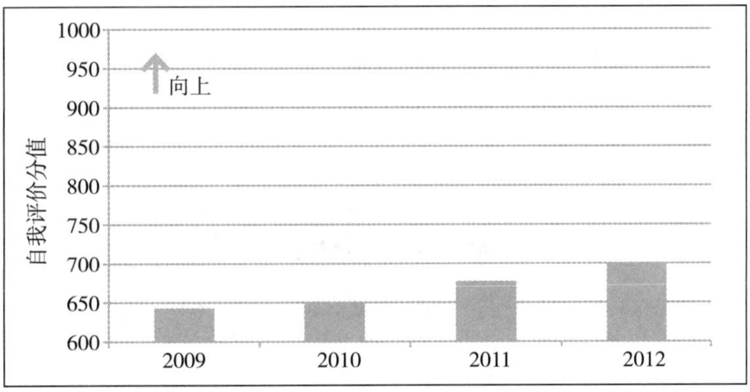

图 7.4－2　波多里奇自我评价分值

图 7.4－3 显示了领导团队博客每条信息跟帖讨论的平均数。在这些讨论中，领导团队互动数显示出他们与员工有更加有效的双向沟通。

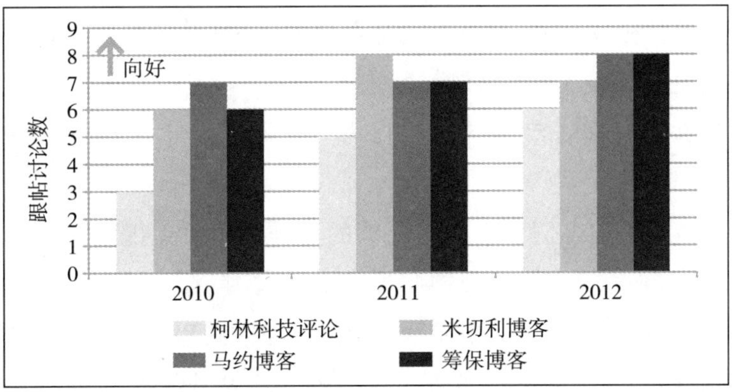

图 7.4－3　与领导成员的跟帖讨论数

7.4a（2）治理　组织治理和财务责任的关键测量指标或指征当前的结果和发展趋势如何？适用时，包括内部的和外部的责任。

顾问董事会至少每年完成一份自我评价，评价结果见表7.4－1。董事有效性的提高基于两个因素：（1）参与不积极的董事离开了顾问董事会；（2）顾问董事会为其各自成员和总体绩效确定了清晰的期望。

财务责任以在外部和内部审计以及财务过程评价中确定的不符合发现和观察项（较低的影响）来展示，见图7.4－4。柯林科技内审发现的问题点很可能在外审中被识别，内审的发现有助于及时改进纠正以避免成为外审发现的问题。

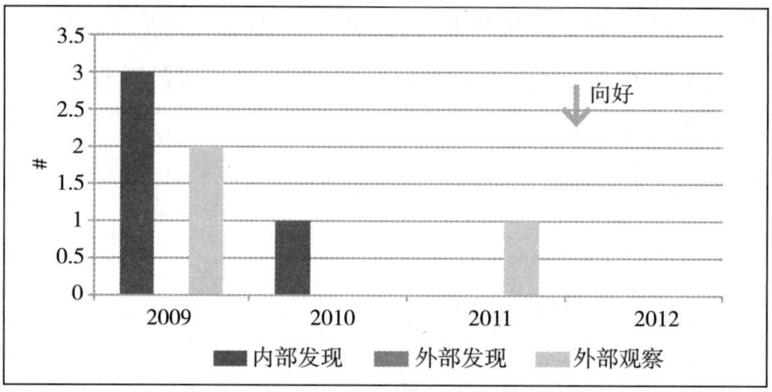

图7.4－4　财务责任

7.4a（3）法律和法规符合情况　组织满足并超越法律和法规要求的关键测量指标或指征的结果如何？

柯林科技监测几个与法律法规要求相关的指标。与法律行为相关的利益相关方的反馈，见表7.4－1。

柯林科技从没有收到处罚，仅有一个与例行空气质量监督测试相关的仪器失灵问题。失灵问题在现场就进行了纠正，没有导致不符合或罚款。废气和废水排放符合当前的许可范围，柯林科技过去14年连续符合要求。ISO认证的内部审核过程包括与空气和水符合性相关的所有过程的审核。

为提高意识并及时报告潜在的违规行为，公司实施合规过程中的未遂事件报告制度。

在险兆性事故报告的事例中，期望趋势的上升显示员工提高了对潜在不符合情况的认识。

7.4a（4）道德行为　组织的道德行为以及利益相关方对组织高层领导和组织治理的信任程度方面的关键测量指标或指征的结果如何？组织违反道德行为的关键测量指标或指征结果如何？

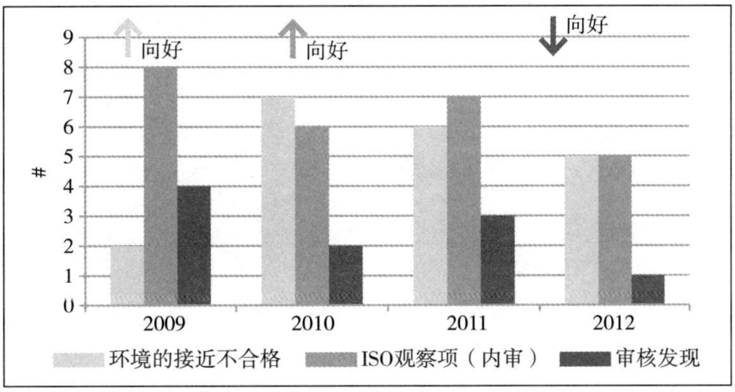

图 7.4－5　环境和 ISO 的接近不合格的报告和 ISO 审核发现

利益相关方对道德绩效的反馈见表 7.4－1。员工能够使用匿名热线报告可能的违反道德行为的事件，目前正在筹划在线报告方法。在过去 5 年里，有 4 次电话被认为是疑似不道德案例。依据调查，这 4 件案例没有被证实是违反道德行为。

7.4a（5）社会　组织履行社会责任，支持关键社区的主要测量指标或指征的结果如何?

在利益相关方反馈之外，一些关注的领域与柯林科技的环境无害化处理过程相关。设备能源效率（图 7.4－6）是设备在一天内如何高效率地被利用。更高的效率表明更好地利用了生产需要的资源。

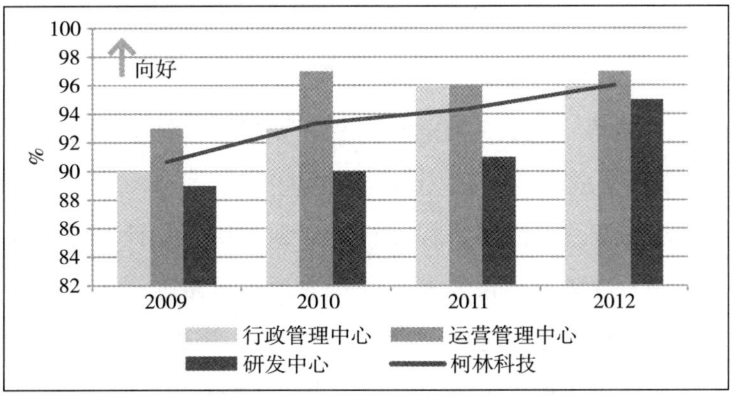

图 7.4－6　设备能源效率

柯林科技自 1990 年以来一直聚焦于循环处理废物。图 7.4－7 显示再回收利用固态废物的当前趋势和水平。固废循环处理率是再回收废物的数量占全年总废物量的百分比。

回收水的洁净度过去五年中一直超过 99.9%。或者，回收水的再利用率在同期内一直超过 95%。

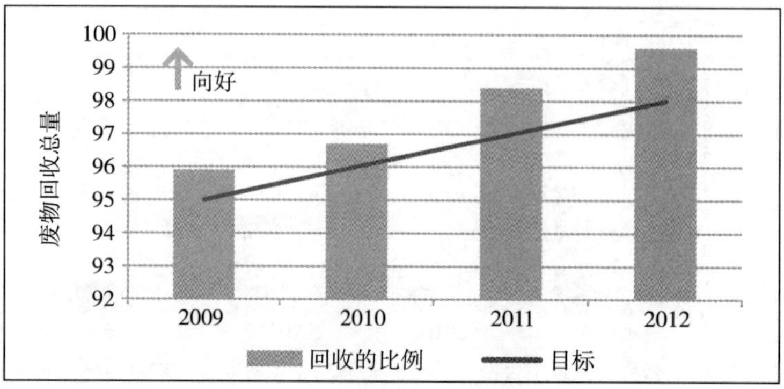

图 7.4－7　固废循环处理率

有毒有害化学品的处理方法是意外排放的潜在来源。作为积极的 EHS&S 计划的结果，处理出错的情况（图 7.4－8）近些年持续降低。

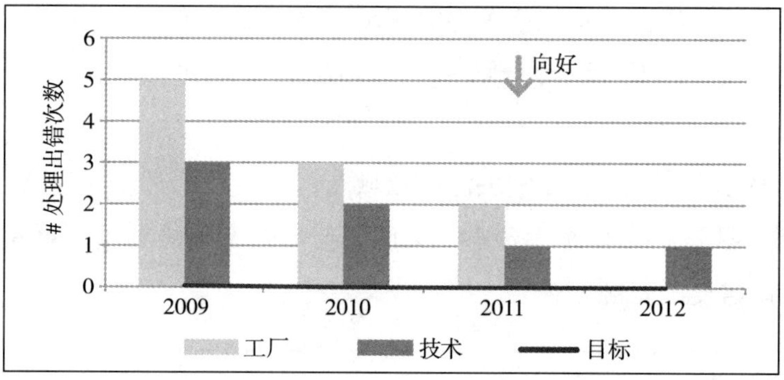

图 7.4－8　有害化学品处理出错次数

7.4b　战略执行结果　组织在战略和行动计划实现方面的关键测量指标和指征的结果如何？包括采取明智风险与构建和增强核心能力。

柯林科技一直聚焦于改进战略目标和行动计划的执行。针对每一项战略目标和行动计划的进展均按照月度频率予以监视，并每季度进行跟踪。每个长期目标都有反映当年水平的年度目标。表 7.4－2 显示了水平和趋势。在过去几年中，在设定可行的目标和行动计划方面的改进促进了及时的行动完成和战略实现。

表 7.4－2　关键行动计划和战略目标的战略执行累计百分比

	2010				2011				2012			
	Q1	Q2	Q3	Q4	Q1	Q2	Q3	Q4	Q1	Q2	Q3	Q4
行动计划	10%	30%	45%	70%	15%	25%	40%	75%	25%	50%	75%	100%
战略目标	—	5%	60%	75%	—	—	60%	90%	15%	30%	50%	95%

增强核心能力的进展一直处于稳定。独创性以柯林科技获得的专利数来表明；卓越性以私人接触的客户评价（表7.4-3）数量来展示；专业性以过程能力（图7.1-7）来展示。

表7.4-3 核心能力结果

	2010	2011	2012
专利	2	1	2
私人接触的客户评价	6	10	18

明智风险讨论以持续创新与改进团队来引导。启动的讨论数量见图7.4-9。基于年初到现在的活动，2013年全年总的讨论数量预计为12。

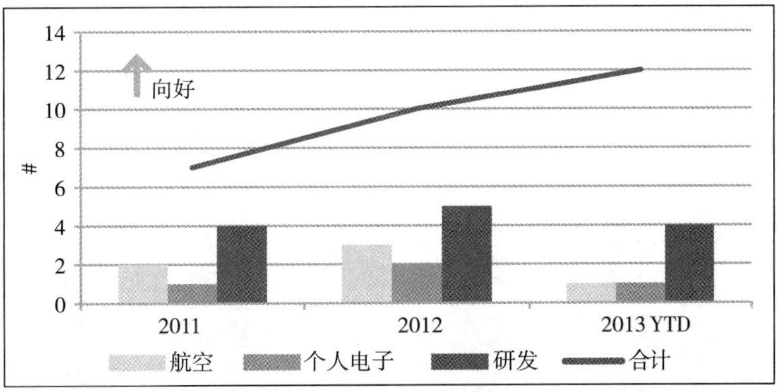

图7.4-9 明智风险讨论

7.5 财务和市场结果（80分）：组织财务与市场绩效结果如何

概述组织的主要财务和市场绩效结果，适用时可按细分市场或顾客群分类，包括适当的比较数据。

7.5a 财务和市场结果

7.5a（1）财务业绩 组织财务绩效的关键测量指标或指征的当前水平和发展趋势怎样？适用时，包括财务回报、财务生存能力或预算执行的综合指标。

每月领导绩效评估会对一些财务绩效指标进行评估。历史上，柯林科技保持每年略低于1千万美元的销售或收入水平（图7.5-1）。得益于运用波多里奇进行灵活的规划和市场开发，使公司在经济困难的情况下也一直保持销售水平。

对于柯林科技的员工，收入是一项重要的指标。首选指标是息税折旧摊销前利润（EBITDA）。测量的是息税折旧摊销前利润率，表示为图7.5-2中息税折旧摊销前利润与总营收的百分比。柯林科技的营收（图7.5-2）平稳向好，与美国员工股

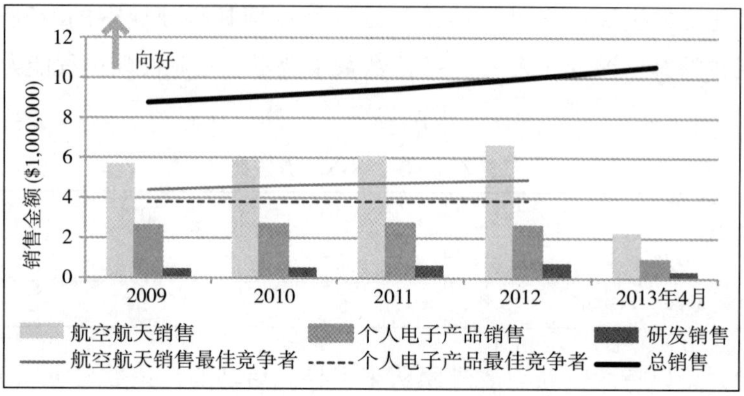

图7.5－1　业务部门销售

东提供的公司研究相比表现较佳，私营员工股票期权计划下的公司是良好的对比数据来源。

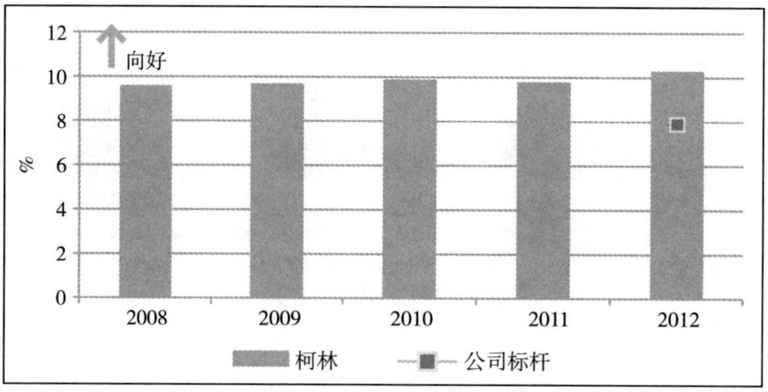

图7.5－2　EBITDA息税折旧摊销前利润

毛利率（图7.5－3）是公司盈利能力的一项指标。毛利率过去四年的持续提升已达到并超过公司标杆。

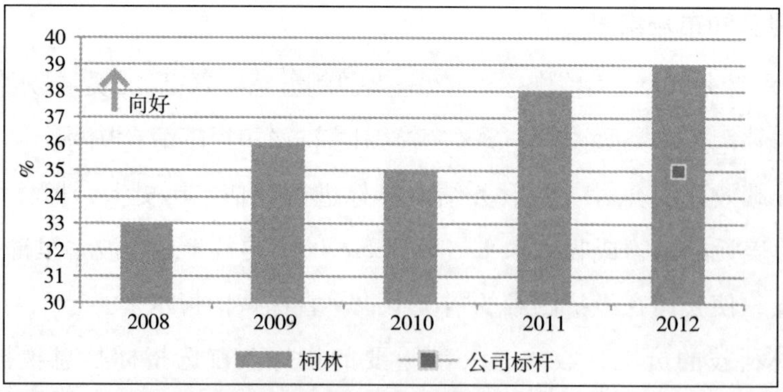

图7.5－3　毛利率

净资产回报率（图7.5－4）是股东价值的一个有效指标，并且稳步提高。资产回报率是利润回报率和净资产周转乘积，包括升级和现代化的成本，该成本在柯林科技这样的资本和技术密集型组织中越来越重要。

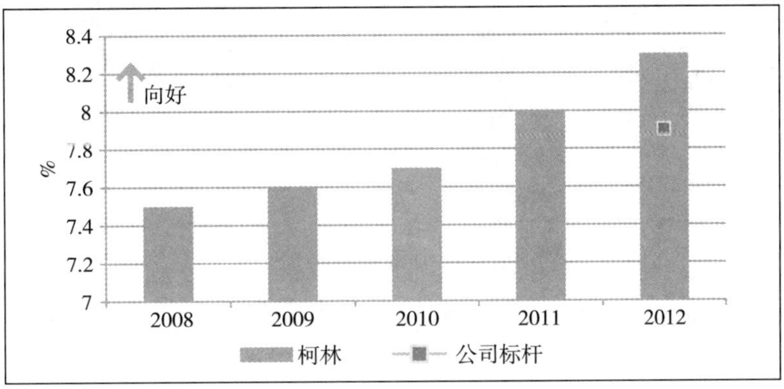

图7.5－4 净资产回报率

库存周转数（图7.5－5）提供了衡量公司库存在整条价值流中流动快慢的标准。它代表一个公司的资本多长时间必须致力于支持其库存。由于合作供应商计划和JIT库存实践，这一指标反映了柯林科技努力最小化库存投资。

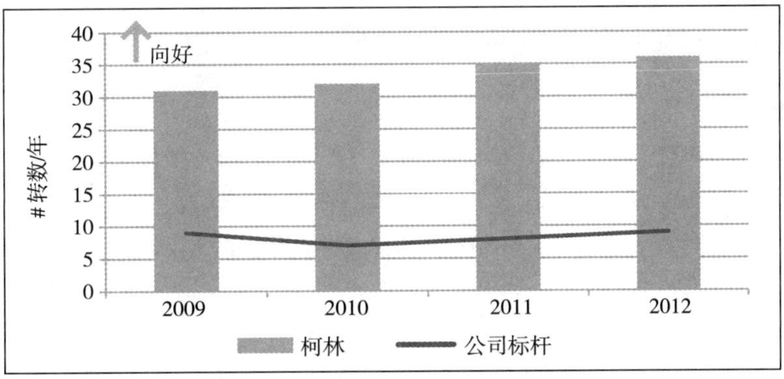

图7.5－5 库存周转数

应收账款周转天数（图7.5－6）是衡量结算流程效率的一个指标，是公司保持良好现金流的必要保证。

7.5a（2）市场表现 组织市场绩效的关键测量指标或指征的当前水平和发展趋势是什么？适用时，包括市场份额或地位、市场与市场份额增长、新市场的进入等。

互联市场中，没有任何一家组织能够获得超过10%的市场份额。由于典型的市场份额指标并不有效，柯林科技依靠其他指标。超过80%的现有订单来自于既有的顾客，即回头客。可是，回头客数量的简单测定作为细化的措施不好付诸实施。回头客的比

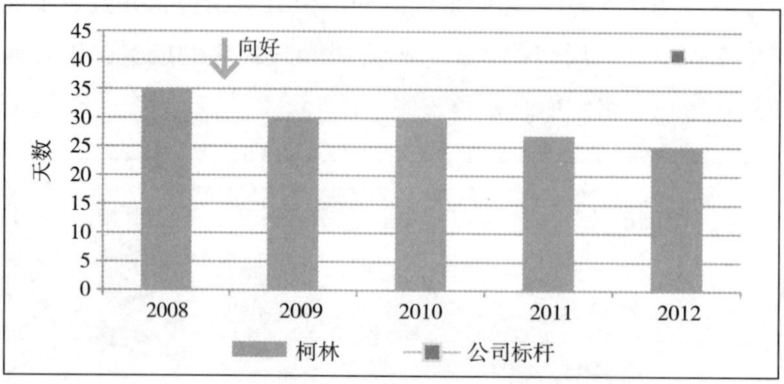

图 7.5 －6　应收账款周转天数

例与柯林科技总的业务（图 7.5－8）相比是更为可行的指标，也是衡量营销过程有效性的一个有效的指标。

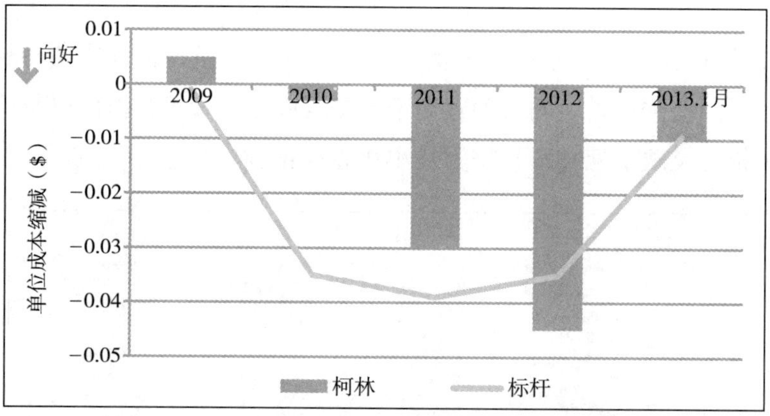

图 7.5 －7　单位成本缩减—个人电子产品

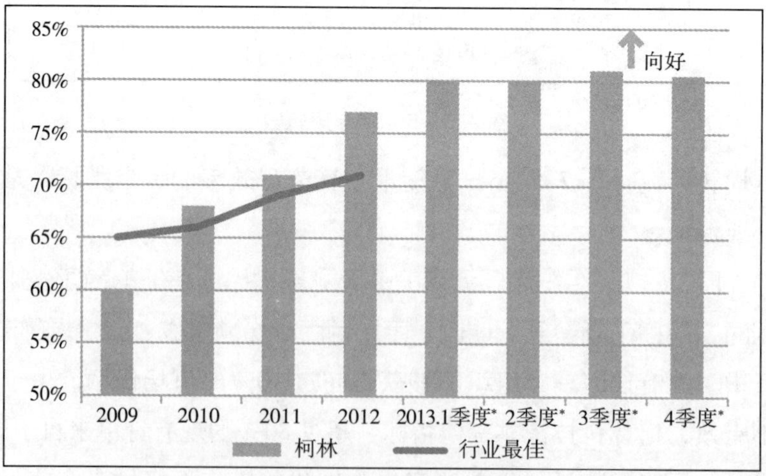

图 7.5 －8　赢得的回头客比例

一些顾客政策声明，不允许一个单一的供应商获得超过80%的业务。这将设置一个上限指标，但柯林科技相信这个上限非常接近其现在的表现水平。

如7.2a（1）所述，柯林科技近年来一直致力于减少个人电子产品市场的单位成本，并呈现了向好趋势。

评分方法

本评分方法用于给每个条款赋分，目的是在不同的评审阶段区分柯林科技，并辅助反馈报告。像在评分指南表8a和8b中见到的一样，对准则条款回答的评分基于两个评价维度：过程和结果。过程（条款1-6）评价的四个因素分别是方法（A）、展开（D）、学习（L）和整合（I），结果（条款7.1-7.5）评价的四个因素是水平（Le）、趋势（T）、比较（C）和整合（I）。

反馈报告会给出柯林科技每个条款的百分比评分范围。评分范围基于评分指南，该指南阐述与具体评分范围典型性相关的特点。

如表9a和表9b显示，柯林科技的过程条款和结果条款的总评分落到8个评分档中一个。每一档评分都有相应的特性描述。表9a和9b显示了在合议评审中申报组织在每一个评分档中的得分百分比。

表 8a　评分指南（过程）

评分	过程（条款 1－6）
0% 或 5%	• 没有系统方法；信息是零散、孤立的。(A) • 系统方法没有展开或略有展开。(D) • 没有改进导向；已有的改进仅仅是“对问题的被动反应”。(L) • 缺乏协调一致；各个方面或部门各行其是。(I)
10%，15%，20% 或 25%	• 开始有系统方法应对该评分条款的基本要求。(A) • 方法在大多数方面或部门处于展开的早期，阻碍了基本要求的实现。(D) • 处于从“对问题的被动反应”到“改进导向”转变的早期阶段。(L) • 主要靠联合解决问题来使方法与其他方面或部门达成协调一致。(I)
30%，35%，40% 或 45%	• 有有效、系统方法应对该评分条款的基本要求。(A) • 方法已得到展开，尽管在某些方面或部门还处于展开的早期阶段。(D) • 开始系统地评价和改进关键过程。(L) • 方法与在应对组织概述和其他过程条款时所确定的基本组织需要初步协调一致。(I)
50%，55%，60% 或 65%	• 有有效、系统方法应对评分条款的总体要求。(A) • 方法得到了很好的展开，尽管在某些方面或部门的展开有所不同。(D) • 进行了基于事实的且系统的评价、改进和一些创新，以提高关键过程的有效性和效率。(L) • 方法与在应对组织概述和其他过程条款时所确定的组织需要协调一致。(I)
70%，75%，80% 或 85%	• 有有效、系统方法应对该评分条款的详细要求。(A) • 方法得到了很好的展开，无明显的差距。(D) • 基于事实且系统的评价、改进和创新已成为关键的管理工具；存在清楚的证据，证实通过组织级的分析和分享，方法得到了不断的完善。(L) • 方法与在应对组织概述和其他过程条款时所确定的组织需要实现了整合。(I)
90%，95% 或 100%	• 有有效、系统方法全面应对该评分条款的详细要求。(A) • 方法得到了完全的展开，在任何方面或部门均无明显的弱点或差距。(D) • 基于事实且系统的评价、改进和创新，已成为组织的关键管理工具；有证据表明通过分析和分享，在整个组织中方法得到了不断完善和创新。(L) • 方法与在应对组织概述和其他过程条款时所确定的组织需要实现了很好的整合。(I)

表 8b　评分指南（结果）

评分	结果（条款 7）
0% 或 5%	• 没有描述结果，或结果很差。（Le） • 没有显示趋势的数据，或大多为不良的趋势。（T） • 没有对比性信息。（C） • 在对于达成组织使命重要的任何方面，均没有报告结果。（I）
10%，15%，20% 或 25%	• 针对条款的基本要求，报告了很少的组织绩效结果，且是早期的良好绩效水平。（Le） • 有一些显示趋势的数据，其中部分呈不良的趋势。（T） • 没有或极少对比性信息。（C） • 在对于达成组织使命重要的少数方面，报告了结果。（I）
30%，35%，40% 或 45%	• 针对条款的基本要求，报告了良好的组织绩效水平。（Le） • 有一些显示趋势的数据，其中多半呈向好趋势。（T） • 处于获得对比性信息的早期阶段。（C） • 在对于达成组织使命的重要方面，报告了结果。（I）
50%，55%，60% 或 65%	• 针对条款的总体要求，报告了良好的组织绩效水平。（Le） • 在对于达成组织使命的重要方面，呈向好趋势。（T） • 与有关竞争对手和（或）标杆进行对比评价，部分指标具有良好的相对绩效水平。（C） • 结果对应了大多数关键顾客、市场、过程的要求。（I）
70%，75%，80% 或 85%	• 针对条款的详细要求，报告了从良好到卓越的组织绩效水平。（Le） • 对于达成组织使命的重要方面，呈可持续的向好趋势。（T） • 与有关竞争对手和（或）标杆进行对比评价，大多数指标具有非常好的相对绩效水平。（C） • 结果对应了大多数关键顾客、市场、过程和战略实施计划的要求。（I）
90%，95% 或 100%	• 针对条款的详细要求，报告的全是卓越的组织绩效水平。（Le） • 对于达成组织使命的所有重要方面，呈可持续的向好趋势。（T） • 在多数方面都表明处于行业领导地位和标杆水准。（C） • 结果完全对应了关键顾客、市场、过程和战略实施计划的要求。（I）

表 9a　评分档（过程）

评分档	档序号	申奖者在该档的比例（%）	过程评分档描述
0—150	1	0	组织处于制定和实施针对准则条款基本要求的方法的早期阶段，实施滞后并阻碍进展。改进活动往往基于问题的解决并总体上处于早期的改进导向。
151—200	2	0	针对准则条款的基本要求，组织有有效、系统的方法，但是有些方面和部门处于早期的展开阶段。组织制定面向未来的总的改进导向。
201—260	3	14%	针对大多数准则条款的基本要求，组织有有效、系统的方法，尽管仍有个别方面或部分处于早期的展开阶段。关键过程开始被系统化地评价和改进。
261—320	4	45%	针对准则条款的总体要求，组织有有效、系统的方法，但是展开在某些方面和部门可能存在差异。关键过程从基于事实的评价和改进中获益，方法与总体的组织需要基本达到协调一致。
321—370	5	36%	针对大多数准则条款的总体要求，组织有有效、系统和很好展开的方法。组织开展了基于事实的、系统评价、过程改进和组织的学习，包括创新，这改进了关键过程的有效性和效率。
371—430	6	5%	组织优化了针对准则详细要求的方法。这些方法应用了关键的测量指标，有良好的展开，并在大多数方面有创新。组织的学习，包括创新和最佳实践的分享，是一个关键管理工具，满足当前和未来需要的方法达到了整合。
431—480	7	0	组织优化了针对准则详细要求的方法。组织在大多数方面有创新、卓越的展开，以及良好地甚至卓越地使用测量指标。作为管理策略，组织在组织的分析、创新地学习和最佳实践的分享方面实现了从良好到卓越的整合。
481—550	8	0	组织有聚焦于创新的杰出方法。方法充分展开并使用了卓越的、可持续的测量指标。这些方法与组织的需要达到了卓越的整合。组织的分析、创新地学习和最佳实践的分享是在组织内非常普遍。

1. 申报组织在该档的比例（%）是基于合议评审阶段的分数。当 2013 年合议评审评分产生时，这个值就可以算出来了。

表 9b　评分档（结果）

评分档	档序号	申奖者在该档的比例（%）	结果评分档描述
0—125	1	5%	针对准则基本要求，报告了很少的结果，但是总的来说缺乏趋势和对比数据。
126—170	2	14%	针对准则基本要求和组织使命的实现，报告了一些方面的结果。其中一些结果表现出良好的绩效水平。对比数据和趋势数据的使用处于早期阶段。
171—210	3	36%	针对准则基本要求和组织使命的实现，报告了一些重要结果，并且实现良好的绩效。在其中一些重要的结果方面，提供了对比数据和趋势数据，并显示出向好的趋势。
211—255	4	23%	报告的结果回应了一些关键顾客/利益相关方、市场和过程的要求，与有关比较对象相比，它们在一些方面有较好的绩效。在对准则总体要求和组织使命的实现有重要关系的方面，组织没有负面的趋势或者差的绩效。
256—300	5	14%	报告的结果回应了大多数关键顾客/利益相关方、市场和过程的要求，与有关比较对象和标杆相比，它们在一些方面有明显的优势。在对准则总体要求和组织使命的实现有重要关系的大多数方面，组织报告有改进趋势或者良好的绩效。
301—345	6	9%	报告的结果回应了大多数关键顾客/利益相关方、市场和过程的要求，以及许多行动计划的要求。在对准则要求和组织使命的实现有重要关系的大多数方面，组织报告了向好趋势。组织在一些结果方面是行业[1]的领导者。
346—390	7	0	报告的结果回应了大多数关键顾客/利益相关方、市场和过程以及许多行动计划的要求。结果达到了卓越的组织绩效水平，并在一些方面为行业领导者。在对准则详细要求和组织使命的实现有重要关系的大多数方面，组织报告了可持续的向好趋势。
391—450	8	0	报告的结果全面回应了关键顾客/利益相关方、市场和过程以及许多行动计划的要求，包括未来绩效的预测。结果达到了卓越的组织绩效水平，并为国家乃至世界领导者。在对准则详细要求和组织使命的实现有重要关系的所有方面，组织报告了可持续的向好趋势。

1.“行业”是指其他持续提供同样产品或服务的组织，从而可以直接比较。

合议评审计分册

关键因素表

P.1a 组织的环境

针对盈利性小型商业组织——盈利性小企业。柯林科技是一家互联行业的高科技制造商，于1971年在田纳西州纳什维尔建立。公司于2007年实施员工持股计划，全部股票由现任员工持有，但是个人持股比例不超过50%。所制造的全部产品（例如，单、双、多层印刷电路板和网格软连接电路）和合同研发服务均直接面向用户。

文化——家庭式文化，所有员工均被公平对待，相互信任；作为一个拥有者，每位员工积极奉献于公司的成功。

使命、愿景和价值观（表P.1－1）

使命——

- 让互联电路用户积极参与未来的产品。
- 为员工提供最佳职业规划和高回报。
- 支持社会和环境。
- 增强我们的社区。

愿景——

引领未来电路创新。

价值观——

- 协作：我们是追求同一愿景的同一团队。
- 承诺：我们履行诺言；行事秉持正直、信任、尊重。
- 创造：我们致力于不断创新。
- 勇气：我们勇于追求卓越经营。
- 伟大：我们为取得超越他人的绩效而自豪。

核心能力（表P.1－1）：

- 独创：引领产业进步，特别是在工程和研发领域。
- 专业：通过稳健的运营过程，理解我们的顾客并超越他们的期望。
- 特殊的人：通过私人接触，与顾客和相关方构建长久的友好关系。

产品组合（图 P. 1－1）

25%合同研发；20%多层电路板——美国电子制造服务业；15%多层电路板——国际电子制造服务业；40%软硬连接。

法规要求：

■ ISO 认证：质量体系（ISO 9001：2008 和航空 AS9001），环境体系（ISO 14001：2004）。

■ 遵从并符合 ISO 26000 社会责任要求，ISO/TR 12885：2008 纳米技术健康安全指南。

■ 设备使用遵从 ITAR 条例、RoHS 和 WEEE 指令。

■ 经过 UL（保险商实验室）认证。

■ 测试和检查员工通过 EIC 认证，焊接员工通过 J－STD－001 认证，维修员工通过 ICP 7711 和 EIC7721 认证。

■ 遵守所在州和国家的职业安全与健康条例要求、美国劳动部法案、美国通用会计准则，以及萨班斯—奥克里斯法案。

设施和资产——包括由三座大厦组成的园区：

■ 行政中心——行政和 IT（包括 CNet、监督控制和数据获取系统）。

■ 研发中心——研发洁净室（等级从 100 级/ISO5 到 1 级/ISO3），以及实验设备、尖端显微镜、精细线路成像原型设备和破坏性试验室。

■ 运作中心——10 万级/ISO8 洁净室，自动化生产线；容纳球栅列阵装配线、线路板修理和保形涂层的生产区域。

员工构成（图 P. 1－2）：

■ 425 人：女 51%，男 49%。

■ 员工分类：28%技术，54%工厂，18%支持。

■ 种族多样性：64%白人（社区中占 74%），19%非裔美国人（社区中占 15%），10%西班牙裔（社区中占 6%），7%其他（社区中占 5%）。

■ 受教育水平：文学学士/理学学士＋(工程师和管理人员)，专科（技术员），高中/同等学力＋(全员)。

员工健康和安全要求：安全处理各类化学品和金属；每年参加化学品安全使用说明书（MSDS）和化学品操作行为规范的培训；接受原料安全处理、搬运和使用保全设备的培训。

P. 1b　组织的关系

组织结构：独立顾问董事会由公司创始人和董事长领导；公司任命能够代表员工利益的信托人，参与独立顾问董事会对员工股票期权计划（ESOP）的评审。首席执行官（CEO）直接向独立顾问董事会汇报。高层领导向首席执行官汇报；经理向高层领导汇报。所有其他员工向高层领导或经理汇报。领导团队由高层领导组成。

业务/顾客细分：

■ 航空航天（国内）：驾驶舱和导航仪表、飞行控制模块；主要顾客——与 GBN 公司独家签约。

■ 个人电子（国际）：手机和卫星电话、平板电脑和微型计算机、照相机、玩具；主要顾客——NexTee，MEE2，Sleeker。

■ 合同研发（国内）：电路辅助设计、精细线成像开发、生产工序开发；主要顾客——硅谷科技和 Newton 计算机。

利益相关方：员工、顾客、合作伙伴、EMS 伙伴、大纳什维尔社区。

■ 顾客（表 P. 1 –3）：线路板可靠性、高密度低重量线路板、竞争性的价格、产品全生命周期的支持、准时交付、高质量。根据不同业务/顾客划分不同需求的优先性。

■ 社区：提供安全的就业机会、成为空气及水质量管理的榜样，成为商业社区的伙伴（为众多社会组织提供领导力并支持社区发展活动）。

员工要求（表 P. 1 –2）：

■ 工作安全又安心。

■ 以一名柯林科技股东而自豪。

■ 在工作上与众不同。

■ 有学习和晋升的机会。

■ 有竞争力的薪资和福利。

供方和合作伙伴：供应链上 70 多家供应商提供原材料、工艺化学品、成像设备、技术支持、校对和特殊测试服务。

■ 两个特别的 EMS 合作伙伴为公司提供大容量薄板、复杂的电路和电路的装配服务。

■ 研究伙伴——三个领先的大学开发芯片替代技术。

■ 供货商——长期供应高质量的物品。

供应商沟通：CNet 网是信息传输的主要渠道，其他还包括电话会议和视频会议。

供应链要求：

■ 伙伴供应商：创新技术能力、产品高质量和可靠性、领先技术的应用、价格。

■ 普通供货商：产品质量、准时交付、成本。

P. 2a 竞争环境

市场份额：有能力利用全部国产原料生产印刷电路板的几家美国公司基本平分了这一市场。

关键竞争者：国际性集团（如 Superflex）；其他市场份额相当的以及能够完全用国产原料生产电路板的美国公司，例如美国电路、Ace 电路和 Ridgeford 科技。

关键变化：2005 年建立了合同研发业务单元；2006 年剥离了法国和日本的制造设施，使用出售资金扩大了纳什维尔工厂规模；2007 年扩大了员工股票期权（ESOP）。

技术变化：让芯片上的晶体管数量翻倍的能力，近乎满负荷；研究用其他导体材料替代铜；探索使用量子而非电子，以重新定义细分市场。

竞争性和比较性数据资源：

■ EIC——行业趋势和全球行业比较数据，包括订货出单比率、年薪/福利研究。

■ 波多里奇美国国家质量奖获奖者信息。

■ 制造业最佳工厂节目在线出版物和最佳职业定位节目。

■ 顾客和员工调查。

■ 美国员工股东（USEO）和员工股票期权（ESOP）协会的绩效比较数据。

P. 2b 战略环境

战略优势（表 P. 2－1）：

■ SA－1 商业信誉

■ SA－2 及时响应

■ SA－3 私人接触

■ SA－4 明智风险

■ SA－5 稳定过程

■ SA－6 二级可持续能力

■ SA－7 员工享受最佳职业定位和员工股票期权计划，获得与之工作相关的能力认证。

战略挑战（表 P. 2 – 1）：

■ SC – 1　通过兼并的行业扩张。

■ SC – 2　扩大顾客 R&D 服务。

■ SC – 3　高密度低重量（HDLW）。

■ SC – 4　三级可持续能力。

■ SC – 5　员工积极参与可持续能力。

■ SC – 6　领导力培养。

战略目标：

■ SO – 1　提高净推荐值。

■ SO – 2　未来三年提升不同细分市场的市场份额。

■ SO – 3　提升员工对精细业务模式的参与程度。

■ SO – 4　促进员工展示领导力和参与决策。

■ SO – 5　保持员工持股参与率 100%。

P. 2c　绩效改进系统

绩效改进系统：

■ 自 1992 年以来使用波多里奇框架。

■ CI^2——集成的业绩改进和可持续发展系统（不断创新和持续改进）。

■ PDCA 方法论。

■ 使用精益六西格玛（LSS），CI^2，以及其他用于解决在内部过程审核中发现问题的改进技术。

关键主题表

a. 在对过程条款的回答中，识别的最重要的优势或杰出实践（对其他组织有潜在价值）是什么？

1. 申报组织证实其对以顾客为中心的理念有很好的部署方法，突出强调专家和特殊的人的核心能力。通过多种倾听方法从当前、以往和潜在顾客那里获得数据，并且确定顾客满意度和参与度，包括焦点小组、报告和调查，这些信息统统都记录在顾客关系管理（CRM）系统中，系统还包括与所有顾客交往的信息。申报组织使用这些信息支持战略性和日常运营性决策，识别纠正措施和过程改进机会。公司为每一个顾客任命一名柯林顾客支持代表（CCA），帮助管理顾客全生命周期的关系。抱怨被系统地记录在 CNet 网上，传递给适宜的 CCA，跟踪处理结果，有关信息送达关键的内部利益相关者。这些方法支持申报组织有关响应和私人接触的战略优势，可以帮助实现战略目标，提高市场份额。

2. 申报组织用于营造积极的员工氛围和增强员工参与的各种系统方法表明公司非常尊重员工的价值。高层领导者使用多种方法与员工进行沟通，并鼓励他们参与，包括会议、电子和社交媒体、散步交谈和职位谈判。公司对所有的重要决策都使用正式的沟通，并且开发了“生动词语”以帮助澄清部署问题。各方面的标准，如人体工效、照明、噪声，以及各种防护性设备，每月加以审核，以确保员工安全和安心。员工享有多种福利和服务。申报组织每 3 年分析员工个人问题与总体参与度和满意度之间的相关关系和回归关系，以此系统确定影响员工参与的关键因素。这些过程落实了申报组织向员工提供最佳职业规划的使命要素。

3. 高层领导者以几种系统方法指导和支持申报组织。他们向员工、伙伴供应商和顾客宣讲、每年评估和部署公司的使命、愿景和价值观。高层领导者通过领导力系统营造一个可持续的组织；校准战略目标、核心能力、行动计划和测量指标；开展周绩效评审；讨论学到的经验教训。他们强调对于行动的关注，将战略目标、行动计划和计分卡指标层层分解到业务细分市场、部门、团队和员工个人。高层领导运用多种方法与顾客、伙伴供应商和员工进行沟通。这些方法帮助高层领导者打造了一个能够应对公司面临的各种战略性挑战的可持续性组织。

b. 在申报组织对于过程条款的回答中，识别的最重要的机会、隐忧或弱点是什么?

1. 申报组织如何对创新进行管理的信息是不清楚的，这对于实现其领导未来电路创新的使命可能是至关重要的。申报组织在如何营造支持创新、产生创新主意以创造战略机会并确定实施那种机会方面的证据是有限的。此外，没有证据表明，首席创新官、产品开发和创新过程、绩效卓越小组与领导团队共同系统合作对创新和实施战略机会进行管理。必要时，可能要终止实施某种创新机会，回答中没有描述此方法。申报组织没有澄清其员工绩效管理系统如何加固实现创新过程中的明智风险。没有管理创新的系统方法，申报组织有可能无法充分发挥其智慧性核心能力的作用。

2. 几种关键方法缺乏系统评价和改进的证据。例如，多种领导过程——诸如那些与高层领导者对法律和道德行为的承诺有关的过程、与员工和顾客沟通的过程、领导团队的指导和继任安排的方法，都没有进行定期的评价。此外，有些学习循环的证据是有限的或是缺乏的。例如，申报组织关于员工支持和市场细分的方法，还有几个与员工环境有关的过程，包括能力和能量研究；团队结构过程；员工健康、安全和最低标准的确定。系统评价和改进这些方法也许能帮助申报组织实现其战略目标和满足利益相关者的需要。

3. 一些关于申报组织在绩效预测、顾客信息的使用和顾客关键构建的方法没有提供或没有系统的呈现。例如，没有提供申报组织 3 年长期策划的预测。此外，申报组织在预测未来绩效时没有描述他如何使用绩效评估发现竞争性数据，也没有表明预测其竞争对手或可比较组织的绩效。还有，在预测未来顾客群和市场细分方面，在确定顾客、顾客群和细分市场追求业务增长方面，或者在市场营销和构建顾客关系以获取顾客方面，公司没有表明有使用信息的系统方法。额外关注这些方面的未来情况，也许可以增强申报组织的可持续性。

c. 考虑申报组织的关键业务/组织因素，在对结果条款的回答中，发现的最显著的优势是什么?

1. 员工满意度和参与度的一些结果表明，申报组织向员工提供最佳职业规划的使命正在实现中。例如，从 2009 年至 2012 年，总体参与度和满意度持续上升而且超过了制造业标杆水平。还有能够反映满意和参与水平的，员工保持率工厂为 93%、技术人员 95%，支持性员工近乎到 100%。员工氛围指标也显示，员工感到安全和安心的关键要求的向好趋势、员工对成为股东引以为豪、工作上创造不同、有竞争性的工资和福利。此外，有具体的健康和安全指标，如：员工参与健康活动；缺勤、员工因非致命工伤缺勤率（DART）和报告的事故比率；险情报告；有害、有毒和铅暴露显示出与高绩效工作环境相一致的向好趋势。

2. 几项以顾客为中心的结果凸显申报组织的专业核心能力。从 2009 年至 2012 年，总体顾客参与度持续提高，超越过去 3 年的行业标杆水平。在净推荐率（NPS）方面，申报组织 2009 年以来的表现远高于竞争对手和行业平均值。总体上，顾客满意度各项指标以及航空航天和合同研发细分市场的顾客满意指标均展示出好的结果和 4 年向好趋势。此外，与顾客满意有关的关键指标显示出好的结果水平和向好趋势，包括可靠性、高密度低重量（HDLW）能力、功能性、交付、接收质量和响应性。业务细分市场的两项最高要求的顾客满意结果在报告的 6 个方面中 5 个显示出高水平和向好趋势。

3. 一些领导结果支持申报组织关于承诺和勇气的价值观。例如，100% 的员工说他们能够与领导者开诚布公地沟通，99.7% 的员工报告他们经常收到公司战略的更新信息。这些结果好于前 10% 的比较者，因此员工相信公司领导者采取了正确的方向，并且可以放心地报告可疑的不符合行为。组织战略和行动计划实现的结果显示出好的结果和向好趋势。财务责任的结果，满足和超越法律和监管部门以及内部治理的要求，显示出总的向好趋势或持续的高绩效水平，环境指标也是如此。这些领导结果也许帮助申报组织应对其实现 3 级水平可持续性的战略挑战。

4. 一些财务指标支持申报组织实现员工高回报的使命。收入、利润、毛利、净投资回报率（RONA）等指标结果显示向好并超过了标杆水平。从 2009 年至 2012 年，总收入持续提高，航空航天和合同研发市场也是如此。其他财务结果显示出向好趋势，并超过标杆水平，包括库存周转率、应收账款周转天数、单位成本降低。

d. 考虑申报组织的关键业务/组织因素，在对结果条款的回答中，发现的最显著的机会、弱点和差距（与数据、比较、联系有关的）是什么？

1. 对申报组织有重要关系的几个方面的结果有缺失或不足。例如，没有报告市场绩效和增长结果，这与提高航空航天、个人电子和合同研发的市场份额的战略目标相关，或者与生产原型或提高新合同的行动计划相关。应急准备结果不足，它们是与几个关键过程要求有关的创新和绩效方面的结果。在职业生涯管理（CPM）过程或培育领导者系统——诸如指导、辅导或团队领导角色，或者申报组织如何更好地满足社区要求方面没有给出结果。在这些方面的实施和辅导指标也许可以帮助申报组织评估其满足利益相关者的需求和实现战略目标的程度。

2. 几项关键指标没有按照适当的组进行归类。有些员工指标，如员工调查结果、工伤和DART率，以及员工战略行为，没有按照员工类别进行区分。利益相关方对领导有效性的感知没有按照员工类别、顾客市场和电子制造商服务（EMS）伙伴进行区分。许多财务市场指标没有按照业务市场进行区分，包括库存周转率、应收账款周转天数和重复购买数量。没有适当的结果区分，申报组织也许不能聚焦于那些对绩效有巨大影响的方面。

3. 申报组织没有提供几个关键结果的对比数据。例如，有些产品和过程结果没有对比数据，包括及时接收和接收质量、面向制造和及时交付的合同研发设计、顾客支持的及时性和准确性、支付的准确性和及时性。一些员工结果的对比数据也缺失了，诸如最大的员工调查结果、员工保持率、参与健康活动的比例、有害、有毒和铅暴露，以及员工认证。领导、治理方面的结果很少。了解与行业和竞争标杆的绩效也许帮助申报组织履行其价值观：相比较其他竞争者，我们对我们的业务绩效感到自豪。

4. 个人电子业务市场显示出几个不利的结果。例如，个人电子销售收入业绩平平，明显低于最佳的竞争者绩效。在这些市场的胜率显示出混合的趋势，低于航空航天和合同研发市场。此外，个人电子顾客满意度只有77%，低于其他业务市场的满意度，以及97%的满意度标杆。个人电子的前两个要求，高密度低重量（HDLW）和价格明显低于其他业务市场的前两个要求。提高个人电子市场的结果也许对实现提高15%的个人电子市场份额的战略目标至关重要。

工作表——条款 1.1
高层领导

相关的关键因素

1. 愿景：引领未来电路创新。

2. 创造性：我们致力于不断创新。

3. 使命：让互联电路用户积极参与明天的产品。

4. 价值观：承诺我们履行诺言；行事秉持正直、信任、尊重。

5. 核心能力——独创：引领产业进步，特别是在工程和研发领域；专业：通过稳健的运营过程，理解我们的顾客并超越他们的期望；特殊的人：通过私人接触，与顾客和相关方构建长久的友好关系。

6. 425 人：女 51%，男 49%；员工分类：28% 技术，54% 工厂，18% 支持；种族的多样性：64% 白人（社区中占 74%），19% 非裔美国人（社区中占 15%），10% 西班牙裔（社区中占 6%），7% 其他（社区中占 5%）；受教育水平：文学学士/理学学士 +（工程师和管理人员），专科（技术员），高中/同等学力 +（全员）。

7. 航空航天（国内）：驾驶舱和导航仪表、飞行控制模块；主要顾客：与 GBN 公司独家签约。个人电子（国际）：手机和卫星电话、片剂和微型计算机、照相机、玩具；主要顾客：NexTee，MEE2，Sleeker。合同研发（国内）：电路辅助设计、精细线成像开发、生产过程；主要顾客：硅谷科技和 Newton 计算机。

8. SA－3 私人接触；SA－4 明智风险。

优势

+ +	优势	阐　释	参考条款
	申报组织制定使命、愿景和价值观并将之传递到利益相关方，以及必要时进行修订的系统过程，支持公司有关特殊的人的核心能力。使命、愿景和价值观每年得到评价。合作伙伴供应商出席“柯林科技承诺”研讨会。新员工入职培训向新员工介绍使命、愿景和价值观。柯林科技顾客代表将它们传递给顾客。	所有评审员将这方面列为优势，而且超过一半的评审员将其列为最大优势。领导系统（图 1.1－1）确定和沟通使命、愿景、价值观（MVV）。MVV 的其他展开途径包括：沟通机制（图 1.1－2）、新员工入职培训、“柯林科技承诺”研讨会、供应商合同、生动词语信息、柯林科技顾客代表，以及共同的领导团队行为。MVV 最早于 1995 年确立。后来通过战略规划过程（SPP）进行了优化。愿景于 2001 年更新。使命于 2009 年更新，与对社会责任和可持续性的承诺保持一致。	a（1）
	为了支持员工享有最佳职业规划的战略优势，高层领导者系统地与员工和顾客沟通（图 1.1－1 和表 1.1－1），并让他们积极参与。方法包括电子和社交媒体、领导团队散步谈心。基于员工反馈，申报组织针对所有关键的决策都使用正式的沟通，“生动词语”信息清晰地协助了部署。	所有评审员将这项发现作为一个优势。半数评审员将其列为第一或第二位优势。正式的沟通计划是针对关键决策信息的展开而设计的。这是由于员工反馈而导致的结果。图 1.1－2 列出沟通的不同方法；多数是针对员工和顾客的。每个听众至少有一种沟通方法能够开展双向沟通。 于 2012 年增加处理行业问答的社交媒体。 与员工的沟通：手写便条、领导团队成员每天花一小时与员工散步谈心、将“生动词语”信息传递给员工。 这种评价将仅聚焦于与员工和顾客的沟通，因为标准仅针对这两类相关者。我认为主要针对员工，因为我想这些回答是更强烈的和被强调的，但是顾客也有所涉及。	b（1）
	多项增强可持续性的方法支持员工最佳职业规划和员工高回报。这些包括领导系统，确定其在策划、实施、检查和处置（PDCA）循环，以及整合战略策划过程（SPP）的责任；以及协调一致的战略目标、核心能力、行动计划和测量指标；教训学习的会议研讨；以及顾问董事会（AB）、领导团队和未来领导者的培养过程。	四位评审员将可持续的组织列为优势。两位评审员也将其列为优势，但是将其归为对行动的关注。我建议保持这种分歧。这将给评分的评语提供较好的平衡。但是将这两种意见归为一组容易产生争论，因为申报组织的回答在这两方面很相似。 与战略策划、可测量的优势机会整合的领导系统，与核心能力、MVV、战略挑战和优势达成协调一致。行动计划和测量指标逐步分解到业务细分市场、部门、团队乃至员工。 月度绩效评审（更新至季度评审）依据预计的测量绩效，以增加灵活性。 领导团队有责任培训员工、与每一个顾客建立关系，至少指导一名未来领导者。柯林科技顾客代表分配给顾客，以培养关系、解决问题和提高留住的可能性。	a（3）

续表

++	优势	阐释	参考条款
	为支持申报组织承诺的价值，高层领导者通过战略目标、行动计划和已经分解至业务细分市场、部门、团队和员工的计分卡指标，创造了对行动的关注。在月度评审计划（表 1.1－2）中，顾客、运营、财务和员工的绩效，战略执行情况和领导系统均得到分析，找出纠正行动和改进机会。	三位评审员将这种对行动的关注列为优势。因为评审员在两处回答的相似性，有两位评审员将这归为了可持续性组织方面的评论。我同意这两处评论分开，以更好地对应评分的评论平衡，但是这也许可以合并——a（3）和 b（2）。 战略目标、行动计划和计分卡指标逐层分解至业务细分市场、部门、团队和员工个人。 所有的领导团队成员每天至少花一小时去巡视生产和研发区域。 所有员工每月至少花一天去帮助一名员工的工作。 柯林科技顾客代表与员工分享顾客反馈，以增强对顾客需要的了解。 测量系统和月度绩效评价提供驱动行动的数据。领导团队每月评审计划（表 1.1－2）。 常设的议程项目是行动如何影响其他利益相关方。 利益相关者团队被安排代表每个利益相关者群体的利益（表 1.1－3）。	b（2）

备注（译者注：备注内容是评审组内部形成评语的过程描述）：

电话后修订：

优势 a（3）——“分解到每一位员工”这句话删除，以与 b（2）优势的评语区分开。

优势 b（2）——修改创新强项的描述，删除这里关于创新的描述，因为它是一种改进机会。不要发出相互冲突的信息。

第 3 版修改：

优势 a（1）——将重要性第一句内容从其他位置提上来。

优势 b（1）——合并第一和第二句。修改第二句表达，因为在前一句中已经有了同样的表达。

优势 a（3）——删除月度的领导者团队绩效评审的证据，以区别与 b（2）评语的表达。或许也想删除“逐级分解”以完全不同，但这个对于两种评语都很重要。评审组对是否合并这两种评语表现出明显的两派。两种态度都有道理。我个人较倾向于保留这种分歧的态度，因为有些例子表明对二者来说是不同的。

优势 b（2）——稍做文字编辑。

第 2 版修改：

需要其他人对 a（3）和 b（2）的合并进行权衡。需要做些编辑以便澄清。

第 1 版笔记：内部评审（IR）中仅提出一项其他优势：三位评审员提出了法律和道德行为［a(2)］。他们倾向于将这个评语放在较低重要性。这个优势还与其他几位评审员认为其是一项改进机会（OFI）产生分歧。我对这条评语的处理方法是，不将其作为优势，也不作为改进机会。我们将不做立场选择，不做表态。

改进机会

--	改进机会	阐　释	参考条款
X	在领导团体强调向持续改进和连续创新转变的背后，没有证据表明公司有用于营造创新和承担明智风险的环境的方法。 此外，没有清晰地说明领导团队如何开展月度的绩效评审，以支持创新和承担明智风险。这方面的系统方法可以支持申报组织关于“创造：我们致力于不断创新”的价值观。	五位评审员将这条列为改进机会（OFI）。其中四位将其列为第一或第二的优先改进机会。 没有证据表明申报组织有支持创新的系统过程，尽管申报组织几次提到“利用”它。“领导团队将有意识将持续改进和持续创新（CI^2）转变作为一种方式，以强化创新和承担明智风险的环境。” 从2010年启动的月度绩效评审，经优化转为季度评审，用于确定针对预测绩效的当前进展。但是，没有表明创新如何用于改进过程。	a（3），b（2）
	一些领导力方法——诸如用于表明对法规和道德的承诺的方法、用于与员工和顾客沟通的方法，以及用于领导团队指导和安排继任计划的方法——没有显示经过系统的评价和改进。 系统检查这些用作改进机会的方法可以帮助申报组织巩固其构筑长期关系、引领行业和理解顾客业务的核心能力。	四位评审员给出了关于学习和改进循环的建议。一个是使用双向沟通以促进改进的具体建议；其他是相对宽泛的。两位评审员将这条作为第一的OFI；其他两位将其列为第二的OFI。 提供的阶段性评价和改进领导力系统的实例很有限。 不清楚以下方法的学习循环是怎样的： 高层领导用于展示对法规和道德行为的承诺的方法； 高层领导者用于与员工和顾客沟通的方法； 领导团队指导和安排继任计划的方法。 例如，尽管愿景和价值观都在年度的战略策划过程中进行评价，但是并不清楚它是如何发生的。 还有，尽管月度评审过程（表1.1－2）是作为2010年过程改进项目的输出结果而改变的，但是并没有说清楚这一过程是如何被识别成一个改进候选项的。	a，b
	没有说清楚高层领导者如何强化对创造和均衡利益相关方价值的关注。例如，领导团队评审计划（表1.1－2）中没有包括那些影响社区和伙伴供应商的项目。在允许利益相关者团队成员实施轮换制后，没有说清楚高层领导者如何确保这些团队成员采取措施来均衡满足其他利益相关者的需要。这可能会导致一些冲突或错失一些让多数利益相关者受益的行动计划。	三位评审员将此条列为一项OFI。我也包括了它，因为申报组织有那么多分散的利益相关群体。 在表1.1－2中，领导团队评审计划没有包括那些影响社区和伙伴供应商的项目。除了在每次评审结尾安排一个针对满足其他利益相关方的需要的能力的例行问题外，没有看见其他系统的方法。 表1.1－3显示，每个领导团队成员均被指定一个利益相关方，但是没有说清楚这种安排如何确保每种利益相关方的需求均得以解决。 利益相关方团队存在并每15个月轮换一次，但是没有说清楚组织如何确保团队采取措施均衡其他利益相关方的需要。这也许会导致可能的冲突和/或错失一些大家采取共同行动而使多数相关方受益的机会。	b（2）

备注：

电话后修改：

OFI a（3），b（2）——这条意见确定要保留。

OFI b（2）——这条意见将保留。

第3版修订：

OFI a（3），b（2）——确定要保留这一条，是因为这个行业内，创新和承担风险对于可持续发展是至关重要的。

OFI a，b——做小的编辑性修改以更加清晰。

OFI b（2）——这问题非常重要，需要电话中讨论。两位评审员建议删除这条OFI。他们认为，既然申报组织提到在每月的领导团队会议上进行利益相关方评审，而且作为一个例行的讨论问题，还用指定利益相关方团队的方法去创造和均衡顾客和利益相关方的价值。在另一方面，其他评审员发现有些事情（参阅具体的评论意见）引发了一些问题。我至此仍保留了这些意见，因为我想推动申报组织基于我们给的这些实例去自问，它是否真的创造和均衡了利益相关方法和顾客的价值。最后，申报组织须自己决定。

第2版修订：

基于评审员关于a（3）、b（2）和b（2）评论，进行了文字性修改，表达更加清楚。参阅具体的反馈意见。

第1版笔记：

在这一条款中，关于OFI的意见不如优势那么容易取得一致性意见。

排名第一的OFI——创新和承担明智风险——看来名副其实。排名第二（缺乏改进循环）也是合理的，但是之后的其他意见有更多争议。排名第三（也是最后的）OFI（创造和均衡价值）有些争议，因为有些利益相关方正是由申报组织提供的服务。至此，没有其他来自IR的OFI进入到后两个阶段。

或许最争议的是“不清楚……法规和道德行为”，有三位评审员提出，其中两人把它作为最高优先度的OFI。我把这条OFI从改进机会名单中删除，因为评审员中有一半将此条列为优势。我想，对这问题不应该做不利的判断……它是有争议的。但是我必须与评审组每个人在内部评审（IR）中进行沟通，我基本上说这个既不作为优势，也不作为OFI。没有评论也能给申报组织一种信息。这些合起来是我的逻辑。

一位评审员评语说，缺乏创建可持续性组织的方法，也没有持续展开。她也许有一个观点，但是“可持续组织”是一个优势，我们用完了“大约6条”评论。这一个没有增加足够的价值以颠覆其他的OFI。

一位评审员有一条关于双向沟通的评语，认为与顾客双向通过社交媒体进行沟通的方法不清楚。他也许有一个观点，但是这条OFI相对于其他条而言似乎太过狭窄。

最后，一位评审员有一条关于缺乏高层领导与顾客沟通的OFI。我必须认同这条在当时看来是相关的，但是其他评审员指出表 1.1－1 有许多与顾客沟通的机制，因此将这条 OFI 移出改进机会名单。

得分

得分区间：50%～65%

得分值：60

为什么得分不是在此分值区间之上或之下呢？

方法：50～65，响应了总体要求，但除了创新。正是因为这点，我猜想方法得分可能在 30～45，但是我赞成最差也得给 49.9 分。

展开：50～65，坦率地说，没有太多相关展开的内容写到评语中。但是证据支持“很好地展开了”方法。

学习：50～65，仅仅勉强高于 30～45，有证据表明学习仅存在于一些方法，但是几个主要的方法没有提及学习。

整合：50～65，响应了顾客和员工（两类关键的利益相关方），并且在可持续性和关注行动方面有优势评语。

工作表——条款 1.2
治理和社会责任

相关的关键因素

1. 为员工提供最佳职业规划和高回报；支持社会和环境；增强我们的社区。

2. 承诺：我们履行诺言；行事秉持正直、信任、尊重。

3. 特殊的人：通过私人接触，与顾客和相关方构建长久的友好关系。

4. 遵守所在州和国家的职业安全与健康条例要求、美国劳动部法案、美国通用会计准则，以及萨班斯—奥克里斯法案。

5. 独立的顾问董事会由公司创始人和董事会主席领导；受托人被指定为代表员工利益参与顾问董事会的员工股票期权（ESOP）的信用评审。首席执行官直接向执行董事会汇报。高级领导者向 CEO 汇报；部门经理向高层领导者汇报。所有的其他员工向高层领导者或经理汇报。领导团队由高层领导者组成。

6. 社区：提供安全的雇佣机会、空气和水质量的管家，以及业务社区的伙伴（例如，为民间组织提供领导力，支持社区发展活动）。

7. SC－5 员工积极参与可持续能力；SC－6 领导力培养。

优势

++	优势	阐 释	参考条款
	申报组织使用团队的方法应对对社会的潜在负面影响（表 1.2－1），这体现了支持社会和环境以及努力构建与顾客和相关方的长期关系的使命。例如，公共健康团队与职业安全和健康局（OSHA）和社区的公共健康组织合作，执行与健康和安全风险方面的审核。环境改善团队重点关注消除生产过程中使用铅和减少有毒化学物质的使用。	六位评审员将此发现列为一个优势。 相关性——与“支持社会和环境并增强社区”使命的部分相关。 ＋风险管理团队识别潜在的暴露，优化控制措施，建立测量指标，设定与监管行为相关的挑战性目标。 ＋表 1.2－1 识别了公共健康、环境保护、废水管理、能源贮存风险方面的潜在风险、措施、指标和目标。 ＋专门设立公共健康团队与 OSHA 和社区公共健康组织合作；还进行有关健康/安全风险方面的审核。 ＋环境改进团队对环境保护负责。 ＋使用新研发的 1 级过滤器来降低制造运营的废物和臭味排放和降低臭味。 ＋能源保护团队。	b（1）

续表

++	优势	阐　释	参考条款
	高层领导者的绩效使用360度职业生涯管理（CPM）过程进行系统评价，应对领导力培养的战略挑战。绩效结果与员工调查的反馈一起，经分析，确定每位领导者发展的方面和领导系统的改进机会，每季度讨论一次这些内容。顾问董事会基于公司的绩效、管理责任、个人领导绩效和顾客反馈评价首席执行官和确定他的报酬。	五位评审员评议了绩效评价系统。其中两位将其列为第一位优势。 相关性——领导力培养的战略挑战。 ——所有的员工（报告高层领导者）都参与年度的CPM过程。 ——360度评价，输入来自下属、同级人员、高级别 ——结果与员工调查数据（有关领导的问题）一并分析，识别必要的改进机会。 ——季度的领导者培养和领导系统优化会议。 ——领导系统执行PDCA评价。 ——优化实例：关键领导者撰写博客。 ——优化实例：顾问董事会参与到CPM中。 ——执行顾问董事会负责CEO的评价，要基于公司绩效、管理责任、个人领导绩效和顾客反馈。	a（2）
	促进员工交互中践行道德行为的方法支持申报组织“承诺”（践行诚信）的价值观。例如，新员工接受道德培训、采取后续测试，并签署一份针对公司道德准则的理解和遵守的声明。其他方法包括一个年度更新课程，一个匿名的热线电话，以及一个在线符合性报告的网页，这些都是近期实施PDCA循环的结果。	五位评审员将这个发现作为一个优势。 相关性——“践行诚信…”价值观。 新员工培训：4小时道德培训，确认学习的测验，签署“表明对道德准则已理解”的声明。 每年更新的课程。 匿名热线，报告任何违反道德准则的怀疑。 在线的行为符合性报告网页，作为近期实施PDCA的结果。	b（2）

备注：

电话后修订：

优势a（1）——删除，这样它不会与a（1）OFI相冲突。因为OFI是比较重要的信息。

第3版本修订：

优势b（1）——没有变化。

优势a（1）——两位评审员指出关于a（1）的优势评语和OFI评语仅是细微差别。一位建议保留优势，另外一位建议保留OFI。我都留着它们。在优势方面，我们给申报组织加分，因为它回答了监管系统的改进是“什么”。在OFI中，我们建议那些改进机会并不是系统识别出来的。不清楚申报组织是“如何”找到改进监管系统的机会的。（表1.1－2中那个的月度评审计划没有告诉我关于“如何”的充分信息。）申报组织需要查看这些细微差别。申报组织能够决定它是否改进了监管系统。在未来的申请中进行修订，删除OFI。假如我必须从中挑选的话，我宁愿选择留下OFI。

第2版本修订：

措辞调整，以增强可读性。

第1版笔记：

第一个优势评语——应对社会的负面影响——排名第一，因为在使命表述中社会和社区是很重要的，尽管我真想讨论前两个评语哪一个应该是第一。

第二个优势——高层领导者的绩效评价——排名在第三或四之前，因为它没有任何相关的 OFI，接下来两个评语也没有 OFI。相关性也是很高的，因为它是领导力培养的战略挑战。

第三个优势——监管方法和这些方法如何得到改进的例子——是相关的，它与对员工回报和员工股票期权有潜在影响。

最后一个优势——通过对员工的关注来遵守道德——是相关的，因为与价值观协调一致。但是它有一个与之相关的 OFI。

其他备选的优势评语没有被推荐上来：六位评审员在 c（1）和 c（2）部分提出几项考虑社会符合和社区调查的方法。这些发现与团队第一项 OFI 评语有很多分歧。但是申报组织将理解我们已经在这些方面投入了力量，因为 OFI 将参照社区支持的四个方面。

改进机会

--	改进机会	阐　释	参考条款
X	不清楚申报组织如何系统应对社区支持。例如，不清楚关键社区是如何识别出来，支持的四个方面如何提升核心能力，各种团队如何系统地确定怎样对社区支持作出贡献。这可能会折中申报组织支持社会和环境以及增强其社区的能力。	七位评审员将这个问题作为 OFI。其中三位将其列为第一位，两位将其列为第二位。在他的评论中，其他团队成员还评论了员工参与。他是对的，但是我们在这里正准备强调一个较大的观点。 相关性——使命“支持社会和环境；并强化我们的社区”。例如，尽管社区支持在四个方面提供了，不清楚关键社区是什么，如何识别出来，申报组织如何提高核心能力。不清楚各种团队如何系统确定怎样对社区支持作出贡献。申报组织没有提供社区支持的证据。 相关性——社区支持的更加系统的方法可以促进申报组织更能成功地实现其使命：“支持社会和环境，并增强我们的社区”。	c（2）
	未见监管的系统方法。例如，执行委员会如何完成领导者的继任计划，如何制定顾问董事会组成的决策。也不清楚申报组织如何识别、优化和选择监管的改进机会。这些方面的系统方法可以帮助巩固申报组织在通过可靠性的运行过程获得超越期望的核心能力。	三位评审员都有表明了这个发现。有两位将其作为第一发现。这些团队成员给出了针对性的例子，但是回答中缺少“如何”。 申报组织提供了做了什么的例子，但是没提供如何做。领导团队的每周评审都收集到月度的董事会报告，但是没有解释顾问董事会如何利用这些报告——这是一项活动而非一个过程。 自评报告给出了对监管系统进行改进的例子，但是不清楚这些改进是如何识别和选择的。 没有提到什么过程用于确保运营的透明性（提到了董事会但是不清楚具体做了什么内容）。 没有提到什么过程用于选择董事会成员（描述了申报组织增加了新的人员但是没有提到用的什么过程）。 可持续委员会监督利益相关方的利益，但是没有提到应用了什么过程。 高层领导的继任计划是执行董事会的重要职能，但是没有提到应用了什么过程。	a，b

续表

--	改进机会	阐　释	参考条款
	申报组织用于确保道德行为的方法，以及行为测量指标——诸如调查问题和热线应用——没有显示展开到合作伙伴供应商。这可以影响申报组织“践行诚信、信任和尊敬”的价值观。	四位评审员提出 b（2）有 OFI。 一位认为在员工之外的展开并不清楚。另一位说没有展开到伙伴供应商。其他两个说缺少监视和测量指标。我想将这些统一到一条评语中，但是无法完成，然后发现缺乏展开到员工以外的范围是一个最大的点。 这里描述的方法只是适合员工（4 小时培训和年度更新）。 提供的测量指标仅仅覆盖员工。 不清楚社区成员如何报告隐忧；不清楚对供应商的期望如何设定和如何监视。 给出的例子包括热线应用、对员工调查问题的回答。 没有提到在道德教育、更新培训和热线适宜方面是否包括供应商。 没有在 6. 2b（p. 32）中讨论供应链管理的道德问题，没有提到供应商对道德的承诺。	b（2）

备注：

电话后修订：

OFI　a（1）——在电话中，我们同意删除董事报告的例子，并且增加“监管方法没有整合进来”的意见。通过进一步研究评议，我没有想出如何修改关于增加“整合”表达风格的评语。然而，增加这些评语的例子支持了一个非常直接的集中意见“缺少监管的系统方法”。

第 3 版修改：

在 OFI 中，我们说明，这些改进机会不是系统识别出来的，不清楚申报组织如何确定监管系统的改进。（在表 1. 1 –3 的月度评审计划没有告诉我足够关于“如何”的信息。）申报组织需要明白这个细微差别。申报组织能够确定它是否系统改进监管与否。在未来申请需要更新以澄清 OFI。假如我必须选择一个而放弃另一个的话，我宁愿留下 OFI。

OFI b（2）——删除部署到社区的参照，延伸过多了。做适当文字编辑，以表达清楚。

第一个 OFI——不清楚社区支持活动如何识别，等等——是团队最清晰的首选，并且与申报组织强调社区的使命相关。

第二个 OFI——监管系统的方法是否是系统的——认识到申报组织的回答主要描述了一系列“什么”回答。而“如何”的信息没有提。我们知道经过一定时间而开发出来的“什么”指出了改进（记录为优势）。对于申报组织来说，重要的是要看到“什么”回答会获得一些分值，然而仍然缺乏系统性。

第三个 OFI——道德系统没有超出员工范围，并没有指标——也是一个与优势不相上下的。这个优势关注申报组织的努力，以确保道德与培养员工的目标一致。仅仅想送出一个消息，与员工共同努力是值得重视的同时，更加全面系统的方法或许给出申报组织提供家具有更大价值的。其他反馈发现没有包括在此处：一位评审员总的来说在这个条目上缺乏评价和改进。我很早就想弄清楚这个问题，但是把它留下的原因是，我看到了一些关于道德评价/改进（参见 PDCA），并且有绩效评价（一个概括性评议）。缺乏评价和改进的最大领域是与社会责任和社区支持。而且这些在 OFI 中有所提及。因此我们被包括在这了。一位评审员有一个具体的评语，没有清晰说明 ISO 26000 指导文件和服务调查用于社会福利［c(1)］。他是对的，到那时关注相对于其他评语而言太过于简化。

在 a（2）中，一位评审员发现，没有评价顾问董事会（AB）成员的绩效。不一定要包括这个，因为申报组织都在准备做此事，而且她的关注点与其他评语相比，显得相对局限。而且在 a（2）中，一位陪审员发现，申报组织要说清楚信息是如何收集。

在 a（2）中，一位评审员发现，申报组织没有通过 360 度评价来收集一些信息。这个发现相对于其他评语来说，过于狭窄。

在 b（1）中，一位评审员发现没有说清楚申报组织如何应对负面影响和预测公众隐忧。他说，“我知道申报组织告诉我们，需要几个团队较长时间做成此事。但是，他没有说明这些团队如何开展工作。”这是一个我经常性的想法，因为我看过多份自评报告材料。我希望申报组织给我们更多的信息。但在这个情况下，评审组看到足够的力量解决不利影响。针对预测公众隐忧，有一个调查表已经实施，因此至少有点内容。

在 b（1）中，一位评审员发现一些测量指标和目标在表 1.2－2 中没有指出，诸如伤亡事故，以及对萨班斯法案的符合性。即便这是真的，相对于其他评语，这也不是重要的方面。

得分

得分区间：50%～65%

得分值：50

为什么得分不是在此分值区间之上或之下呢？

电话后修订：无。

第 3 版修改：

问题是是否给 45% 或 50%。近期电话中一些评审员说，在系统监管和社区支持方面的 OFI 使方法在基本标准水平，并且让我们给不到 50% 区间，然而其他评审员还是争论着给 50% 的分值。

第 1 版笔记：

我给这个评分比较挣扎。依据我们在申报组织给出的对几个关键问题的“什么”回答，我可以合理地将分值落在 40%～60%。同时我们也在几处 OFI 方面提出了“如何”的问题。建议 50%，但是我可能比较容易动摇，给高或给低些。

一些支持：

方法：假如我们接受“什么”回答作为优势，如建议的，我会把分值给到 50～65。

展开：50～65。主要的差距是超出仅仅是员工范围的道德的展开。

学习：30～45。申报组织引用了一些改进的例子，但是没有证据让我们相信此处的学习/改进过程是系统的。

工作表——条款 2.1
战略制定

相关的关键因素

1. 愿景——引领未来电路创新。

2. 独创：引领产业进步，特别是在工程和研发领域；专业：通过稳健的运营过程，理解我们的顾客并超越他们的期望；特殊的人：通过私人接触，与顾客和相关方构建长久的友好关系。

3. 独立的顾问董事会由公司创始人和董事会主席领导；受托人被指定为代表员工利益参与顾问董事会的员工股票期权计划（ESOP）的信用评审。首席执行官直接向执行董事会汇报。高级领导者向 CEO 汇报；部门经理向高层领导者汇报。所有的其他员工向高层领导者或经理汇报。领导团队由高层领导者组成。

4. 战略优势 -1（SA -1）商业信誉；SA -2 及时响应；SA -3 私人接触；SA -4 明智风险；SA -5 稳定过程；SA -6 二级可持续能力；SA -7 员工获得与之工作相关的能力认证，享受最佳职业定位和员工股票期权计划。

5. 战略挑战 -1（SC -1）通过兼并的行业扩张；SC -2 扩大客户 R&D 服务；SC -3 高密度低重量（HDLW）；SC -4 三级可持续能力；SC -5 员工积极参与可持续能力；SC -6 领导力培养。

6. 战略机会 -1（SO -1）提高净推荐值；SO -2 未来三年提升不同细分市场的市场份额；SO -3 提高员工对精细业务模式的参与程度；SO -4 促进员工展示领导力和参与决策制定；SO -5 保持员工持股参与率 100%。

优势

+ +	优势	阐　释	参考条款
	增加的对战略策划过程（SPP）（图 2.1－1）的季度扫描，已经增强了它的灵活性和柔性，在领导团队计分卡中包含的一些战略目标，使得策划活动与绩效评审过程更加协调。这些过程包括了 PDCA 的元素，并且按照年度实施，兼顾了短期和长期策划周期。	七位评审员提出 a（2） （ADLI） 图 2.1－1 中列出的 SPP。关键的步骤包括 MVV 确认、环境扫描、SWOT 分析、差距分析、确定战略目标和结果指标。领导团队执行与其他相关方群体的信息相关的多数步骤。一年和三年策划周期；从一个五年计划修正而来，以增强执行的时效性。战略策划过程显示执行的是年度循环。为了应对灵活性和柔性，持续的扫描结果以季度报告形式上报。方法显示其被领导者按照年度持续应用。 SPP 已经经过几处改进。 例如，季度环境扫描，回到年度而不是季度循环来确定申报组织行动计划和措施。与申报组织绩效评审过程进行了校准。第一句按照每位高层领导（SM）建议进行了修改。所有评审员在第二版评论中都支持这条评语。	a（1）
	用于战略策划的数据收集和分析，支持申报组织商务信誉的战略优势。九类数据和信息（表 2.1－2）应用于优势、劣势、机会和威胁（SWOT）的分析，或许影响一些方面，诸如产品开发、供应链管理和人力资源能力。在金色环中，执行计划的能力会被评价，必要时予以调整。	八位评审员 （ADI） 几处输入用于 SPP（图 2.1－1）。每年执行独立的研究以评价竞争威胁。资源、核心能力、战略优势、战略挑战用于勾画战略目标。SPP 金色环用于评价执行计划的能力；基于评价，对目标和措施进行调整。方法显示得到了持续和定期应用。这些输入或许影响产品开发、技术方向、供应链管理、人力资源能力，过程管理，这些列在了表 2.1－1 的第四列中。 基于一位评审员的反馈，将第一句更加全面地聚焦于标准要求，并且增加了 SWOT 分析作为过程的要素。根据一位评审员的意见，我缩短评语内容。所有的评审员在第二版评论中都支持这条评语。	a（3）
	五项战略目标的每一个都至少应对一个战略优势、战略挑战，或核心能力（表 2.1－3）。例如，提高净推荐值的目标会发挥申报组织的公司业务荣誉、响应和私人接触，以及专业和特殊的人的核心能力的战略优势。	七位评审员 （AI） 申报组织给出 a（4）和 b（1）中“什么”问题的回答，并且显示申报组织已经将其核心能力、战略优势和战略挑战与 2013 年度战略目标建立了联系。所有评审员在第二版评论中都支持这条评语。	b

备注：

a（2）创建创新环境的方法。确定战略机会的方法。尽管我没有完全看明白它，我仍然愿意给申报组织该疑点一些益处，但是其他评审员不愿意。请查看 OFI。

a（4）“考虑到哪些过程利用核心能力，哪些能够通过伙伴供应商（图 2.1－2）提供更好的价值。核心能力要得到评价以确保它们的可持续的价值，必要时，新的核心能力将得以开发。”这部分的优势评语与本条款的 OFI 有冲突，因为申报组织没有描述系统的过程。

a（4）“申报组织使用外部供应商和伙伴来提供一些过程，他们在这些方面有很强的能力或者成本效率。”这部分优势评语与本条款的 OFI 有冲突，因为申报组织没有描述系统的过程。

b“平衡短、长期的时间区间，并考虑所有的关键利益相关方（表 2.1－3）”。这部分优势评语与本条款的 OFI 有冲突，因为申报组织没有描述系统的过程。

改进机会

－－	改进机会	阐　释	参考条款
X	不清楚申报组织如何营造一个支持创新的环境，创新主意的产生如何引导战略机会，申报组织如何采用这些机会。例如，用于创建首席创新官和识别战略机会的过程没有说明。系统的方法可以有效地推广申报组织“创造”价值观和“独创”的核心能力。	四位评审员确认这条 OFI （AI） 领导团队评价战略优势但是没有描述这些机会如何被识别。不清楚首席创新官的创造性如何营造一个支持创新的环境，在申请中没有描述这样的过程。 按照一位评审员的建议，将这个重要的评语修改成积极的描述方式。所有的评审员在第 2 版评论中支持这条评语。 两位评审员不支持回避这条评语。其他所有评审员都回避这条评语。将之搁置到电话沟通中达成一致。	a（2）
	申报组织如何决定哪些过程由内部实施以及哪些过程由外部实施是不清楚的。例如，用于考虑诸如核心能力和决策成本的过程没有说明。在提到两个特殊的 EMS 伙伴和 70% 以上的伙伴供应商时，这方面的系统方法或许可以确保申报组织实施基于事实的决策，以确定是通过内部还是外部来提供必要的核心能力。	四位评审员 （AI） 陈述申报组织使用工作系统评审过程（图 2.1－2），但是不清楚谁参与了这个过程。（例如，供应商是这个决策的一部分吗?）不清楚哪些过程用来制定决策的。（例如，它是系统还是总体讨论?）基于反馈，把这个 OFI 移到了第二位，并重写评语以将其更加紧密地联系到供应商关键因素。 根据两个人的建议修订了评语的第一部分。 所有评审员在第 2 版评论中支持这条评语。	A（4）
	不清楚申报组织的战略目标如何考虑了社区的需要。例如，没有说明申报组织如何考虑大纳什维尔社区关于安心的雇佣机会、市民组织领导力和社区发展支持的需要。考虑和应对这些需要或许可以帮助申报组织实现其关于增强社区的使命。	六位评审员 一位评审员回避这条评语。 （AI） 申报组织陈述了包含在评分计分卡中的指标的评审，是一个平衡各关键利益相关方的线索，但是确保这个的实际过程没有被描述。不清楚社区关键利益相关方团队是否在战略目标中得到了应对。 在得到一位评审员提供的第二版反馈之后，我删除了有关缺乏长期目标的描述的第一部分。所有评审员在第二版评论中都支持这条评语。	b（2）

备注：

a（1）“申报组织没有显示有系统的过程应对组织灵活性和运营柔性的需要。”这与本条目的优势评语相冲突。

a（1）“SPP 的具体步骤如何运作是不清楚的”，这与本条目的优势评语相冲突。

a（1）“申报组织没有清晰确定短期、长期的策划区间是如何以系统的方法界定的。”因为我同意没有一个可靠性的过程让申报组织确定一年和三年策划区间，所以我没有将这个 OFI 作为一项“重要少数”。假如评审组强烈认同它时，我也会重新考虑。

a（3）“在识别对可持续性的风险方面缺乏方法。”不是一项“重要少数”。

a（3）“不清楚是如何分析数据以获得针对战略挑战、战略优势和可持续性风险的信息。”申报组织使用 SWOT 分析，确定战略挑战和优势，已是一个充分的回答，因此我没有将这条归入 OFI。

a（3）“不清楚申报组织如何开发关于作为 SPP 一部分的战略挑战和战略优势的信息。”申报组织使用了 SWOT 分析，确定了战略挑战和战略优势，已是一个充分的回答，因此我没有将这条归入 OFI。

得分

得分区间：50%～65%

得分值：55

为什么得分不是在此分值区间之上或之下呢？

得分不应该在区间之下，因为申报组织对大多数总体要求（除了工作系统是如何决策的之外）都有了方法性的回答。SPP 得到很好的展开并且规律地受到评价，而且记录了一些改进。多数方法与组织的需求相协调一致。

得分也不应该在该区间之上，因为缺乏系统的方法进行工作系统的决策（一个总体要求），学习没有显示包括创新，方法没有与当前的和未来的需求进行整合。

一位评审员建议分值给 45。

两位评审员支持 50，但是假如其他评审员认同强烈的话，也可以给到 55。

一位评审员支持给 55。

一位评审员支持给 45 或 50。

一位评审员支持给 60 到 65。

既然我们对 a（2）的 OFI 有一些不同的观点，我将把分值定在 55，期盼通过电话沟通取得一致意见。

工作表——条款 2.2
战略展开

相关的关键因素

1. 作为一名股东，每个人都积极为公司的成功作出贡献。

2. 愿景：引领未来电路创新。

3. 价值观：

协作：我们是追求同一愿景的同一团队

承诺：我们履行诺言；行事秉持正直、信任、尊重

创造：我们致力于不断创新

勇气：我们勇于追求卓越经营

伟大：我们为取得超越他人的绩效而自豪

4. 顾客（表 P. 1 –3）：电路可靠性，高硬度低密度，竞争性价格，支持产品生命周期，准时交付，高质量。基于业务/顾客细分而排出的每种要求的优先度。

5. 社区：提供有安全的就业机会、成为空气及水质量管理的榜样，成为商业社区的伙伴（为众多社会组织提供领导力并支持社区发展活动）。

6. 技术变化：让芯片上的晶体管数量翻倍的能力，近乎满负荷；研究用其他导体材料替代铜；探索使用量子而非电子，以重新定义细分市场。

7. SC –1 行业通过并购增长；SC –2 扩展顾客研发服务；SC –3 高密度轻重量（HDLW）；SC –4 水平 3 可持续性；SC –5 促进员工积极参与可持续性；SC –6 领导力培养。

8. SO –1 提高净推荐度；SO –2 在未来 3 年通过市场细分来提高当前的市场份额；SO –3 提高员工对精细业务模式的参与程度；SO –4 促进员工展示领导力和参与决策制定；SO –5 保持员工持股参与率 100%。

优势

+ +	优势	阐　释	参考条款
	用于行动计划的开发、实施和测量的方法，增强了申报组织的每个人都积极为其组织成功作出贡献的文化。董事们使用战略矩阵识别短期的战略行动计划和测量指标（表 2.2－1）。工作团队实施行动计划，然后他们通过计分卡传递和链接到职业管理计划，并且在月度的战略评审会上检查进展情况。	八位评审员 (ADI) 表 2.2－1 列出了 2013 年行动计划和测量指标。董事们使用战略矩阵将战略目标分解成行动计划；矩阵放在了在 CNet 网上，领导团队（LT）和员工可以查看。董事们与职员共同合作建立结果和过程测量指标，以便可以监视进展。计划在整个公司内分解，并通过计分卡链接到职业管理计划（CMP）。根据一个人的建议，对第一句进行了修改。按照两位评审员的建议对评语进行了优化缩短。 所有评审员支持第二版评论的评语。	a（1，2，5）
	给行动计划分配的财务和其他资源支持了申报组织战略目标的实现。领导团队和顾问董事会评审了资源需求，董事会和管理者进行了第二次可行性评审。被批准的资源分配给每一个行动计划，然后假如需要时，领导团队在月度战略评审会上调整它们。	四位评审员 (ADI) 资源需求在战略策划期间被评审两次；其中，一次是领导团队和顾问董事会在差距分析期间；另一次是董事会和业务区分管理者在可行性评审时，这个评审主要考虑空间、设备、技术和人员（能力和容量）。在部门和领导团队之间使用同样的过程，首席财务官和首席执行官执行资源需求的最终评审，以确保它们是充足并最终确定预算。在月度领导力评审期间，监督资源状况。尽管评审组在这条是优势还是 OFI 方面存在分歧，申报组织分享了足够证据以支持它是一个优势。我在这个优势评语中没有写“系统的”。按照一个人建议优化了评语。一位评审员建议将这条评语放低一个位置或可能的话取消。我把它留着在电话沟通中解决。 所有其他评审员支持第二版评论的评语。	a（3）
	申报组织建立和执行经过修订的战略行动计划的方法支持一些顾客要求的达成，如可靠性、及时交付和高质量。为了确保行动计划能够实现，领导团队在其战略领导力评审时使用力场工具，以平衡优先事项和资源。然后，专门的利益相关方团队被安排执行经修订的行动计划。	两位评审员 (ADI) 月度战略评审会议时，领导团队识别资源或优先事项是否需要进行行动计划的调整。利益相关团队负责沟通和执行。在自评报告的第 4 页，申报组织阐述了力场分析工具，将其用于再平衡优先事项和行动计划所需的资源。 与申报组织的绩效评审方法相一致。非常弱的优势评语，四位评审员实际上将其列为了 OFI。假如评审组强烈认同，不把这条作为优势，我建议在这删除它，但是也不增加为 OFI，因为它是一个详细水平的要求，该申报组织已经足够 OFI 需要应对。 按照两位评审员意见做了优化。 两位评审员支持删除这条评语。 其他评审员在第二版评论中支持该评语。	a（6）

备注：

给这个条款提出三条优势评语，对我来说非常有挑战。除了 a（1）之外，评审组并没有强烈支持其他，并且明确区分优势和 OFI。所有优势评语都被纳入。

改进机会

--	改进机会	阐　释	参考条款
X	没有证据说明申报组织为长期策划区间采取了战略行动计划。创建这样的行动计划或许帮助申报组织克服其战略挑战和应对业务环境的预期变化，诸如研发增长、纳米技术，以及与 GBN 集团的合同。	两位评审员 （AI） 既然大多数评审员没有将其视为一个 OFI，那么它应该足够明显予以提出。因为预测会发生业务环境的变化，申报组织应该在当前年度之前就要制订行动计划。表 2. 2 - 1 中没有三年行动计划。 按照反馈，我增加了业务环境变化的实例。 我将把这个评语的优先度提高到第二的位置。 按照建议，进行了优化。 “还有，一些战略行动计划与响应的战略目标的针对关系是不清楚的。例如，没有证据说明行动计划如何通过新型号弥补电话损失，以及如何满足与提升市场份额这一战略目标有关的当前合同文件的要求。” 所有评审员支持第二版评论的评语。	a（1）
	没有提供证据说明，申报组织建立了与战略目标、行动计划、员工影响或效率和能量的潜在变化有关的劳动力计划，诸如确保员工在合同研发和纳米技术方面成功的能力的计划。与战略目标协调一致的员工计划或许可以帮助申报组织确保它能够应对由 GBN 合同产生的影响、满足顾客关于可靠性的要求、准时交付和高质量的要求。	六位评审员 （AI） 申报组织没有表现出有应对有能力变化的需求的员工计划（例如，与纳米技术有关的员工教育）。 申报组织没有表现出应对潜在员工能力变化需求的计划，这些人才变化需求与增长战略和行动计划紧密相关。 基于一位评审员的反馈，更改了与申报组织关键因素更加直接相关的最后一句。按照另一位评审员的建议，将第一句的“应对”改成“支持”。 所有评审员支持第二版评论的评语。	a（4）

续表

--	改进机会	阐　释	参考条款
	没有说清楚申报组织关于确定其三年策划周期的绩效预测方法，以及其竞争对手或比较公司的绩效预测也没有提供。清晰了解自己和竞争对于的期望绩效，或许可以帮助申报组织建立有效的行动计划，以及实现它在业务细分市场的增长。	七位评审员 两位评审员重复确认了这条评语。 （AI） 表 2. 2 - 1 列出了每种行动计划的测量指标，但是没有提供 2013 年以后的绩效预测。 没有提供竞争对手或比较者的预期绩效。一位评审员建议降低这个评语的优先程度。我准备将其放在最前面，这主要是因为其他两个较弱的优势评语。 三位评审员没有保证重复确认。一位支持重复确认。我基于反馈，决定删掉了重复确认。假如需要，我们能够进一步通过电话讨论。 所有评审员都支持第二版评论的评语。	b
	没有证据表明，申报组织系统评价或改进实施其战略的方法。例如包括行动计划如何制订和实施，资源如何分配，行动计划如何在需要变化时进行修订。定期评价这些和其他关于识别机会的方法，或许可以提高申报组织在实现战略目标方面的绩效。	两位评审员 （L） 既然只有两位评审员将其识别为 OFI，没有证据表明条目 2. 2 中的任何过程经过定期评价，以识别改进机会。申报组织没有提供改进的实例。假如需要我们删除一个 OFI，我建议删掉这一条。 按照一位评审员反馈，修改了第二句。 所有评审员支持第二版评论的评语。	a，b

备注：

作为一个团队，我们分成与 OFI 和优势相关的几个方面，我使用我的判断和通过电话联络。

a（1）“我们并不清楚行动计划的过程被充分部署的程度”。我倾向给申报组织在有疑点的方面一些益处。顾问董事会（AB）、领导团队和利益相关方团队都绝对参与进来。然而，是否每位员工也包括进来不是很清楚。

a（1，2）“不清楚行动计划开发和实施过程运行的特点”。分享了足够的证据，我给申报组织一些益处。

a（3）两位评审员——缺乏确保财务和其他资源可用的方法。四位评审员将这作为一个优势，因为申报组织分享了足够的证据来支持，尽管都比较弱。

a（6）四位评审员都支持将这一条作为方法（A）或整合（5）的 OFI，但是我基于自评报告的证据选择给它一个弱的优势，（见优势评语）假如评审组反对强烈，我建议删除这个优势，但也不作为 OFI，因为它是在详细要求层面。

得分

得分区间：50%～65%

得分值：50

为什么得分不是在此分值区间之上或之下呢?

分值不应该低于这个区间，因为除了绩效预测，申报组织的方法响应了总体要求。在部署方面没有明显差距，方法与组织的需求是协调一致的。

分值也不应该高于这个区间，因为缺乏绩效预测，没有证据表明有几个周期的学习循环，缺乏整合。

一位评审员建议给 30～45。三位评审员建议 45。一位评审员支持 30～45 的高点。一位支持 50。我建议给 50。因为提供了条目总体要求的描述，我不同意再降低。我们可以在电话中进一步讨论。

工作表——条款3.1
顾客声音

相关的关键因素

1. 使命：让互联电路用户积极参与未来的产品。

2. 专业知识：通过稳健的操作流程了解顾客的业务并超越顾客期望；特殊的人：通过私人接触与所有的顾客及利益相关者建立持久的关系。

3. 顾客（图P.1－3）：电路可靠性，HDLW电路，具有竞争力的价格，对产品生命周期的支持，准时化交付，高质量。不同业务/顾客细分每个需求的优先级有所不同。

4. SA－1商业信誉；SA－2及时响应；SA－3私人接触；SA－4明智风险；SA－5稳定过程；SA－6二级可持续能力；SA－7员工享受最佳职业定位和员工股票期权计划，获得与之工作相关的能力认证。

5. SC－1通过兼并的行业扩张；SC－2继续扩大顾客R&D服务；SC－3高密度低重量（HDLW）；SC－4三级可持续能力；SC－5员工积极参与可持续能力；SC－6领导力培养。

6. SO－1提高净推荐值；SO－2未来三年提升不同细分市场的市场份额；SO－3提高员工对精细业务模式的参与程度；SO－4促进员工展示领导力和参与决策制定；SO－5保持员工持股参与率100%。

优势

++	优势	阐释	参考条款
	通过倾听顾客声音并每年评估方法，申报组织通过私人接触（核心竞争力）提高其与所有顾客建立持久关系的能力。例如开展季度和两年期的焦点小组以及在贸易展览会上的市场兴趣调查。收集来自当前顾客、以往顾客、潜在顾客和竞争对手的顾客的信息作为战略规划的输入。	（a）标准要素：你如何倾听顾客声音、与顾客互动并观察顾客去获取可操作的信息？ 这个优势是倾听和学习的方法。 原始的共识评论在“所有优势的注释中”。 七位评审员中的六位表示支持意见 第3版修改（R3）：替代创建另一个优势注释，增加当前顾客这个优势，新增与杰出人才核心竞争力的相关声明。“－－”。 合议通话：参考a（1）增加类目，并从第一句话改变。	a

续表

+ +	优势	阐　释	参考条款
	申报组织确定顾客满意度和参与度的方法提供了信息，以支持增加当前市场份额的战略目标。每年审查这些方法以进行改进。通过参与改进工具箱，申报组织确定哪些领域的改进能够对结果产生显著的变化。	六位评审员支持；没有改进机会评论。	b（1）
	通过确定与竞争对手相关的满意度方法获得的洞察可能有助于申报组织实现其增加当前市场份额的战略目标。方法包括流失顾客分析，收集有关供应商选择的非顾客数据以及互惠伙伴合作协议。	没有创建相对竞争对手满意度的反馈评论，但是有4个内部评审优势和2个外部评审改进机会。注意3.1b（2）列出了通过贸易展览或其他组织获得的对比情况，并确定为什么顾客选择了竞争对手，申报组织正在使用这些方法，因此在这个领域给出一个优势。	b（2）

备注：

——倾听当前顾客的意见未被使用。提供更多的支持来倾听以往顾客、潜在顾客和竞争对手的顾客。

——一条评论的内容包括专注于a（2）的第一个优势中。

——改进机会没有展开；因证据不足。

R2：一位评审员的建议，增加专家和特殊的人的核心竞争力。

合议通话：删除a（2），b（1）的第四个优势。

改进机会

– –	改进机会	阐　释	参考条款
	目前尚不清楚申报组织如何调整其倾听方法——如季度顾客回访，焦点小组和顾客满意度调查——针对整个顾客生命周期的航空航天、个人电子和合同研发的顾客。调整倾听方法可以帮助申报组织利用私人接触的战略优势，实现增加当前市场份额的战略目标。	a（1）缺失标准要素：倾听方法如何针对不同的顾客、顾客小组或细分市场有所不同？在整个顾客生命周期中倾听方法如何不同？ 有限的证据表明其方法不同。 六位评审员确认申报组织在根据不同顾客、顾客群体或细分市场中采取的倾听顾客声音的方法存在差距。 R3：一位评审员建议在第二句中增加产品线作为额外示例；虽然这可能是事实，但标准没有提及。将顾客生命周期从第二句改到第一句，以帮助澄清。 合议通话：为清楚起见，稍微修改；与（a）优势作区分。	a（1）

续表

--	改进机会	阐　释	参考条款
	目前还不清楚申报组织如何捕获不满者的测量，采取可操作的信息去满足顾客的需求，超越他们未来的期望。在该领域有系统的方法可以帮助申报组织识别未来的顾客需求，并支持其净推荐值的提高。	与数据完整性、捕获可操作的信息去满足顾客未来的期望相关的改进机会由五位评审员指出。三位评审员指出确定顾客不满意的系统方法。 R3：把 b（3）改进机会移到第二位，每个推荐人同意漏掉一个不满意的流程比申报组织缺乏系统学习更重要。还修改了第一句话，删除第二句话，以便更清楚地集中在缺乏方法上。 合议通话：增加“不满意”到第一和第二句；稍微措辞修改。	b（3）
	移到优势	两位评审员指出没有出现任何改进其流程的系统方法，我也认为这对申报组织是一个潜在新兴的主题，因此，收录了支持学习和持续改进流程的评论。 R3：两位评审员为申报组织提供了学习的例子，因此删除改进机会。这个例子是： 只有有限的证据支持存在多种方法去捕获顾客满意度、参与度和不满意，用来进行改进评估。例如，业务部门经理每年审查倾听方法，但是他们没有呈现他们使用的流程，描述中没有其他系统评估调查或焦点小组的方法和确定可能的改进。实施确定顾客满意度和参与度的系统的审查流程可以使组织能够利用其了解顾客业务和超越顾客期望的核心竞争力。	a，b

备注：

——两位评审员关于社交媒体方法的评论没有被采纳。申报组织提供了一个社交媒体使用的例子，并且其他评审员列出这条作为申报组织的优势。

——没有使用是否存在倾听当前和潜在顾客的系统方法相关的评论，与其他评审员确认的优势相冲突。

——关于数据集成的评论没采纳。申报组织描述了进入 CRM 中的常见的编码方法和问题，因此提供了最后裁决。

得分

得分范围：50%～65%

得分值：60

为什么得分不是在此分值区间之上或之下呢？

分值不应低于这个区间，是因为较好地涉及方法的详细要求，并在整个组织中展开部署，一些组织的学习可见一斑，与总体的组织需求协调一致；大部分评论在详细要求水平。

分值也不应高于这个区间，是因为没有达到一个有效的、系统的、及时响应详细要求类别的方法水平，一些组织的学习没有创新。

工作表——条款3.2
顾客参与

相关的关键因素

1. 专业：通过稳健的运营过程，理解我们的顾客并超越他们的期望。

2. 顾客（图P.1-3）：电路可靠性，HDLW电路，竞争性的价格、产品全生命周期的支持、准时交付，高质量。每种要求的优先权随业务/顾客细分分类而不同。

3. SA-1商业信誉；SA-2及时响应；SA-3私人接触；SA-4明智风险；SA-5稳定过程；SA-6二级可持续能力；SA-7员工享受最佳职业定位和员工股票期权计划，获得与之工作相关的能力认证。

4. SC-1通过兼并的行业扩张；SC-2继续扩大顾客R&D服务；SC-3高密度低重量（HDLW）；SC-4三级可持续能力；SC-5员工积极参与可持续能力；SC-6领导力培养。

5. SO-1提高净推荐值；SO-2未来三年提升不同细分市场的市场份额。

优势

++	优势	阐　释	参考条款
	申报组织支持整个产品生命周期和高质量的顾客需求的投诉管理。投诉信息登录到CNet，按照路径分配到合适的柯林顾客支持人员CCA，并进行跟踪解决，通知关键的内部利益相关者。投诉编码与整个顾客关系生命周期中的其他编码系统保持一致，提供一个集成的投诉视图。	八位评审员在内部评论意见中指出这是一个优势。三位评审员建议删除“++”，应提供对其整体投诉管理的更均衡的看法。思考是否作为优势放在第一位。	b（2）

续表

++	优势	阐　释	参考条款
	顾客支持和信息沟通的多种方式增强了申报组织在了解顾客业务和超出顾客预期的核心竞争力。方法包括一个安全的顾客门户网站 CNet，以及社交媒体和 CCA 博客。除了保持电话联系和跟进订单外，CCA 和业务部门经理定期会与顾客见面。	优势聚焦在关键的沟通机制上。内部评论中六位评审员确定这是一个优势——主要针对方法和部署。 一位评审员——学习的改进机会；另一位评审员——关键的支持需求差距。	a（2）
	申报组织建立和管理与当前顾客关系的方法与其建立持久关系的核心竞争力相一致。例子包括分配 CCA 与顾客协调沟通，参与电子工业联盟（EIC）小组委员会，参加贸易展览会，并使用短信和 CCA 博客。	仅针对当前顾客，针对新顾客有一个改进机会。 ——四位评审员提供了优势的反馈意见。 ——两位评审员给出了获取顾客的改进机会内部评审意见。	b（1）

备注：

两个关于确定顾客和市场需求的方法的意见未被采纳，他们与申报组织进入新市场和吸引新顾客群体的方法中的 a（1）改进机会相冲突。

改进机会

--	改进机会	阐　释	参考条款
	目前还不清楚申报组织如何确定哪些顾客、顾客群体和细分市场，去强调和追求业务增长，或如何使用信息来预测未来的顾客群体和细分市场。鉴于通过收购不断扩张的顾客研发服务和行业增长的战略挑战，系统性识别未来的顾客群体和市场将可能支持申报组织的可持续发展。	四位评审员提供讨论未来顾客群体的反馈评论。四位评审员提供内部评论改进机会。 合议通话：合并第一和第二句形成有价值的信息。	a（3）
	目前尚不清楚申报组织如何构建和管理关系来获取顾客，或如何识别和调整产品进入新市场并吸引新顾客。在这些领域的系统流程可能支持不断扩大的顾客研发服务的战略挑战。	R3：从 a（1）和 b（1）组合两个改进机会，两者都专注于吸引新顾客。 a（1）：这个改进机会是关注于申报组织识别和调整产品线进入新市场和吸引新顾客的方法。 三位评审员提供了评论。	a（1），b（1）

续表

--	改进机会	阐　释	参考条款
	目前尚不清楚申报组织如何构建和管理关系来获取顾客，或如何识别和调整产品进入新市场并吸引新顾客。在这些领域的系统流程可能支持不断扩大的顾客研发服务的战略挑战。	R3：与b（1）组合——一位评审员指出他们都关注获取顾客。 目前尚不清楚申报组织如何适应产品需求进入新市场和吸引新顾客。申报组织描述了用于当前顾客的顾客声音（VOC）方法，但是没有描述用于提升这些流程的系统方法。采用系统化的营销和顾客关系过程获取顾客和建立市场份额可能有助于支持不断扩大的顾客研发服务和可持续发展的战略挑战。 b（1）：获得顾客并建立市场份额。 针对b（1）中现有顾客写入优势。 可能是一个关于识别新市场和获取新顾客的主题，在一个行业中，他们可能会限制在当前的顾客里，而在现有基础上寻找新的顾客将是其成功的关键。两位评审员提供了专注于获取新顾客的改进机会。 R3：与a（1）组合——一位评审员指出他们都专注于获取顾客。 目前尚不清楚是否存在获取顾客群体的营销和建立关系的一种系统的方法。除了参加贸易展览会，在行业委员会工作，没有如何获得新顾客的过程讨论。采用系统化的营销和顾客关系过程获取顾客可能有助于支持不断扩大的顾客研发服务的战略挑战。	a（1），b（1）
	目前尚不清楚申报组织如何系统改善其顾客支持和顾客关系方法，如那些用于确定不同的顾客群体和细分市场的支持需求。系统地改进这些方法可以帮助申报组织增加其市场份额，并提高其净推荐值。	一个开发产品的系统方法被描述［产品开发和创新过程（图3.2－1）］，但申报组织未描述系统改善其顾客支持和顾客关系过程的方法。此改进机会聚焦在非制造流程，六位评审员确定缺少学习的证据。 R3：考虑到其他的改进机会更关注于"不太成熟"的需求，移到底部。我已加强去关注顾客支持和关系。 另外，一位评审员指出6.1b（2）哪些陈述了每年至少一次流程评估。基于评审组的考虑，针对痛点的响应应用的变化或系统评估过程的结果是否被描述，思考一下。	a（2），b

备注：

没有采纳如何采取定制的方法满足给定细分市场需求的评论。

得分

得分范围：50%～65%

得分值：50

得分为什么不是在此分值区间之上或之下呢？

得分不应低于这个区间，是因为采用的方法响应总体要求；方法被部署，早期阶段的协调一致。

得分也不应高于这个区间，是因为采用的方法没有响应详细要求，也没有满足这些要求；组织的学习不系统，没有创新的证据。

R2：从 60 分降低；删除第一个优势“ + + ”。

工作表——条款 4.1
组织绩效的测量、分析与改进

相关的关键因素

1. 创造性：我们致力于不断创新。

2. 愿景：引领未来电路创新。

3. 伟大：我们为取得超越他人的绩效而自豪。

4. 航空航天（国内）：驾驶舱和导航仪表、飞行控制模块；主要顾客：与 GBN 公司独家签约。个人电子（国际）：手机和卫星电话、片剂和微型计算机、照相机、玩具；主要顾客：NexTee，MEE2，Sleeker。合同研发（国内）：电路辅助设计、精细线成像开发、生产过程；主要顾客：硅谷科技和 Newton 计算机。

5. 供应链上超过 70 个供应商。

6. SC－1 通过兼并的行业扩张。

7. 从 1992 年开始使用波多里奇奖框架体系；CI^2——集成的绩效改进和可持续发展系统（不断创新和持续改进）；PDCA 方法论；使用 LSS、CI^2 和其他改进技术解决内部流程审计过程中发现的问题。

8. SO－1 提高净推荐值；SO－2 未来三年提升不同细分市场的市场份额；SO－3 提升员工对精细业务模式的参与程度；SO－4 促进员工展示领导力和参与决策制定；SO－5 保持员工持股参与率 100%。

优势

++	优势	阐　释	参考条款
	申报组织测量绩效和选择比较数据的系统性方法可以支持目前战略和组织结果的实现。绩效测量系统包括总计和分解的计分卡，标杆团队采用一流的的比较措施。在 SPP 中确定的关键战略措施成为领导团队计分卡表 4.1－1，然后将它们分解到每个员工的指标中。	a（1）优势 七位评审员支持这一点。 一位评审员针对此方面有一个改进机会。这一点可能在 4.1b 中得到解决。 a（2）优势 八位评审员中的五位支持这一点。 两位评审员提出改进机会，提出质疑是否存在未在领导团队计分卡的指标。	a（1，2）

续表

+ +	优势	阐　释	参考条款
	申报组织测量绩效和选择比较数据的系统性方法可以支持目前战略和组织结果的实现。绩效测量系统包括总计和分解的计分卡，标杆团队采用一流的比较措施。在 SPP 中确定的关键战略措施成为领导团队计分卡表 4.1－1，然后将它们分解到每个员工的指标中。	图 4.1－1——使用 PDCA 框架的测量指标选择过程；2011 年通过加入利益相关者团队进入指标选择过程使之得到改进。 在 SPP 中识别的潜在指标；包含在领导团队计分卡（表 4.1－1）中的量化指标；非量化指标和那些分配给利益相关者团队的没有比较的指标；对业务部门或个别过程关键的低水平的指标通过计分卡被监测，并与领导团队计分卡协调一致；把个人、团队、部室和业务部门的结果与公司业绩相关联；跟踪的频率是具体可度量的；所有的计分卡和结果在 CNet 上；绩效测量系统每年进行评估。	
	申报组织系统地使用顾客声音和市场数据支持战略和运营决策，打造核心竞争力。CRM 系统包括所有的顾客互动信息。顾客调查评估对柯林科技未来业务产生关于相比需求的产品性能、相对重要性、优先级别和相关级别的定量指标。流程团队使用这些数据来确定纠正措施和流程改进。	八位评审员中的五位支持这一点。两位评审员认为此方面作为一个改进机会，其中一位评审员两次提到。一位评审员没有内部评论意见。 ——所有顾客数据在 CRM 中，CRM 与 CNet 完全集成。 ——柯林科技顾客支持活动总结发布在 CRM 的月度报告中的关键顾客活动。 ——所有的顾客互动进入 CRM。 ——顾客调查评估分析把企业相对需求的绩效、优先事项、重要性和申报组织未来业务的兴趣水平做关联。 ——顾客数据按照细分市场进行统计来确定趋势。 ——顾客研发小组有助于简化整合技术创新的过程。 ——投诉数据被编码和分析来确定根本原因。 ——评估和过程改进的结果通过 Email 传达给员工。 ——柯林科技顾客支持活动监控短信聊天并把这些信息纳入 CRM。	a（3）
	领导团队使用绩效评审结果制定持续改进优先事项，这强化了每个人对申报组织成功作出贡献的组织文化。内部评估审查过去一年的绩效表现，包括纠正及持续创新和持续改进团队行动。必要时，优先事项的改变由领导团队评审触发，并与合适的利益相关者团队沟通此变更，确保合作伙伴供应商和利益相关者的参与。	我们在此方面具有分歧。 八位评审员中的三位支持这个优势（一位提到 2 次）； 八位中的三位提出改进机会；一位评审员没有内部评审观点。 ＋如果绩效评估中出现领导团队认为需要关注的平缓趋势，他们会决定是否安排 CI^2 持续改进与创新团队去调查提高绩效所需的变化。 ＋CNet 提供所有评审的数据，并把这些数据用于为现有产品和流程突破性创新研发努力的基准线。 ＋PDCA 框架支撑数据分析，并转移注意力到生命周期的不同阶段。 ＋图 1.1－2 提供了绩效评审的计划进度表，保证关键领域至少每个月被评审。 ＋绩效评审出现在图 4.1－1 中的所有 3 个 PDCA 循环中——在领导团队水平，在操作水平和细分市场、部门、过程或个人计分卡水平——保证持续改进。 四位评审员提出改进机会的证据来源于——不清楚申报组织如何建立优先事项。	c（3）

备注：

优势和改进机会观察排除了 a（4）——不是一个关键的反馈，并且申报组织自身把此方面视为一个改进机会。

基于反馈做出改变：

移动 a（1，2）到第一优先顺序，并增加例子到 a（1，2）。

10 月 3 日下午 10：39 关于 4.1 的反馈指的是 4.2，所以在这里指出更改。

从 c（3）优势中删除“创新”，并把重点放在持续改进。

改进机会

--	改进机会	阐　释	参考条款
	目前还不清楚申报组织如何使用绩效评估结果和竞争数据预测未来的业绩。例子是申报组织如何使用所有 LT 计分卡指标所需的比较数据去预测，顾客利益相关者团队和标杆团队如何协调测量结果和竞争信息之间的差异。预测未来业绩可能会帮助申报组织评估其组织相对于竞争对手的进度，支持其巨大的价值。	七位评审员支持这一点，一位认为是优势。 * 在 LT 计分卡中的所有措施都需要比较数据，但不清楚如何使用这些数据建立绩效预测。 * 不清楚顾客利益相关者团队和标杆团队如何协调测量结果和竞争信息之间的差异。	c（2）
	目前还不清楚申报组织如何评估实现其战略目标的进展情况。例如，LT 计分卡评估审查没有出现对所有战略目标的进展，如通过业务部门和 EO 推广的可持续做法增加市场份额。协调的措施可以帮助申报组织应对其战略挑战，如通过收购和 EOs 可持续地参与促进行业增长。	我们在这方面存在分歧！ 四位评审员支持这个改进机会，一位评审员提到 2 次。 四位评审员认为这是一个优势。 三位评审员对战略目标和行动计划是否成为评审的一部分提出质疑。 一位评审员的证据：与战略目标和行动计划相关的缺失指标的示例包括按业务部门划分的市场份额（表 2.1－3），成功原型数量，新合同数量和实施的 Excels 数量（表 2.2－1）。 另一位评审员的证据：在 LT 计分卡上的财务指标是按业务部门的销售额和 EBITDA 确定的——不包括一些关键的财务指标，例如债务，流动性，现金流或 ROA。 另一位评审员的证据：确定优势机会的指标(图 2.1－5)，但不清楚如何使用它们来审查组织绩效（大多数不与 LT 计分卡对应）。行动计划的指标如图 2.2－1 所示，但不清楚如何识别和用于审查组织绩效。 有关反馈后的更改，请参阅备注。	b

续表

– –	改进机会	阐　释	参考条款
	尚不清楚申报组织如何确保最佳实践得到有效和系统的识别和共享，以支持引领未来电路创新的愿景。例如，根据业务部门识别高绩效业务并审查这些业务，以及在领先实践数据库中使用和共享这些信息的过程不明显。	八位评审员中的五位支持这一点。一位认为是优势，两位没有内部评论意见。 * 虽然申报组织声明，高绩效运营由业务部门识别并审查，但没有清楚地描述如何实现这一点，使得它系统地跨越组织的所有业务部门和操作环节。 * 有一个领先实践数据库用作最佳实践的存储库，但不清楚如何使用存储的信息和有效共享最佳实践。 * 大量的经验教训被公布在 CNet 上，但申报组织没有描述是否使用这些。	c（1）

备注：

优势和改进机会观察排除了 a（4）——不是一个关键的反馈，并且申报组织自身把此方面视为一个改进机会。

对反馈的回应：

对于改进机会 b 来说，第一句话中提及改进机会 b 的后续结果（在不断变化的环境中实现战略目标），并在最后提及了与 SC 的关系。

c（2）战略挑战的核心是知道你的项目与你的竞争对手是相关的。鉴于其竞争激烈的环境，如果申报组织没有达到目标，不知道计划/项目所处的位置，它可能会被竞争对手吃掉。

现在基于其他评审员的反馈保持改进机会 b。此外，KG 有关于缺乏财务指标的内部评审支持这一改进机会。删除了基于表 1.1－2 的行动计划审查的参考，并将其移动到优先级列表中较低的位置。

没有双重提到 b 的改进机会（没有其他人建议）——只是似乎“不清楚”申报组织正在做什么（而不是“不存在”）。也删除了基于表 1.1－3 的行动计划审查的参考。

第一句话中提及 c（1）的“后续结果”（创新驱动）也提及了与愿景的关系。此外，评论包含了高绩效单位的最佳实践（被称为最佳实践数据库样板），同时也基于建议改进了 c（2）的后续结果。

得分

得分范围：50%～65%

得分分值：50

为什么得分不是在此分值区间之上或之下呢？

得分不应低于这个区间，是因为它超出了基本要求。

得分也不应高于这个区间，是因为申报组织在满足某些总体要求的边缘（即关于审查组织绩效的改进机会）。

基于评审员反馈的更改：

无——一些建议更低的 30%～45%，一些建议在范围内更高一些，一些同意 50%。由于没有对评论做出重大修改，建议分数保持在 50%。

工作表——条款 4.2 知识管理、信息与信息技术

相关关键因素

1. 包括由三座大厦组成的园区：行政中心 - 行政和 IT（包括 CNet、监督控制和数据获取系统）；研发中心 - 研发洁净室（等级从 100 级/ISO 5 到 1 级/ISO 3），以及实验设备、尖端显微镜、精细线路成像原型设备和破坏性试验室；运作中心 - 10 万级/ISO 8 洁净室，自动化生产线；容纳球栅列阵装配线、线路板修理和保形图层的生产区域。

2. 425 名员工；51% 女性和 49% 男性；员工构成：28% 技术人员，54% 工厂，18% 支持人员。

3. 研究合作伙伴；超过 70 家供应商；2 个特殊 EMS 合作伙伴。

4. SA - 7 员工持有与其工作相关的能力认证。

优势

+ +	优势	阐　释	参考条款
	为了支持战略优势，申报组织系统地确保在紧急情况下硬件和软件系统可用。应急保障方案自 2011 年起已经到位，本地服务器每八小时就会备份到冗余服务器。此外，合作伙伴供应商还会在 24 小时内提供硬件库存。	八位评审员中的六位支持这一点。一位认为是改进机会，一位没有发表意见。 * 根据过程评估的结果，2011 年创建应急保障方案。 * 如果本地服务器失败，备份的异地服务器则到位；本地服务器每 8 个小时备份到异地服务器。 * 所需的硬件库存位于合作伙伴供应商的设施中，并在 24 小时内提供。 * 重新安置设施中的关键任务设备。	b（4）

续表

+ +	优势	阐　释	参考条款
	确保数据准确性、完整性和可靠性，及时性、安全性和保密性的方法——每年进行审查以改进　支持中报组织完成其目标。例如，具有条形码的集成系统通过自动化设备跟踪材料。所有系统都使用基于角色的访问，防火墙和过滤器保护系统免受外部威胁。	五位评审员支持这一点，一位评审员认为是 + +。 两位评审员认为是改进机会。一位认为同时有优势和改进机会：优势是针对安全和保密性，改进机会是针对准确性、可靠性和完整性。 +数据完整性很重要，通过包括数据和数据源来管理，从而可以澄清可疑信息。 +包括对于动输入的数据的自动检查，以帮助确保准确性。 +通过自动化设备使用条形码跟踪材料和产品。 +存在多个安全门户用于内部以及与客户和利益相关者的交互。 +用于写入功能的角色特定员工权限。 +CNet 和安全门户的密码，每 60 天更改一次，三年内不重复。 +防火墙和过滤器保护免受外部威胁。	b（1）
	申报组织确保软件和硬件可靠，安全和用户友好的方法支持员工生产力。例如，产品由信息技术系统小组通过用户输入进行评估，申报组织访问合作伙伴供应商的网站以确定要部署哪些技术。此外，信息技术系统的记分卡跟踪与系统可用性和安全性相关的指标。	哪些技术将被部署 +打开来自员工的请求，前提是它可以验证是否满足安全问题。 +利用正式的测试计划来确定什么时候/什么新的硬件可能被利用。 +在公司推出之前由信息技术系统组和最终用户测试软件更改，以确保其与其他系统有效和完全集成——使用 LAN 将更新推送给受影响的用户。 +每年进行用户调查，以确定信息技术系统提供用户友好的硬件和软件方面的有效性。 +监控信息技术系统记分卡系统的可用性和安全性。	b（3）

备注：

所有内部评审的意见都被采纳。

基于评审员反馈的更改：

一位评审员：b（3）优势——七位评审员的支持，因此建议在购买/部署之前进行。

改进机会

－－	改进机会	阐　释	参考条款
	目前尚不清楚申报组织如何有系统地收集和分享知识。不清楚的方法示例包括员工知识如何被捕获和转移，而不是离开的员工，以及如何有效地使用领先实践数据库作为过程设计和管理过程的输入（图6．1－1）。没有系统的知识管理过程，申报组织可能不能充分利用其组织能力的聪明才智。	两位评审员支持这一点，六位认为是优势。 证据：员工知识仅在员工从办公室离职时收集，可能会延迟知识的收集。 尽管员工知识被放置在CNet中，但不清楚这种知识是否从CNet有效地转移到员工。 不清楚的是，CNet门户中的链接是否被其他利益相关者访问以有效地将知识传递给他们。 虽然领先实践数据库是过程设计和管理过程的输入（图6．1－1），但不清楚如何/在哪里发生。 一位评审员的证据：收集和转移员工知识只发生在他们离职时——没有提到申报组织如何捕获现有员工信息以及如何适当转移这些信息；分享领先实践数据库中的最佳实践，但没有提到实施它们的过程；所有数据都在CNet中，但没有提供如何将这些信息汇编和用于战略规划的方法。	c（2）
	目前尚不清楚申报组织如何使用知识和资源将学习嵌入到其运作方式中。例如，不清楚员工如何使用卓越绩效小组的最佳实践信息，或者使用什么过程来验证绩效卓越小组对领先实践数据库分析的有效性。这一领域的有效进程可以解决员工对学习机会的要求。	五位评审员支持这一点，三位评审员给了＋。 ＊有一个识别最佳实践的卓越绩效小组，他们将这些最佳实践信息通过电子邮件发送给员工。然而，并不清楚员工是否真正从关于共享的最佳实践的信息中学习，并将他们所学到的内容用于自己的工作中。 ＊卓越绩效小组还对领先实践数据库进行分析，以验证其准确性，但尚不清楚如何验证其有效性。 ＊没有证据支持卓越绩效小组的作用和对领先实践数据库的使用进行评估和改进。	b
	不清楚申报组织如何确保数据和信息以用户友好的格式提供给需要它们的公司以外的员工。示例是确保合作伙伴供应商和客户的数据和信息的用户友好性以及考虑向社区友好地提供数据和信息的方法。这可能限制申报组织回应这些利益相关者需求的能力。	三位评审员支持这一点，五位评审员给出了＋。 改进机会围绕方法和部署。 方法：两位评审员询问是否存在确保数据采用用户友好的方式。 部署：一位评审员询问社区如何向他们提供数据和信息；另一位评审员询问什么进程用于非CNet系统。	c（1）

备注：

所有内部评审意见均被采纳。

基于反馈的更改：

a（2）改进机会使用标准语言，并且要求学习如何被嵌入其中。我添加了另一个例子，是不是更清楚？

a（1）改进机会建议在标准编号上添加语言没有被纳入，因为我们有736个字符。

b（2）改进机会删除了关于计算机使用的语言，并保持更加通用。

a（1）改进机会：六位评审员将此作为其内部评审认为的优势，并基于提供的证据，提出了改进机会。六位评审员现在支持改进机会。申报组织没有提供关于如何获取员工知识的过程的描述（除了离职的人）。此外，申报组织拥有系统中的数据，但没有解释实际使用数据/信息的系统过程；b（2）改进机会是关于数据/信息的用户友好性。在示例中已更改语言以反映此问题。

a（1）改进机会在第二句中增加了更多的语言；b（2）改进机会是关于数据/信息的用户友好性，在示例中已更改语言以反映此问题。

得分

得分范围：50%~65%

得分值：55

为什么得分不是在此分值区间之上或之下呢？

不应该是30%~45%，因为申报组织符合基本要求。

不应该是70%~85%，因为我们围绕几个详细要求有一个改进机会，围绕（1）和（2）改进机会说明缺乏组织的学习。

基于明确的反馈进行更改（两位评审员的支持——一位评审员建议给50）。

工作表——条款 5.1
员工环境

相关的关键因素

1. 独创：引领产业进步，特别是在工程和研发领域。

专业：通过稳健的运营过程，理解我们的顾客并超越他们的期望。

特殊的人：通过私人接触，与顾客和相关方构建长久的友好关系。

2. 425 名员工：女性 51%，男性 49%；员工分类：28% 技术，54% 工厂，18% 支持；种族多样性：64% 白人（社区中占 74%），19% 非裔美国人（社区中占 15%），10% 西班牙裔（社区中占 6%），7% 其他（社区中占 5%）；受教育水平：文学学士/理学学士 +（工程师和管理人员），专科（技术员），高中/同等学力 +（所有人）。

3. 各类化学品和原材料的安全操作；材料安全性数据表（MSDS）和危化品安全操作的年度进修培训；材料运输、适当吊装和安全防护用品的安全培训。

4. 员工要求（表 P.1－2）：工作方面安全又安心；以一名柯林科技股东而自豪；工作上与众不同；有学习和晋升的机会；有竞争力的工资和福利。

5. SO－3 提高员工对精细业务模式的参与程度，SO－4 促进员工展示领导力和参与决策制定；SO－5 保持员工持股参与率 100%。

优势

++	优势	阐　释	参考条款
	申报组织以整合和系统的方法评估针对战略和行动计划的员工能力和数量，并支持员工对学习和改进机会的需求。如，通过年度人力资源能力测评和季度数量研究，申报组织实现岗位需求、能力需求和合格员工的匹配。	这一评价依据评审组七位成员的标注，其中一位给出“++”的标注。 反馈之后：根据建议进行编辑修改。 团队反馈：如所写一样的支撑优势。	a（1）

续表

++	优势	阐　释	参考条款
	申报组织系统应对工作场所环境因素以确保所有员工的安全。在众多领域建立了环境健康安全（EHS&S）措施和目标（表5.1－1）。对50项相关领域的最低标准进行月度或半年度的检查，如人机设计、照明、噪声、个人防护装备等。	评论依据六位评审员将此识别为优势。 反馈之后，基于反馈报告进行了编辑修改。	b（1）
	员工福利和服务按照惯例运用满意度调查数据进行评估，并帮助申报组织保持有竞争力的福利和服务，满足员工需求。这些福利和服务根据员工和过程改进或持续改进和创新（CI^2）团队的建议来确定，并由人力资源委员会（HRC）来推行。	福利的类型和福利与服务选择的过程被五位评审员标注。该优势仅针对所存在的支持员工的福利，并不意味着将成为改进机会（OFI）等，也不说明这些福利如何针对不同员工或工作群体进行调整。 反馈之后，基于反馈报告进行了编辑修改。	b（2）

备注：

没有采用其他两个可能的优势。

1. 运用多种方式选拔和开发新员工，很大程度上存在改进空间，涉及申报组织缺乏这些如何确保员工拥有多元思想、文化和对雇用与顾客社区思考的政策。——三位评审员的优势评价

2. 人事变革管理涉及为员工能力和数量需要提前准备——改进机会在于申报组织如何实现员工的可持续性提升。——三位评审员的评价

改进机会

－－	改进机会	阐　释	参考条款
	申报组织的招聘方式未体现针对多元区域文化和思维方式的个性方法。除为新员工提供入职介绍外，未描述留住新员工的方法。一项可重复的过程可以帮助增强申报组织在优秀人才方面的核心优势。	评价主要依据一位评审员及其他四位评审员的补充。 反馈之后，基于合议通话进行了编辑修改。	a（2）
	人事变动管理的系统方法不明显，包括申报组织如何管理员工以保证连续性，防止员工流失并减少员工流失的影响，以及如何应对增长周期。这一方面的系统方法能够帮助组织应对研发（R&D）业务扩展的战略调整。	六位评审员提到这一点，其中一位还特别提到人力资源委员会（HRC）所开展的能力研究以及研究结果的运用。 反馈之后，基于反馈报告进行了编辑修改。 合议通话：提升为首要的改进机会；删除一些措辞，挖掘申报组织相对系统的做法并建议删除。	a（4）

续表

--	改进机会	阐 释	参考条款
	申报组织以下方面的学习循环不明显，如能力和数量研究、团队建设过程、员工健康和安全判断以及最低标准过程。员工过程的系统视角将有助于帮助申报组织持续改进并促进员工参与。	虽在其他评价中得到一些个人看法，但其中一位评审员的关注焦点很独特。 反馈之后，基于反馈报告进行了编辑修改。 合议通话：这条改进机会可能与b（2）优势中有关福利报酬的学习存在冲突。排除这一信息。 有建议说关于福利的疑问是必要的，因为图6.1－2表明了保障过程中申报组织所进行的年度评估案例（结构化面试过程、360°测评）。	a，b

备注：

合议通话反馈：第四条改进机会和第一条改进机会关注了相同的差距，所以讨论是否能够合并。鉴于一个小企业能够有这么多福利，并且运用员工满意度测评来调整/保持福利，所以建议删除这项（三位评审员）；一个小型组织能够做到这些……（一位评审员）；而这均保留（一位评审员）。

建议：删除这一改进机会（未清晰说明申报组织的员工服务、福利和政策如何对各类员工群体进行针对性调整，如高等教育工程师和普通教育水平（GED）工人。缺少有针对性的福利提供方法，不利于申报组织实现为所有员工提供最佳工作岗位的使命）。因为申报组织具备丰富的福利并提供给不同员工群体应得的自助餐式福利。

关于申报组织未清晰说明如何应对员工能力和数量变化的评论：

三位评审员针对“a（3）工作绩效”进行的评论总结如下：“申报组织未清晰说明除基于团队环境之外如何以系统方法完成工作。”如，“利用核心竞争力运营的系统方法缺失，可以用来解释如何在组织范围内系统运用团队业务提升来帮助员工超越绩效预期。界定这些方法可来组织和管理员工将能够增强和扩展员工参与成熟商业模式的机会，以及为员工提供展示领导力和决策制定的机会。”然而，所识别的改进机会在申报组织看来似乎过于挑剔。

两个有关工作环境［b（1）］的评价未涵盖在内——一个提及工作场所的便捷性，另一个提及工作环境因素的绩效测量和改进目标。这些只是没有呈现在纸面上。

得分

得分区间：50%~65%

得分值：60

为什么得分不是在此分值区间之上或之下呢？

50%~65%：方法与组织需要一致，方法有效，多数方法是系统的，并贯彻到组织绝大多数层面——这一区间的弱势因素是学习系统性需要一些创新。

不是70%~85%：尽管满足了详细要求，但申报组织未将系统的评估、改进和组织学习作为关键管理工具；从组织分析得到的提炼有限，而且与当前和未来的组织需求整合存在一些差距。

不是 30%～45%：申报组织在方法上满足详细要求水平并且超越了最初的执行阶段。学习方面更接近这个区间而不是 50%～65%，而且方法超越了最初的适用阶段。

合议结果：评分提高 5 分，仍在相同分数区间。

根据我们针对 b（2）改进机会所做的努力，分数可能会提高。

工作表——条款 5.2
员工参与

相关的关键因素

1. 愿景：引领未来电路创新。

2. 使命：让互联电路用户积极参与未来的产品；为员工提供最佳职业规划和高回报；支持社会和环境；增强我们的社区。

3. 行业领先。

4. 425 名员工：女性 51%，男性 49%；员工分类：28% 技术，54% 工厂，18% 支持；种族多样性：64% 白人（社区中占 74%），19% 非裔美国人（社区中占 15%），10% 西班牙裔（社区中占 6%），7% 其他（社区中占 5%）；受教育水平：文学学士/理学学士 +（工程师和管理人员），专科（技术员），高中/同等学力 +（所有人）。

5. 员工要求（图 P.1－3）：感觉工作安全又安心；以一名柯林科技股东而自豪；在工作上与众不同；有学习和晋升的机会；有竞争力的工资和福利。

6. SA－7 员工享受最佳职业定位和员工股票期权计划，获得与之工作相关的能力认证。

7. SC－5 员工积极参与可持续能力。

8. SO－3 提升员工对精细业务模式的参与程度；SO－4 促进员工展示领导力和参与决策制定。

优势

＋＋	优势	阐　释	参考条款
	申报组织确定员工参与的关键因素有助于应对员工可持续参与这一战略挑战。这些因素每三年根据对员工调查问卷和整体参与及满意度的相关与回归分析进行更新，分析识别不同员工群体参与因素的潜在差异，并指导人力资源委员会（HRC）识别所需的持续改进与创新团队。	评价涉及五位评审员的观点。其中一位未找到能够有力支撑“（条款 a）多元标准”的充分证据，所以用更宽泛的表述来涵盖参与内容。 反馈之后，基于合议通过反馈进行了编辑修改：三年评估表明了参与过程中存在一些学习环节。	a（1）

续表

++	优势	阐 释	参考条款
	申报组织绩效管理的系统方法支撑其为员工提供最佳职业和优越回报的使命。其职业发展路径过程（CPM，图 5.2－1）在建立个人和团队绩效方案中，考虑到能力素质模型差距、战略目标、行动计划以及员工职业目标。个人绩效评估还结合顾客和波多里奇标准评估结果来确定其报酬，并依据实施了的想法提供奖励。	这条优势的评价基于五位评审员的反馈。 反馈之后，后来建议删除参考顾客调查和波多里奇标准评估，但并没有进行修改，基于原始报告评价和内容参考。 合议通话，不考虑在职业发展路径（CPM）过程加上顾问董事会（AB）的话，其学习循环并不明显。	a（3）
	申报组织的学习和发展方法满足组织需要，并为员工提供了学习并致力于公司成功的机会。基于项目的培训与战略和能力需要相衔接，员工的个人发展方案基于个人和上级选择来决定。通过职业生涯管理（CPM）过程识别支撑员工发展需要的培训和其他内部机会。	六位评审员修订了 c（1）评价。 反馈之后，后来指出学习方法与组织需要之间的联系不强，建议删除该评价，并替换为："申报组织系统的学习和发展方法与员工需要的学习和成长相契合。员工基于个人和上级选择制订个人发展方案，并利用机会参加一些课程，如绩效提升和创新、道德标准、顾客服务和关系建立。卓越绩效团队访谈各部门员工并将知识转化到最佳实践数据库。"学习发展与满足变化的组织要求/战略之间的联系活动很强，在评审组更多信息输入之前，不打算进行调整。	c（1）

备注：

未包括 a（2）的评价。关于申报组织"以高绩效工作和员工参与的特色形成组织文化的系统方法"，未提出来是因为一定程度上与提出的改进机会不一致。

未包括四位评审员对 b（1）有关员工参与和满意度测评的评价。b（1）方面存在一项改进机会，与申报组织的绩效改进结果关系更大。

未包括针对 c（2）的评价。其他人将学习和发展效果视为一项改进机会，因为未包含除培训之外的其他方面（如准时生产（JIT）、团队参与等）。

未包括两位评审员关于职业发展的评价——未写在上面。c（3）有一项改进机会。

改进机会

－－	改进机会	阐 释	参考条款
	未清晰说明申报组织的员工绩效管理体系，包括个人发展规划过程、员工调查过程、360°反馈过程以及奖励和认可系统如何支持承担明智风险以实现创新。系统运用这些过程来支持承担明智风险和评估发展机会将有助于组织实现引领未来电路板创新的愿景。	"明智风险"条款在申报组织的各个方面都有所体现，但未在规划执行和职业管理计划（CMP）中体现——基于两位评审员的评价。 反馈之后，基于反馈报告进行了编辑修改。 合议：两位评审员表示同意；其他人未作评价。	a（3）

续表

- -	改进机会	阐 释	参考条款
	管理和领导岗位的职业发展和继任方案部署不明显，而且未清晰说明这些方法如何与其他的员工能力和数量过程相整合。如，职业通道未设置管理或领导角色。完整部署这一方法有助于申报组织应对领导力发展方面的战略挑战并有助于长期可持续发展。	所编写的改进机会来自五位评审员。 额外反馈——基于反馈报告进行了编辑上的调整。 合议：（一位评审员）认为应该作为首要改进机会并识别缺乏部署的内容。其他评审员评价决定不做移动。	c（3）
	申报组织未说明不同员工群体差异化的绩效管理和员工参与方法或措施。如利用留用率、缺勤率和生产率来评估和提升员工参与并运用这些信息确保文化受益于不同员工群体。在这些领域充分应用将有助于申报组织认识到与为员工提供最佳职位目标的差距。	该评价来自四位评审员，之所以重要是因为识别到申报组织的做法中缺乏群体细分。 额外反馈——基于反馈报告进行了编辑上的调整。 合议：措辞调整更加匹配过程标准，根据反馈报告的建议加入了前面 a（2）的多元要素。	a（2），b（1）

备注：

省略了两位评审员关于 a（3）的评价，即绩效管理是否充分部署和应用到持续的员工个人工作计划中——与 a（3）的优势冲突，同时提出基于员工绩效管理体系是否考虑奖励、认可和激励过程以及加强明智风险承担的改进机会。

合议：删除了评价（申报组织未提供形成多元员工群体开放沟通文化的系统过程；此外，也未说明确保“家文化”——员工得到公平对待、互相信任，并对是否得益于员工多元文化、思维和理念进行系统评估——的形成过程。增强代表员工多元文化和理念的“家文化”有助于申报组织实现更好绩效），并将主要意思融入 c（3）改进机会中。

删去了有关员工参与缺乏学习循环的评价，绩效管理体系和员工参与测量与申报材料中的信息不一致。

删除了与 b（2）有关的关于未说明员工参与测评的发现如何用于识别改进机会以提高参与和运营结果的情况。

根据两位评审员的意见删除了 c（1）中关于学习和改进系统如何应对或满足职称组织需求情况的评价，原因在于这一点并不充分，案例仅说明申报组织通过能力和数量研究，将行动计划输入到学习和改进方案中等。

根据两位评审员的意见删除了 c（2）中关于除了培训活动外的学习和改进活动有效性评估的评价。

得分

得分区间：50%～65%

得分值：60

为什么得分不在此分值区间之上或之下呢？合议：大家几乎都同意该评分区间，但得分稍低。提高到 55 ~ 60 分。

选择 50% ~ 65%：申报组织应对了详细要求，一些方面关注了职业发展和多元理念的部署；存在一些学习和创新的案例，但不系统；虽然方法能够很好结合，但是否完全协调并不清楚。

评分不是 30% ~ 35%，是因为在详细要求层次上，部署已经超过了初级阶段，尽管存在一些差距；可能处于系统学习方法的初步应用阶段，但超过该评分区间要求的与组织需求结合的层次。

评分不是 70% ~ 75%——部署方面存在一些差距（如领导力开发、明智风险和创新），存在一些学习，但不系统，方法与未来需求没有整合。

工作表——条款 6.1
运营过程

相关的关键因素

1. 愿景：引领未来电路创新。

2. 使命：让互联电路用户积极参与未来的产品；为员工提供最佳职业规划和高回报；支持社会和环境；增强我们的社区。

3. 独创：引领产业进步，特别是在工程和研发领域。

专业：通过稳健的运营过程，理解我们的顾客并超越他们的期望。

特殊的人：通过私人接触，与顾客和相关方构建长久的友好关系。

4. 25%合作研发；20%多层印刷电路板——美国电子制造服务（EMS）；15%多层印刷电路板——国际电子制造服务；40%刚挠印刷电路板。

5. SC－3　高密度低重量（HDLW）。

6. SC－4　第三层次的可持续性。

7. 自从 1992 年开始运用波多里奇框架；持续改进与创新（CI^2）——整合绩效改进和可持续系统（持续创新和持续改进）；PDCA 方法论；运用精益六西格玛（LSS），CI^2，以及其他用于解决在内部过程审核中发现问题的改进技术。

优势

++	优势	阐　释	参考条款
	申报组织发挥专业的核心竞争力，通过流程设计和管理过程（图 6.1－1）设计和评估其产品和过程，包括产品开发和创新过程（图 3.2－1），以及 PDCA。过程设计的输入包括顾客需求、当前能力、新技术和预期的过程输出。	A 关注 PDCA R1——所有评审员都提及这一优势。请注意这里肯定的是明确的基本方法的优势——并未认可这些方法是成熟的，所提出的改进机会也支撑这一点。 R2——所有评审员支持这一评价，根据一位评审员的建议，我添加了有关学习证据的表述。 R3——建议将该评价修改为仅针对生产过程。	a（1）

续表

++	优势	阐　释	参考条款
	在所有生产线上管理生产过程绩效的多种方法支撑申报组织过程能力的战略优势。可编程序控制器、数据采集与监视监控系统、柯林科技集成网络汇总数据和卓越绩效团队评估有助于管理运营绩效。申报组织每年至少运用一次 PDCA 循环和过程分析问卷（表 6.1－1）识别改进生产过程的机会。	R1——六位评审员提到这些方法，但我们必须分清运营（生产电路板）和其他表 6.1－2 过程的区别。这条优势说的是前者——其他所列过程对这些方法的应用不够明显。 R2——经过后期反馈，重新组织了评价语言，具体指出“生产”——申报组织的语言。根据表 6.1－2，这条优势仅支持五个生产过程。实际上其他价值流群体，如航运，在日常的工作中对方法的应用不明显。 R3——所有评审员均支持这一优势。对文字稍作调整以提高可读性。	b（1，3）
	运营体系、关键过程和支持过程与申报组织的绩效改进系统和关键顾客需求相契合（图 6.1－2）。申报组织连同一些要求的绩效指标一起界定关键运营过程要求（表 6.1－2）。	R1——这条优势比较有限，仅四位评审员基于 6.1 内部评审（IR）优势提及。 R2——这条优势得到评审组赞同。根据其中一位评审员的建议，我重新组织了评语。 R3——所有评审员均支持这一优势。对文字稍作调整以提高可读性。	b（2）

备注：

我必须进一步借助集体的力量以确保“6 条左右”的原则。建议选择还包括将 b1 和 b3 优势分开写，但我不确定 b3 能够独立成为优势，而且 b1 将显得更弱。

我也想在电话中回答“我们是否覆盖到所有要求”这一问题。

改进机会

－－	改进机会	阐　释	参考条款
	对于在产品开发和创新过程、流程设计和管理过程中，如何考虑需求的变化和新技术的变化表述不清楚。这方面采用系统方法将有利于柯林更好地聚焦细分市场并实现增长目标。	R1——四位评审员认可这条改进机会。恰如其分。 R2——评审组全部成员支持这条改进空间。评价支持第一轮的说法。 R3——评审组全部成员支持这条改进空间。语言上进行了微调以提高可读性。	a（1）
	申报组织未充分证明如何确保日常运营中的非生产过程满足所有关键需求（表 6.1－2），如 CNet 汇总数据和其他指标。系统的过程保证方法可以提高申报组织在提升需求交付和响应以及成功应对订单加急等方面的声誉。	R1——五位评审员都提及这条改进机会。 R2——评论整合了 R1 中第二和第三个改进机会的适当内容，并参考了多位评审员的反馈。 R3——所有评审员均支持这一改进机会。语言上进行了微调以提高可读性，在第三轮的共识讨论中删掉了关于“战略策划过程如何识别关键支持过程”的参考。	b（1，2）

续表

－－	改进机会	阐　释	参考条款
	持续改进与创新团队没有展开到所有产品、过程和工作团队中。如没有充分证明所有过程团队运用了过程分析问题，持续改进与创新团队持续影响关键工作过程和生产线的程度并不清楚。而完全展开将增强申报组织专业化的核心竞争力。	R1——三位评审员注意到这一改进机会。这一改进机会只关注展开问题——“充分展开”毫无疑问将给他们带来重大收益。而我在申报材料中没有看到这些方法的充分展开。 R2——这条改进机会调整为对持续改进与创新团队展开的关注。 R3——所有评审员都支持这一改进机会，语言上进行了微调以提高内容可读性。	b（3）

备注

我们的集体工作通常会带来更好的结果。我们可以探讨 b3 条款的改进机会是“充分 vs. 完全”展开。考虑到申报组织在这些方面的模糊性和一般情况，我建议用“充分”。

得分

得分区间：50%～65%

得分值：50

为什么得分不是在此分值区间之上或之下呢？这一评审将申报组织的得分限定在50～65。我审视了总体要求，而申报组织仅说明了工作过程，我对此有疑问，所以无法给出更高评价。考虑到综合的优势和改进机会，评分给 50 是合适的——这取决于我们如何看待“工作过程”与所提供信息之间的差距。详细要求的改进机会的确存在——除非我们对支持过程差距的改进机会过分挑剔，否则在总体要求方面给出改进机会有些难度。最终给出的评分是最适当的。

工作表——条款 6.2
运营有效性

相关的关键因素

1. 公司作为互联行业一家营利性小型高科技制造企业，1971 年成立于田纳西州纳什维尔市。公司在 2007 年扩大员工持股；所有股份由现有职工持有，没有任何人持股超过 50%。所有产品制造（如单层、双层、多层印刷线路板和软硬结合板）和合同研发服务都直接提供给顾客。

2. 愿景：引领未来电路创新。

3. 使命：让互联电路用户积极参与未来的产品。

4. 承诺：我们将兑现我们的许诺。

5. 伙伴供应商：创新技术能力、产品高质量和可靠性、领先技术的应用、价格；普通供货商：产品质量、准时交付、成本。

6. SC－2 扩展顾客研发服务；SC－3 高密度低重量（HDLW）；SC－4 三级可持续性。

7. 自从 1992 年开始运用波多里奇框架；持续改进与创新（CI^2）——整合绩效改进和可持续系统（持续创新和持续改进）；PDCA 方法论；运用精益六西格玛（LSS），CI^2 以及其他用于解决在内部过程审核中发现问题的改进技术。

8. SO－2 未来三年提升不同细分市场的市场份额；SO－3 提升员工对精细业务模式的参与程度；SO－4 促进员工展示领导力和参与决策制定。

优势

++	优势	阐 释	参考条款
	申报组织的生产过程在很多方面结合了成本控制、周期、产量和其他效率和有效性因素，有助于有效管理运营和应对3级可持续性和高密度低重量生产方面的战略挑战。方法包括监控过程的闭环控制器、过程能力学习、可编程的测试和检测设备。	R1——与条款6.1相似，对照表6.1－2（存在改进机会）所示的全过程，申报组织似乎仅重点关注生产过程的管理，这反过来将造成相对较弱的优势。四位评审员肯定了聚焦于生产/一般方法上的优势。 R2——所有评审员均肯定该优势。基于多位评审员的反馈，我改进了措辞并增加了一条相关引证。同时还将这条优势放到优势清单的首位，毕竟这关系到申报组织的主要工作——生产。 R3——所有评审员均肯定该优势。调整了表达以提高可读性。一致的评论也证明这条优势的相对价值，而在第二轮、第三轮修改前视为“较弱”优势。	a
	到位的安全和应急准备方法有助于为支撑关键使命原则营造安全和有防备的工作环境。申报组织的环境健康安全项目包括一支提供安全监督、安全措施管理的团队，以及其他举措。系统的应急准备方法包括业务持续性计划和年度恢复计划评估。	R1——在我们的内部评审工作中，都识别了一条c1和/或c2优势。问题是：“将申报材料和标准对应之后这两个方面能否均得到支撑?”不能，所以我将二者进行了整合——对于申报组织关于此类第四等级优势的想法持开放态度。目前，两位评审员倾向于将该评论整合为一条。 R2——所有评审员均肯定这条优势。我增加了一句关于年度恢复计划的评论。 R3——所有评审员均肯定这条优势。进行了编辑，以提高评论可读性。 一致认可的评论的确能够比其他评论提高一个水平。	c
	系统的供应链管理方法有助于支撑顾客对准时交付这一首要考虑期望的满足。这些方法包括正式的供应商资质审核过程和对伙伴供应商和普通供货商的五个关键绩效指标跟踪。伙伴供应商可以共享竞争对手和标杆数据以帮助提高绩效。	R1——六位评审员都将条款b作为关注优势。该优势的表述不妨碍做出改进机会的有关评论，因为几位评审员也注意到对于如何运用上述方法管理关键伙伴和普通供货商缺少区分——是一刀切吗? R2——所有评审员均肯定这条优势。我对表述上进行了微调以提高可读性。 R3——所有评审员均肯定这条优势。一致认可的评论的确能够比其他评论提高一个水平。	b

备注

存在一个问题在于这些混合的优势是否满足了整体需求——条款d被识别为改进机会。不然的话，如果改进机会特别重要的话，这些优势也就不值得欢呼了。

R2——根据第二轮个别评审的变化，对优势进行了重新调整。

改进机会

--	改进机会	阐　释	参考条款
X	没有说清楚首席创新官、产品开发和创新过程、卓越绩效团队和领导团队如何协同合作系统管理创新并创造未来流程。如，不清楚高层领导如何调整预算以应对创新机会的增加或系统地决定中止创新机会。如果缺乏系统的方法，申报组织可能无法识别最能支撑创新聚焦愿景的产品和过程能力提升机会。	R1——七位评审员都将条款 d 作为关注的改进机会。鉴于行业特征、产品和顾客交叉以及明确的 MVV，这方面将是双重改进机会。 R2——所有评审员都认可这条改进机会。我没有提及在新知学习方面的改进机会，因为那需要进一步挖掘。在各位的帮助下，我简化了评论的文字表述。 R3——所有评审员均认可这一改进机会及其双重消极作用。语言表述进行了微调以提高评论可读性。	d
	申报组织在实现运营效益方法上的系统评估和改进证据不足，如用于控制运营成本、降低错误和缺陷、管理伙伴供应商和普通供货商绩效的方法。对关键运营过程的周期性系统评估有助于满足顾客在竞争性的价格、准时交付和高质量方面的需求。	R1——这是与条款 a 优势并存的重要改进机会。七位评审员都将该标准条款的描述视为改进机会。 R2——调整了这条评论的表述，增加了“缺少对学习的关注”（七位评审员建议增加）。之前的内容含在第二轮第三个改进机会中。 R3——表 6.1－2 列出了赋能过程并称对它们进行年度评估。所列的过程包括采购、生产过程、结算和配送。我们是否都推定这些过程作为“赋能”过程？有一些是，但并非所有都是赋能过程。根据一致评估，将“且营造安全的工作场所”这句和条款 c 的引文从评论中删除。	a，b
	申报组织并没有描述在非生产过程如何控制成本和降低错误，如控制调度——什么是与准时交付这一关键顾客需求相关的——和订单接收成本。也没有说清合作研发如何在新产品顾客评估测试方面支持缺陷降低和成本控制。这将限制组织扩张顾客研发服务。	R1——回顾评审组对条款 6.2 改进机会的评论，在我看来这一条反馈对申报组织颇具意义。申报组织似乎在多个方面采用“一刀切”的方法——对于小企业来说很普遍，但不幸的是，其竞争对手资金更充足（很有可能）而且他们的市场有利可图。 R2——在这一项我收到了一些不错的反馈，回到标准条款和申报材料，对第一轮评论进行了重大调整。现在仅提到在非生产过程控制成本和降低缺陷方面存在需求满足方面的差距，同时也仅针对关注部署方面。所做的调整对删除了之前第三条改进机会中任何有意义的内容，所以重要性降低。最终，我将这条评论放到了改进机会清单的最下面。 R3——所有评审员认可第三轮的评论版本。根据一致评论，将条款 d 的参考删除。	a

备注

希望这些改进机会比优势更有意义。优势相对较弱，而改进机会较强，即使不算上双重的创新改进机会。

得分

得分区间：50%~65%

得分值：50

为什么得分不是在此分值区间之上或之下呢？创新聚焦的改进机会将申报组织的评分限定在30~45。鉴于综合情况和性质，评分区间的最高分匹配所提及的整体优势和改进空间。

R2——根据我做的调整，第二轮的评论确定分数在“50~65区间的低值”。创新改进机会使得分数只能确定在50，因为其他两个改进机会较弱（事实上在70~85分值区间）。我将等待其他评审员对评论调整的回应和反馈。

R3——参照条款6.1，我们将一致决定分数为45或50。我们需要确保对这些条款评分的一致性，而且评分册通常倾向“无罪推定”理念。

工作表——条款 7.1
产品和过程结果

相关的关键因素

1. 25% 合同研发；20% 多层电路板——美国电子制造服务；15% 多层电路板——国际电子制造服务；40% 软硬连接。航空航天（国内）：驾驶舱和导航仪表、飞行控制模块；主要顾客：与 GBN 公司独家签约。个人电子（国际）：手机和卫星电话、平板电脑和微型计算机、照相机、玩具；主要顾客：NEXTee，Mee2，Sleeker。合作研发（国内）：电路辅助设计、精细成像开发、生产工序开发；主要顾客：硅谷科技和 Newton 计算机。

2. 顾客（图 P.1－4）：线路板可靠性、高密度低重量线路板、竞争性的价格、产品全生命周期支持、准时交付、高质量。根据不同业务/顾客划分不同需求的优先性。

3. 伙伴供应商：创新技术能力、产品高质量和可靠性、领先技术的应用、价格。

4. 普通供货商：产品质量、准时交付、成本。

5. 国际性集团（如 Superflex）；其他市场份额相当的以及能够完全用国产原料生产电路板的美国公司，例如 USA 电路、Ace 电路和 Ridgeford 科技。

6. SA－5 稳定过程。

优势

＋＋	优势	阐　释	参考条款
	多数产品和过程结果显示了申报组织成功满足关键顾客需求。结果上的改善趋势体现在准时交付、及时收货、顾客转移率和信息准确性（图 7.1－1，图 7.1－2，图7.1－4，图7.1－5）。准时交付（图7.1－1）接近行业最佳标杆，可靠性超越标杆（图7.1－3）。	所有评审员均指出相应优势。其中五个方面给了“＋＋”优势。 * 图 7.1－2 准时收货和收货质量：准时收货百分比从 2009 年的 96% 持续上升到 2013 年 4 月的 98.5%；同期的缺陷率从 60ppm 降低到小于 10ppm。 * 图 7.1－4 合作研发可靠性设计和准时交付：可靠性设计百分比从 2009 年的 80% 提高到 2013 年一季度的 95%；工艺/产品设计的准时交付呈持续改善趋势，从 2009 年的 95% 提高到 2013 年的近 100%。	a

续表

+ +	优势	阐 释	参考条款
	多数产品和过程结果显示了申报组织成功满足关键顾客需求。结果上的改善趋势体现在准时交付、及时收货、顾客转移率和信息准确性（图 7.1 – 1，图 7.1 – 2，图7.1 –4，图7.1 –5）。准时交付（图7.1 –1）接近行业最佳标杆，可靠性超越标杆（图7.1 –3）。	* 图 7.1 – 5 顾客支持的及时性和准确性：顾客支持的及时性从 2009 年的 3 个点改善到 2013 年 4 月的 1 个点；信息准确性同期从 85 提高到大于 95。 * 图 7.1 – 6 通过退、换、修等缺陷测量的现场质量指数：航空——从 2009 年的 2ppm 降低到 2012 年低于 0.5ppm；整体——同期从 2.5ppm 降低为 1.25ppm。	a
	一些过程效率和有效性指标的向好趋势增强了申报组织有效过程的战略优势。如开发和蚀刻、电镀、层压（图 7.1 – 8）的过程能力以及合作研发和个人电子的加工周期总天数。	所有评审员均提及条款 b（1）的优势，并将图 7.1 – 8 和图 7.1 – 9 的内容作为评论中需强调指出的事例。 八位评审员中的四位对条款 b（1）中某些下降指标提出改进机会。所以我们给出优势的同时也给出了改进机会。改进机会是指 7.1a 和 7.1b（1）中的不佳表现。	b（1）

备注：

评审组成员反馈的回应：

图 7.1 – 3 的优势在评论中（之前的阐述忘记将其涵盖），所以调整了反馈报告；对于未采纳的有关供应链的评论，是由于缺失改进机会中的评论（包括供应商），将阐述 5 个供应商的仅一段话视为优势存在争议。

改进机会

– –	改进机会	阐 释	参考条款
	申报组织报告中仅涉及范围有限的一些产品和过程结果。如满足某些市场和顾客期望的结果（图 P.1 –3），多数供应商满足关键需求的能力结果（表 6.1 – 2）。缺少对这些结果的跟踪，将不利于申报组织把握关键领域改进的机会。	七位评审员支持：其中两处给“ – – ”的改进机会提出双 – 是基于重要数据的测量缺失；最终合议未给“ – –” 供应商绩效——仅提供一段话说明 5 家供应商的评分（总共有超过 70 家供应商）。而且，提供的供货商或供应商的绩效未对应 5 个方面的需求。 应急准备——仅在表 7.1 – 1 中展示了不同类型的演习和次数统计。 运营过程——测量缺失的例子还包括缺少过程能力测量，如资料准备，成像、显影、蚀刻，化学结合沉淀，层压，电路组装（关键生产过程）。	a，b，c
	多数指标缺少对比结果，包括在产品绩效（如图 7.1 –2，图 7.1 –4，和图 7.1 –5）、运营过程有效性（如图 7.1 –9 和图 7.1 – 10）和供应链管理（如图 7.1 – 14）。在这些方面与其他组织或标杆的对比有助于申报组织追求希望实现的价值——与其他组织相比值得骄傲的运营绩效。	评审组八位成员中六位支持这一评价，其中一位给了“ – – ”。 以下指标没有说明对比情况：及时收货和收货质量（图 7.1 – 2），合作研发可靠性设计和及时交付（图 7.1 – 4），顾客支持的及时性和准确性（图 7.1 – 5），现场质量指数（图 7.1 – 6），过程产量（图 7.1 – 9），结算准确性和及时性（图 7.1 – 10），中标率和报价准确性（图 7.1 – 11），以及柯林集成网络应用有效性（图 7.1 – 12）。	a，b，c

续表

－－	改进机会	阐　释	参考条款
	一些重要方面的结果没有根据特定顾客或市场群进行细分。如可靠性（图7.1－3）没有说明对于关键顾客GBN集团的结果，而这一可靠性评估应该放到首位。同时，合作研发作为申报组织着力实现最快发展的业务板块，所优先考虑的结果（图7.1－5，顾客支持的及时性和准确性）并没有针对顾客进行细分。	评审组八位成员中有三位支持该评价。 图7.1－1——及时交付结果未根据顾客或市场分类进行细分（航空，个人电子）。 图7.1－2及时收货和收货质量结果未根据顾客或市场分类进行细分（航空，个人电子）。 图7.1－3可靠性/缺陷结果未根据产品类型、顾客或业务分类进行细分。 图7.1－4合作研发可靠性设计和及时交付未根据顾客进行细分。 图7.1－5顾客支持的及时性和准确性结果未根据业务分类进行细分。这些结果本该是合作研发最关注的，而且该细分业务是申报组织谋求最快成长的。 图7.1－7产品质量未根据产品类型进行细分。	a，b，c
	一些产品或过程结果指标显示了波动的绩效水平或趋势。如，合作研发和个人电子中标率在过去四年里都滞后于航空业务板块，而且个人电子中标率在2011年至2013年一季度之间不稳定（图7.1－11）。这些结果可能表明申报组织在各关键领域没把握住提高产品或过程效率的机会，将影响其市场竞争力。	评审组八位成员中的六位都提及此评论中的改进机会。 价格（表7.2－1，表7.2－2）与顾客满意度结果的其他方面相比，趋势一般而且较为不利。 过程能力结果（图7.1－8）中电镀的绩效表现一般，且自2009年以来处在较低水平。 2009年至2013年一季度间的结算准确性和及时性方面（图7.1－10），航空板块的准确性和及时性以及个人电子板块的准确性结果波动。个人电子中标率2011年至2013一季度间趋势不佳。	a，b（1）

备注：

评审组成员反馈的回应：

对比以上的改进机会——缺失数据方面的改进机会，申报组织有70多家供应商，但仅对其中5家进行评级，未说明其他供应商结果，而且其中提供日常物品的供货商也未提供绩效结果。其他一些希望看到的结果也是如此。

根据四位评审员的建议，取消了针对第一个改进机会的“－－”；基于两位评审员的建议，增加了创新方面的例子。

为说明供应商绩效引用了及时交付结果。

趋势和水平波动方面的改进机会，一位评审员建议去掉，而其他评审员支持，故决定保留但移到最后一条（根据建议）。根据反馈将用词改为“波动”。根据建议增加了一个例子的具体数据。

得分

得分区间：30%~45%

得分值：40

为什么得分不是在此分值区间之上或之下呢？不是10%~25%是因为申报组织有一些对比数据，一些向好的趋势，报告中呈现了很多方面的结果。

不是50%~65%是因为存在缺失数据、缺少对比、缺少细分，以及一些结果趋势波动等方面的改进机会。

基于评审组成员反馈进行的调整：

在取消缺少结果方面改进机会的“－－”之后，分数提高到45%。综合4条改进机会和2条优势，以及上述理由，给出45%的评分是合适的。

工作表——条款 7.2 以顾客为中心的结果

相关的关键因素

1. 伟大：我们为取得超越他人的绩效而自豪。

2. 专业：通过稳健的运营过程，理解我们的顾客并超越他们的期望。

3. 顾客：线路板可靠性、HDLW 线路板、竞争性价格、产品全生命周期的支持，准时交付，高质量。根据不同业务/顾客划分不同需求的优先级。

4. EIC——行业趋势和全球行业比较数据，包括订货出单比率、年薪/福利研究；波多里奇奖获奖者的信息；制造业最佳工厂节目在线出版物和最佳职业定位节目；顾客和员工调查；美国员工股东（USEO）和员工股票期权（ESOP）协会绩效比较数据。

5. SA－3 私人接触。

6. SC－1 通过兼并的行业扩张；SC－2 扩大顾客研发服务；SC－3 高密度低重量。

7. SO－1 提高净推荐值；SO－2 未来三年提升不同细分市场的市场份额。

优势

＋＋	优势	阐　释	参考条款
	顾客满意度的一些关键测量指标结果与关键顾客的需求相一致。例如，10 个顾客满意度测量中的 6 个（表 7.2－1）的结果显示了可靠性，HDLW 能力，功能性，交付，收货质量和响应性的良好水平和向好趋势。顾客对不同市场前两位需求的顾客满意度（表 7.2－2）显示了可靠性，HDLW 和支持的良好水平和向好趋势。	八位评审员都支持这点，一位评审员给出了＋＋。 图 7.2－1：顾客满意度总体和细分市场情况表明，2009 年至 2013 年一季度之间总体满意度从 95% 提高到约 97%，同期所有三个顾客细分市场的改善趋势类似。 表 7.2－2：10 个测量指标的总体顾客满意度结果均显示向好的趋势。 表 7.2－3：不同市场前两位需求的顾客满意度显示 5/6 要求的向好趋势，4/6 显示向好水平。 表 7.2－4：不满意趋势，个人电子始终为航空或合同研发业务的 2 倍。 图 7.2－2：新研发合同显示不好的水平和趋势。	a（1）

续表

+ +	优势	阐　释	参考条款
	总体顾客满意度结果以及航空航天和合同研发部门（图 7.2－1）强调了申报组织的核心竞争力。例如，2009 年至 2013 年第一季度，总体满意度及航空航天和合同研发顾客的满意度有所增加；此外，在 2012 年和 2013 年第一季度，两个细分市场都达到或超过了标杆水平。	六位评审员支持这一点。 合议通话：将评论移至第 2 位。	a（1）
	一些顾客参与度结果可能反映了建立顾客关系能力的增强，从而在未来三年内按业务板块增加了市场份额。例如，从 2009 年到 2013 年第一季度，总体顾客参与度有所提高，并超过了过去三年的行业基准（图 7.2－4）。申报组织的净推荐值得分超过了竞争对手和 2009 年以来的行业平均水平（图 7.2－3）。	图 7.2－3：自 2009 年以来，净推荐值超过了其竞争对手和行业平均水平。 图 7.2－4：过去四年，总体顾客参与度水平从 35% 提高到 55%，高于过去三年的 35% 的行业标杆。 R3：删除图 7.2－5；没有比较报告。排名较后的优势下移。 在第一句话中将“一些”改为“少数”。 合议通话：将评论移至第 3 位。开始第一句为“一些”，而不是“少数”。	a（2）

备注：

所有优势评论都已纳入。

改进机会

－－	改进机会	阐　释	参考条款
	申报组织没有提供对提高绩效的重要领域（例如投诉结果和解决方案，关系属性，与战略目标相关的顾客满意度/不满意度，以及顾客流失）等提供顾客满意度结果。这些结果可能有助于申报组织识别改善其私人接触方法的机会。	六位评审员对缺失结果发表了评论 样本缺失结果： ——给出“流失顾客”［见第 3.2b（2）节］ ——抱怨数据按照症状/问题细分 ——“关系属性”的满意度调查结果［第 3.1b（1）节］ ——与战略相关的顾客满意/不满意指标 ——流失顾客的数量和原因	a
	对于个人电子业务板块，满意度低于航空航天和合同研发业务，低于标杆（图 7.2－1）。此外，个人电子业务的前两位需求，HDLW 和定价的满意度明显低于其他业务板块前两位需求的满意度（表 7.2－2）。提高个人电子产品的满意度结果可能有助于增加这一领域的市场份额。	五位评审员支持这一点。 个人电子业务的顾客满意度在很大程度上落后于其他两个部分： ——图 7.2－1 顾客满意度总体及细分市场水平（2012 年 77%）低于标杆（97%）和航空航天和研发业务。 ——表 7.2－2 不同市场前两位需求的顾客满意度表明定价是个问题。 ——R3：消除趋势；一位评审员对比较和分类是否应放在一个评论中发表了评论。没有使用评论来包含表 7.2－1，表 7.2－3 和图 7.2－2 中的例子，因为这些是更相关的例子。	a（1）

续表

- -	改进机会	阐　释	参考条款
	申报组织没有按业务板块或顾客生命周期细分一些关键的以顾客为中心的结果（例如，净推荐值，总体顾客参与度和累积顾客推荐人数；图 7.2 - 3，图 7.2 - 4 和图7.2 - 5）。细分市场的结果可能通过稳健的操作流程来支持申报组织的核心竞争力，用于了解顾客的业务并超越顾客的期望。	所有评审员都提供了缺乏比较和/或细分的意见。 比较： 表 7.2 - 1：顾客满意度总计结果。 表 7.2 - 2：不同市场前两位需求的顾客满意度。 表 7.2 - 3：不满意。 图 7.2 - 2：新的研发合同。 细分市场： 图 7.2 - 3：净推荐值。 图 7.2 - 4：总体顾客参与度。 图 7.2 - 5：累计顾客推荐数量。 R3：删除比较——一位评审员提供了一个令人信服的观点，即某些指标的比较可能不合适，将重点放在改进机会上。	a

备注：

没有对顾客支持和参与度的不利水平和趋势发表评论。申报组织处于早期阶段，针对缺失结果和个人电子业务板块的改进机会对申报组织的成长更为重要。

得分

得分范围：50%～65%

得分值：50

为什么得分不是在此分值区间之上或之下？申报组织超出了基础要求水平，并在总体要求方面进行了回应，因此将其置于50%～65%的范围内。

不应在低分档是因为提供了有利的成果，有一些向好的趋势和比较信息，并为许多重要领域提供结果。

也不应在高分档是因为缺少细分、比较和对组织重要的一些关键结果。

R2：得分没有变化。

工作表——条款 7.3
以人为本结果

相关的关键因素

1. 使命：让互联电路用户积极参与未来的产品；为员工提供最佳职业规划和高回报；支持社会和环境；增强我们的社区。

2. 425 名员工：女性 51%，男性 49%；员工分类：28% 技术，54% 工厂，18% 支持；种族多样性：64% 白人（社区中占 74%），19% 非裔美国人（社区中占 15%），10% 西班牙裔（社区中占 6%），7% 其他（社区中占 5%）；受教育水平：文学学士/理学学士 +（工程师和管理人员），专科（技术员），高中/同等学力 +（全员）。

3. 安全处理各类化学品和金属；每年参加化学品安全使用说明书（MSDS）和化学品操作行为规范的培训；接受原料安全处理、搬运和使用保全设备的培训。

4. 员工要求（图 P. 1 –3）：工作安全又安心；以一名柯林科技股东而自豪；在工作上与众不同；有学习和晋升的机会；有竞争力的薪资和福利。

5. SA –7 员工享受最佳职业定位和员工股票期权计划，获得与工作相关的能力认证。

6. SC –5 稳定过程；SC –6 二级可持续能力。

7. SO –3 提升员工对精细业务模式的参与程度；SO –4 促进员工展示领导力和参与决策。

优势

+ +	优势	阐　释	参考条款
X	2009年至2013年间的员工满意度和参与结果显示申报组织正朝着为员工提供最佳职位并满足他们需求的方向前行（图P.1－3）。这期间整体的参与和满意度提升高于2013年制造业标杆（表7.3－1）。此外，员工留职率（图7.3－5）上，工厂达到93%，技术员工达到95%，支持部门员工近100%，对工厂和人事部门来说趋势喜人。	评审组八位评审员的有关评论都或多或少提及图7.3－2员工调查结果以及包括留职率在内的其他方面。其他方面还提到安全的内容，但由于已经有关于这些数据的评论，故此处不再赘述。 反馈之后：其他评审员建议取消＋＋，因为申报组织超越标杆的深度不大，而且缺少对标杆代表什么的清晰说明，说的也有道理。基于反馈进行了文字上的调整。 合议通话：修改一些评论文字以聚焦观点，并详述了优势的重要性（参考图P.1－3）。维持＋＋，因为申报组织在所有的调查结果方面都呈现较好趋势，满足员工需求并超越制造业整体参与和满意度的标杆水平。	
	员工能力和开发结果满足员工获得学习和提升机会的需求，同时也增强了员工获得工作所需能力认证的战略优势。能力结果趋势向好（图7.3－1），有关电子连接工业认证和提升可持续发展能力的测量结果也是如此。	五位评审员提到这部分的优势，其中一位觉得优势比较勉强。由于这些内容涉及三个关键因素，而且数量和能力受到培训和资格证的影响，结合到一起来说比较合适。所有评审组成员提到图7.3－1，一位提到图7.3－6，还有一位提到表7.3－4。其他评审员也提到表7.3－4和图7.3－6展示了满足员工学习和提升机会需求的较好趋势，但未与数量和能力联系到一起。 反馈之后：根据评审组建议进行了调整，主要包括删除培训效率和一些其他内容的参考。 合议反馈：进行了编辑上的修改，删除数量指标并聚焦于基于员工发展与能力关联的评论。	
	很多工作环境测量指标契合员工需求。如感到安全放心、拥有有竞争力的工资和待遇、自豪于成为持股者等方面的结果在2009年至2012年间不断提高。具体的健康和安全测量指标（如表7.3－2到图7.3－3）也同期改善。	七位评审员支持这一优势评价，其中一部分主要支持安全和健康因素，另一部分同时也支持更广泛的工作环境因素。 反馈之后：根据评审组建议进行一些文字修改。 合议通话：基于所给的反馈进行了编辑上的修改。	

注释

一些评审员对向好的趋势/比较结果有不同的评价。但在这里不存在某一具体评价，因为合议认为这些图表展示了这三方面的优势。另外还识别了与电子连接工业战略挑战和推进可持续战略目标相关的“＋＋”优势，即“员工战略发展表现这一重要指标的良好趋势”。这些看法在优势a（1，4）中提出。还包括a（1，4）优势中员工发展的结果，这关乎员工能力和数量。

改进机会

--	改进机会	阐　释	参考条款
	申报组织提供的职业发展路径过程（图5.2－1）或接班人培养体系结果非常有限，而且展示领导力的员工百分比在2008年至2012年间（表7.3－4）基本保持不变。监测后备领导力开发的结果将有助于申报组织满足所识别到的需求——扩大接班人体系以培养员工适应领导角色并维持组织长远发展。	一位评审员质疑将领导力开发数据缺失单独提出作为改进机会是否适当。两位评审员强调指出这一点，而我个人也在发送原始报告之后意识到遗漏了这一条改进机会。事实上这是一个战略目标，而在提及这期间员工展示领导力之后就没下文了，并没有讨论继任计划。而事实上申报组织在第一章中指出，在2010年识别到扩大接班人体系以培养员工适应领导角色的需求后，每位领导评审员都负责培养至少一位接班人并制订继任方案，因为可持续发展需要有力的领导者。基于此我将评审组的考虑作为单独一条改进机会放到评论中。 合议通话：前置了之前缺失的改进机会测量指标。无法扩展到更多的缺失指标，如此评价是比较可行的。 反馈之后：为了清晰简洁做了一些建议修改。	a（4）
	技术员工——占到员工总数的28%且是产品创新和合作研发增长的关键资源——的人力资源结果落后于那些工厂员工及一些员工支持指标。如员工数量和能力（图7.3－1），留职率（图7.3－5）以及培训应用百分比（图7.3－6）。技术员工结果的提升将有助于支撑申报组织致力于满足市场增长份额目标和设计未来的产品。	两位评审员提出，这一系列“表现不佳”的技术员工结果与申报组织并不相称。如申报组织声称合作研发团队撬动技术专家开拓新市场，作为技术复杂产品制造商享有声誉，以及组织未来需要开发和实施技术创新。而且，使命和愿景也提出“使顾客参与到未来的互联电路产品开发”“引领未来电路板创新”。最后，核心能力也包括“引领行业进步，尤其是在工业和研发领域”。其技术基础涵盖“机械、化学、电力、材料、工业和制造工程以及信息系统等学科”。 反馈之后：为了清晰简洁做了建议修改。 合议通话：无改动。	a
	对于申报组织具有重要意义的一些结果没有进行细分或仅根据工作职能进行细分。如员工调查结果（表7.3－1），伤害事故率和离开、限制或转移天数（表7.3－2），员工战略行为结果（表7.3－4）。充分的细分将有助于申报组织聚焦于特殊员工群体的满意度、参与度、福利或战略行为。	这条评价综合了五位评审员的意见。其中一位对于图7.3－1缺少细分严格给了双－；其他评审员提出一些数据缺少细分或仅根据工作职能进行有限细分。 反馈之后：为了清晰简洁做了建议修改。 合议通话：删除了中间那句“技术”对于顾客研发服务来说可能是虚假变量。	a
	对于很多以人为本的结果中缺少对比结果，包括多数的员工调查结果（表7.3－1）和员工留职率（图7.3－5）。了解比较行业和其他合适标杆以人为本的结果有助于申报组织实现其较其他组织拥有值得骄傲业绩的价值。	六位评审员将这方面识别为改进机会，只是在表达上略有差别。同时也提到在运用“标杆”进行对比时表达不清，有时不知所云。 反馈之后：为了清晰简洁做了建议修改。 合议：微调文字。	a

备注：

未吸收两位评审员提出的关于趋势平缓、下降或滞后的改进空间，因为其他条款已经更直接提及这些因素将有助于申报组织进行绩效测量。

未吸收质疑关于未遂事故增加是否可能隐藏对“为何未遂事故会发生或如何应对”进行解答需求的评论。

合议：建议删掉改进机会2（“众多对于申报组织十分重要的以人为本的结果未提供。其中包括图5.1－1中识别的安全漏洞和办公室工效设计”，安全审查，最佳职业，员工持股价值，认可度，团队参与，以及招聘/关键特质指标。了解这些方面的绩效指标将有助于促进员工“在工作中创造不同”）。以缺失领导力结果代替：提及了表5.1－1中四个项目中的两个，而且这两个的目标不是0，如果不是放在这里也会很低。而领导力发展是战略目标，对组织发展具有更大的潜在影响。

得分

得分区间：30%～45%

得分值：40

为什么得分不是在此分值区间之上或之下呢？不是50%～65%，多数是因为有限的相关比较/标杆数据，而且勉强达到领先75%而不是更强，同时很多以人为本的结果测量缺失。分数不是更低是因为申报组织满足了总体要求，趋势数据大多向好发展，的确提供了对比数据，很多结果也对应使命的达成。

分数在反馈之后由40%降到35%，仍在同一评分区间。

合议：评分区间合适——建议分数在40%。

工作表——条款 7.4
领导和治理结果

相关的关键因素

1. 文化：家庭式文化，所有员工均被公平对待，相互信任；作为一个拥有者，每位员工积极奉献于公司的成功。

2. 价值观：协作：我们是追求同一愿景的同一团队；承诺：我们履行诺言；行事秉持正直、信任、尊重。

3. 为员工提供最佳职业规划和高回报；支持社会和环境；增强我们的社区。

4. 特殊的人：通过私人接触，与顾客和相关方构建长久的友好关系。

5. 航空航天（国内）：驾驶舱和导航仪表、飞行控制模块；主要顾客：与 GBN 公司独家签约。个人电子（国际）：手机和卫星电话、平板电脑和微型计算机、照相机、玩具；主要顾客：NexTee，MEE2，Sleeker。合同研发（国内）：电路辅助设计、精细线成像开发、生产工序开发；主要顾客：硅谷科技和 Newton 计算机。利益相关方：员工、顾客、合作伙伴、EMS 伙伴、大纳什维尔社区。

6. 社区：提供安全的就业机会、成为空气及水质量管理的榜样，成为商业社区的伙伴（为众多社会组织提供领导力并支持社区发展活动）。

7. SA－1 商业信誉；SA－2 及时响应；SA－3 私人接触。

8. SC－5 员工积极参与可持续能力。

优势

++	优势	阐　释	参考条款
	领导沟通和信任结果（表 7.4－1）支持申报组织“承诺”价值观。例如，“我能与领导直接敞开沟通”的结果在 2013 年保持 100%，好于前 10% 的标杆水平。其他超过前 10% 标杆的还有“我经常收到公司战略的更新信息”，结果是 99.7%，和“我相信领导采取了正确的方向”。	三位评审员一致认为领导沟通和对高层领导的信任是一项优势 a（1，4）。五位评审员认为优势与沟通相关（a[1]）。两位评审员认为道德方面有一个单独的优势（a[4]）。 相关性——与价值观（正直、信任）和“特殊的人”核心能力（构建持久的关系）相关联。 表 7.4－1： 员工给领导团队“我经常收到公司战略的更新信息”的评价结果是 99.7%”。好于前 10% 的标杆水平（95%），趋势也好于这个标杆。	a（1，4）

续表

++	优势	阐 释	参考条款
	领导沟通和信任结果（表7.4-1）支持申报组织“承诺”价值观。例如，“我能与领导直接敞开沟通”的结果在2013年保持100%，好于前10%的标杆水平。其他超过前10%标杆的还有“我经常收到公司战略的更新信息”，结果是99.7%，和“我相信领导采取了正确的方向”。	员工给领导团队“我相信领导采取了正确的方向”的评价结果是89%”。好于前10%的标杆水平（85%），趋势也好于这个标杆。 顾客给“我了解柯林科技的愿景”的评价结果是91%”。好于前10%的标杆水平（85%），趋势也好于这个标杆。 员工调查给“我在公司已经发现有不道德行为”的评价结果是0%”。前10%的标杆水平为1.5%。社区调查给“我愿意关心柯林科技的领导者”评价结果为43%。自2009年22%提高到现在的水平。好于10%的标杆水平（35%）。顾问委员会调查给“顾问委员会行为符合道德规范”的评价结果为100%。	a（1，4）
	组织战略和行动计划的实现和两项核心能力的结果表明申报组织“勇气”的价值。例如，行动计划和战略目标完成的指标2012年均达到100%（表7.4-2）。显像、蚀铜和黑化三个工序的过程能力从2009年到2012年均有提高（图7.1-8），私人接触的正向评价过去三年从6次提高到18次（表7.4-3）。	五位评审员认为战略实现和增强核心能力是一项优势。 表7.4-2：行动计划的完成率自2010年的70%提高到2012年的100%；战略目标完成率自2010年的75%提高到2012年的95%。 表7.4-3：卓越核心能力：私人接触的正向评价自2010年的6次提高到2012年的18次；专业的核心能力：显影、镀铜和黑化工序的过程能力提升了，均超过2。 图7.4-9：明智风险讨论次数从2011年到2012年有提高，但是数据量不足以反映趋势。	b
	申报组织在财务责任方面的结果，满足/超越法律法规要求，治理强化了“承诺”价值观。例如，100%的顾问委员会相信他们的行为符合道德和法律要求（表7.4-1）。此外，申报组织报告2009年至2012年0项外部审核发现和两项或更少的外部观察项（图7.4-4）。	一位评审员有一个对a（2）和a（3）的组合评论。另一位对a（2，3）有一个评论。三位对a（2）有一个评论。一位对a（3）有一个评论。我们需要尝试组合这些评论。 相关性——这些结果强化“行事秉持正直、信任、尊重”价值。 表7.4-1：顾问委员会自我评价结果显示100%相信董事行为符合道德和法律。 图7.4-2：波多里奇自我评价分数从2009年到2012年有了提高。申报组织2012年赢得州质量奖。 图7.4-4：内部审核发现和外部观察项数量从2009年至2012年降低了。没有外部审核发现。 图7.4-5：ISO审核发现从2009年的4项降低到了2012年的1项。没有被惩罚。曾有一个失灵但是已在现场进行了纠正。排放量在当前的许可限度内。 表7.4-1：员工和顾问委员会对“符合性”“法律”“道德”问题的评价评分较高。结果要么是100%，要么在前10%的范围内。 原文：OSHA认可（SHARP & VStar奖）；多种环境认可。	a（2，3）

续表

++	优势	阐释	参考条款
	环境支持的结果展示，申报组织有效应对了其实现“水平3可持续性”的战略挑战。再循环和能源效率改进活动已经持续降低了固态废物（图7.4－6），有害化学物处理出错数已经连续四年降低（图7.4－8）。	基于第一版反馈，在第二版中增加了这条优势评论。这些评论对申报组织而言是重要的，因为在其使命中提出，要支持社会和环境，以及支持实现“3级水平可持续性”的战略挑战。这个评论没有与a（5）的改进机会相互冲突。他的观点是有效的。 ＊图7.4－6：自2009年以来，提高了三个园区的设备能源效率。 ＊图7.4－7显示，固体废物再循环的百分比从2009年的96%提高到2012年的100%。前四年均超过目标值。 ＊图7.4－8：有害化学品处理出错数在2009年和2012年之间，工厂稳定地从5降低到0，技术团队从3降低到1。	a（5）

备注：

电话沟通后修订：

优势a（2，3）——将“治理”移到有用信息的末尾。

第3版修改：

分值：同意45%。没有变动。

优势a（1，4）——删除“＋＋”。留下所有的例子（一位评审员建议删除一些例子；另一位提醒要确保这些例子是完整的）。

优势b——删除与私人接触评价相关的例子。留下那些大概是“那又怎样”的表达。评分册编辑人员可以依据进一步的意见进行删除/修改。

优势a（5）——删除与社会责任相关的句子。

第2版修改：

基于反馈，增加了a（5）的评论。详见表中的理由陈述。

第1版笔记：

第一个优势——领导沟通和信任——可以分成两个评论，以增加更清晰的例子。但是我仍保留一个，这样评论平衡将更好地反映评分。申报组织领悟一个评论的要点。

第二个优势——战略实施的结果——由一组团队成员提出的，总的来说要排到第三个优势之前。

第三个优势——治理、财务责任和法规——将合并a（2）和a（3），由一位评审员在内部评审（IR）时提出。一个很有帮助的观点。

这有一个普遍的观察发现，“我不提议优势”。四位评审员注明这条。其他人也有一些方面的有利结果：

a（5）——申报组织有几个与环境相关的社会支持的指标。我没有将它们写在第一版的优势，因为一个改进机会是a（5）漏报一些结果。我在强调漏报结果之前会简要认可这些有利的结果。申报组织或许已经涵盖了这些有利结果，因为他们碰巧也是有利的。但是他们没有说明这些方面，申报组织告诉我们，他们正在聚焦于为社会和其关键社区创造福祉。

改进机会

- -	改进机会	阐　释	参考条款
X	漏报了一些指标结果，申报组织如何很好地满足在业务区域作为伙伴的社区要求的指标，以及增强社区参与的活动指标（表1.2－2），如对当地学校计算机实验室的支持。跟踪这些测量指标可以支持更新的关于增强其社区的使命。	七位评审员列出这条改进机会，五位将其列为排名第一或第二的发现。 相关性——最近使命更新，包括了“增强我们的社区”。还有，大纳什维尔社区是一个关键的利益相关方。 基于第一版反馈，我去掉了对这条意见的“－－”。我还调整了文字，将环境支持与社区支持的问题分开。在提供设备能源效率（图7.4－6）结果的同时，也提供了其他方面结果，如再回收过程浪费（图7.4－7）、有害化学品处理出错（图7.4－8）、水净化和再利用，等等。 在图1.2－2中，没有报告有关社区参与活动的结果。没有提供作为业务社区的合作伙伴的社区要求的结果，也没有提供市民组织领导力和社区发展活动的支持方面的结果。	a（5）
	申报组织没有报告一些识别的利益相关方的领导有效性结果（表7.4－1）或者其他利益相关方团体的细分结果。例如，没有给出伙伴供应商或顾客方面的信任结果。此外，员工、顾客和其调查结果，没有按照员工类型、顾客类型和两个EMS伙伴供应商，分别区分调查结果。没有这些结果，申报组织或许会丢失这些团队的回答中的不同。	根据一位评审员的建议，我合并了a（4）和a（1）评语。二者讲的都是同一问题：没有报告基于利益相关方及其利益相关方下级团体的领导和治理结果。 a（1）：三位评审员将这一点作为改进机会。 相关性——对细分群体之间的结果不同缺乏理解。 从表7.4－1体现的信息： 员工调查结果没有按照员工类别（工厂、技术等）进行区分。 顾客调查结果没有按照顾客类别（航空航天等）进行区分。 伙伴供应商调查结果没有按照EMS伙伴进行区分。图7.4－3——与领导成员的双向讨论的结果没有按照员工类型区分。 a（4）：三名评审员将本条列为一个改进机会项。 相关性。对（诚信）承诺的价值观。丢失的结果关系到三类利益相关方：顾客、社区和伙伴供应商。 给出了员工关于诚信的结果，但是伙伴供应商或顾客的结果没有报告。 相关性——没有这些结果，申报组织也许不能完全理解它与两类重要的相关方的关系，它们会影响可持续性。 申报组织没有报告顾客、社区，或伙伴供应商在高层领导和治理的诚信方面的结果。 这些结果或许可以帮助申报组织知晓他们秉持正直、信任、尊重的努力是否获得关键利益相关团体的认可。	a(1，4)

续表

--	改进机会	阐　释	参考条款
	大多数领导和治理的结果缺乏对比数据。没有这种数据，特别是没有环境测量指标，申报组织也许不能确定其过程是否是领先的最佳实践结果。	四位评审员将缺乏对比数据作为一个改进机会。 相关性——价值观“伟大”：我们为取得超越他人的绩效而自豪。 在7.4的12个图表中，只有一个图表（表7.4－1利益相关者调查结果）有对比数据，并且该图25个指标仅有11个有对比数据。 注：这条看来并不像一项改进机会那么强烈，因为我们并不预期看到一些特别具体指标的结果的对比数据，诸如生动词语效果、讨论线索、战略和行动计划的完成情况，以及明智风险讨论。还有，一些没有对比数据的结果已经达到了可能最好的水平（图7.4－4——在2012年没有外部审核发现和观察项），或者是基于外部准则（图7.4－2——波多里奇评分700，由州奖获得者确认）。然而在环境指标方面，确实应该有对比数据。	a，b

备注：

电话后修订：无。

第3版修改：

改进机会a（5）：文字修改以更加清晰。

新的改进机会a（1－4）：按照一位评审员的建议，我合并了a（4）和a（1，2，3）的评语。二者都是聚焦同样的问题：没有报告基于利益相关及其下级团体看法的领导和治理方面的结果。

改进机会a（4）：与改进机会a（1，2，3）进行合并。

改进机会a（1，2，3）：与改进机会a（4）进行合并。改进机会a，b——去掉一些影响表达清晰的语言。

第2版修改：

修改a（5）的评语，删除重复内容。详见理由陈述中的注释。

第1版笔记：

第一个改进机会：没有满足社区需要的结果，是不可少的选项。并且它应从另外一个改进机会（缺失在领导方面的信任的结果）。与这个的相关性是明显的：它是使命的关键部分，而且是最近新加的。

第二个改进机会：没有针对顾客、社区和合作伙伴的领导信任方面的结果，让我争论它是否比下面第三个与细分有关的改进机会更强烈。他们与申报组织有紧密的关系。另外（见下面），有一个包括另外评语的案例，评语是关于没有报告法规符合性和一些道德指标的结果。我极力说服将它们合并到这条评语中。我实在不想冲淡这个信息。

第三个改进机会：缺乏细分，主要适应于表7.4－1。但是它有较强的相关性，因为在每一个利益相关方群体内都有重要的细分，在调查问题上可能存在不同的观点。

第四个改进机会：缺乏比较数据，有一些优点，尽管它是微小的。但是因为一位评审员指出了，我复制并将之放在理由陈述栏目中。这条不太适合比较。但是我将这个评语放在第一版中，作为最末位的改进机会。

对于以下观察项，我不再发表意见：

有些其他方面没有的结果，如法规符合性（一位评审员提出）；类似的结果，如道德热线或得到培训的有效性（一位评审员提出），会计通则的符合性和萨班斯法案（一位评审员提出）。这些能够合理地组成另一个改进机会，但是我忧虑的是将会有太多的改进机会。类似地，一位评审员提出 a（3）的一项关于法规测量指标的观察项，如空气中的化学物、挥发性化学物，水污染。这些没有的结果的项目与第一个改进机会中社区环境指标有重叠。因此我删掉了重复内容。

一位评审员有一个 a（1）观察项（表 7.4－1），两个员工满意度问题有较低的水平。没有包括这些是因为分值仍然在前 20%，尽管水平低。一位评审员有一个 a（1）观察项，在图 7.4－1 中，相对于工厂和支持类员工而言，对技术人员了解不足。我个人认为，这是一个合理的改进机会，但并非有这么重。一位评审员有一个 a（b）部分的观察项，关于组织战略实现的指标是否有意义。我还是选择不列出这些结果，不做优势也不做改进机会。但是我尽量整合评审组的智慧，放在第一版中。这个观察没有列出，因为它与优势评论相冲突。

评分

得分区间：30%～45%

得分值：45

为什么得分不是在此分值区间之上或之下呢？电话后修改：无。

水平：有许多没有报告。

趋势：总的报告结果不错。我愿意给 50～65。

比较：不确定如何评价这方面。我们已经提出没有报告对比数据是一项改进机会，但是我不希望将之给予太多的评分权重。

整合：这是个重要事情。漏报结果，应将分数置于 30%～45% 分值区间：“在许多重要方面报告了结果……”，但是当然没有达到 50%～65% 分值区间：“在大多数方面都报告了结果……”我建议给这个条款 45。

工作表——条款 7.5 财务和市场结果

相关的关键因素

1. 愿景：引领未来电路创新。

2. 独创：引领产业进步，特别是在工程和研发领域；专业：通过稳健的运营过程，理解我们的顾客并超越他们的期望；特殊的人：通过私人接触，与顾客和相关方构建长久的友好关系。

3. 航空航天（国家）：驾驶舱和导航仪表，飞行控制模块；主要顾客：与 GBN 公司独家签约。个人电子（国际）：手机和卫星电话、平板电脑和微型计算机、照相机、玩具；主要顾客：NexTee、MEE2、Sleeker。合同研发（国际）：电路辅助设计、精细线成像开发、生产工序开发；主要顾客：硅谷科技和 Newton 计算机。

4. 有能力利用全部国产原料生产印刷电路板的几家美国公司基本平分了这一市场。

5. SC－1 通过兼并的行业扩张；SC－2 扩大顾客 R&D 服务；SC－3 高密度低重量（HDLW）。

6. SO－2 未来三年提升不同细分市场的市场份额。

优势

++	优势	阐释	条目参考
	一些财务结果支持申报组织的使命，为员工及其作为提供高回报。例如，航空航天销售额从 2009 年到 2012 年的改进，每年都超过最强的竞争者，研发销售额从 2009 年到 2012 年稳步增长（图 7.5－1）。	评审员都支持。一位评审员给了"++"，包括图 7.5－1 到图 7.5－4。 （LeTCI） 航空航天销售（图 7.5－1）改善从 2009 年的 MYM5.87 百万到 2012 年的 MYM6.565 百万，超过了最强的竞争者。 EBITDA（图 7.5－2）改善从 2009 年的 9.6% 到 2012 年的 10.1%，超过了对比标杆。 毛利率（图 7.5－3）改善从 2009 年的 33% 到 2012 年的 39%，超过了对比标杆。 净资产回报率（图 7.5－4）改善从 2009 年的 7.5% 到 2012 年的 8.3%，超过了对比标杆。	a（1）

续表

+ +	优势	阐释	条目参考
		研发销售额改善从2009年的4800万美元到2012年的7500万美元。 尽管在优势评论中我列出了相对绩效，但是我也列出了和竞争结果相关的一个改进机会。 在评论中增加研发销售额因其包含在KT内。 所有评审员在第__版评论中支持此评语。	a（1）
	几个资产效益的指标结果和申报组织专业知识的核心竞争力相一致。实例包括库存周转数（图7.5－5），自2009年已超越了标杆；应收账款周转天数（图7.5－6），改善从2008年到2012年，已超越2012年的标杆。	所有评审员支持这些结果作为优势。 库存周转数（图7.5－5）从2009年的31转改善到2012年的36转，优于标杆。 应收账款周转天数（图7.5－6）从2009年的35天改善到2012年的25天，优于标杆。 个人电子缩减的单位成本（图7.5－7）改善从2009年的+0.005到2012年的－0.045，优于标杆。 收到反馈报告后，我把第一个优势评论分成两个单独的评论。 所有评审员在第二版评论中支持此评论。	
	赢得的可用回头客百分比（图7.5－8），市场绩效的一项关键指标，改善从2009年到2013年第一个季度，已经优于自2010年行业最佳。这个结果和申报组织与顾客建立长久关系的核心竞争力相一致。	七位评审员。 （LeTCI） 图7.5－8赢得回头客百分比自2009年的60%到2013年第一季度的80%顺利的增长，自2010年开始申报组织超过行业最佳。 在第二版评论中，所有评审员支持此评论。	a（2）

改进机会

–	改进机会	阐释	条目参考
X	申报组织没有汇报市场绩效和与战略规划关联的增长的一些指标。实例包括增加航空航天、个人电子市场份额和合同研发顾客的战略目标（图2.1－5），生产原型和增加新合同的战略行动规划（表2.2－1）。这样的结果可能帮助申报组织知道其行动规划是否产生预期的结果。	八位评审员。两位评审员给了“－－”。我选择－－这个是基于申报组织增加其业务领域的市场份额的战略目标和没有汇报结果的行动规划。 （LeTCL） 尽管在图2.1－5的战略目标中列出了市场份额目标，但仍没有汇报市场份额结果。 同样，成功原型和新合同的数量结果也未汇报，见表2.2－1的AP指标。 在第二版评估中，所有评审员支持这个－－的评论。	a（2）

续表

–	改进机会	阐释	条目参考
	航空航天、个人电子和合同研发业务领域没有汇报财务和市场绩效的大多结果。市场细分结果，比如赢得的回头客百分比（图7.5－8），可能没有包含帮助申报组织实现这些业务领域增长战略的信息。	七位评审员。 （I） 在这个条目中只有一个结果（图7.5－1）包含了全部3个业务领域的结果。结果没有细分：息税折旧摊销前利润（EBIDA）图7.5－2，毛利率图7.5－3，净资产回报率图7.5－4，库存周转数图7.5－5，应收账款周转天数图7.5－6，个人电子缩减的单位成本图7.5－7，赢得回头客百分比图7.5－8。 因为一位评审员的意见反馈，所以修改成把其中一个结果和战略规划联系在一起。 在第二版评论中，所有评审员支持评论。	a
	对于个人电子业务领域，销售趋势平平，销售水平远低于2012年的最佳竞争者（图7.5－1）。这些结果可能表明申报组织实现其这个领域增长目标的当前战略对实现领导未来电路创新没起到作用。	四位评审员 （LeTCI） 业务领域的销售额（图7.5－1）表明相对平稳的研发销售额，远低于2亿美元。自2009年个人电子的销售在近2.6亿美元已被保持基本上的平稳，远低于2012年个人电子最佳竞争者的3.85亿美元。 反馈意见显示由于研发销售在技术上有所改善，不应将其纳入评论。我想让其他评委对此评估，避免评论固守在一个结果上。 在每个反馈报告中加“和/或产品生产线”。 在第二版评论中，两位评审员支持从这个评论中移除研发平稳的销售。 所有其他的评审员支持所写的评价。在最后，我选择移除它。	a（1）
	财务和市场结果包含有限的竞争数据。认识到与竞争对手相比的绩效和改进空间，有助于申报组织获得两方面的巨大价值——为自己的业绩感到骄傲，同时有助于测量增加市场份额这一战略目标的达成情况。	四位评审员。我们中的几个支持在优势评论中使用对比，经过考虑，由于缺乏竞争者结果，我选择支持作为改进机会。 （C） 只有一个结果，业务部门的销售额（图7.5－1）包含了某些关键竞争者结果。另外的7个对比结果明确了作为标杆或行业最佳的对比。 在第二版评论中，一位评审员不支持评论，因为标准要求适当的对比数据和申报组织为大多指标提供标杆。他建议删除评论。其他所有评审员支持评论。我把它留在共识通话。	a

备注：

因为其他四个有较强的关联性，和缺失结果相关的改进机会不可用。我总是不情愿告诉申报组织财务报告应该汇报些什么。这在我看来似乎是规定的边界，和不可用的缺失结果相关的评论包括：

a（1）——“和预算相关的绩效结果没有汇报”。

a——“缺失的市场绩效指标可能包括新产品/提供的服务；市场进入；新产品/服务收益的百分比。缺失的财务绩效指标可能包括业务部门预算百分比，预算、准备金、现金流的绩效。”

a（1）——“没有关于‘为未来资本支出做储备－战略挑战’的结果：我认识到这个指标的重要性。然而，我并没有对此提出改进机会的建议。”

评分

得分范围：30%～45%

得分值：45

为什么得分不是在此分值区间之上或之下呢？不应在低区间是因为申报组织的报告有多个结果。也就是说，这可能有很多申报组织可以汇报的结果。汇报的所有结果展示了趋势，大多是向好的。几乎所有的结果包含了对比。

分数不应在高区间是因为汇报的大多结果没有细分，对比数据相关性不清晰的，几乎没有汇报关键竞争结果。此外，一些和实现战略规划相关的结果没有汇报。

在第二版评估期间，两位评审员支持把分数提高到50分。另外两位则支持把分数降低到40。将把分数保留在45分，并在电话会议中讨论。

合议评审

准则条款汇总	最大可能分值	百分比分值	分值	分值档
类目 1 – 领导				
1.1 高层领导	70	60%	42	
1.2 治理和责任	50	50%	25	
类目合计	120		67	
类目 2 – 战略策划				
2.1 战略制定	45	55%	25	
2.2 战略实施	40	50%	20	
类目合计	85		45	
类目 3 – 以顾客为中心				
3.1 顾客声音	40	60%	24	
3.1 顾客参与	45	50%	23	
类目合计	85		48	
类目 4 – 测量、分析与知识管理				
4.1 组织绩效的测量、分析与改进	45	50%	23	
4.1 知识管理、信息和信息技术	45	55%	25	
类目合计	90		47	
类目 5 – 以人为本				
5.1 员工环境	40	60%	24	
5.2 员工参与	45	60%	27	
类目合计	85		51	
类目 6 – 关注运营				
6.1 运营过程	45	55%	25	
6.2 运营有效性	40	50%	20	
类目合计	85		45	
类目 1 – 6 合计	550		303	4（261 – 320）
类目 7 – 结果				
7.1 产品和过程结果	120	40%	48	
7.2 以顾客为中心的结果	90	50%	43	

续表

准则条款汇总	最大可能分值	百分比分值	分值	分值档
7.3　以人为本结果	80	40%	34	
7.4　领导和治理结果	80	45%	36	
7.5　财务和市场结果	80	45%	36	
类目 7 合计	450		197	3（171－210）
总计	1000	总分	500	

2013 柯林科技反馈报告

引言

波多里奇卓越绩效项目

美国商务部·国家标准与技术研究院

2013 年 7 月

柯林科技反馈报告是由资深的波多里奇评审组在独立和合议评审《柯林科技自评报告》之后，形成的一份虚拟的波多里奇质量奖反馈报告。《柯林科技自评报告》描述了电子（集成电路）行业的一家小型高科技制造商，案例所虚构的柯林科技与任何一家现实组织没有联系，除一些国家和政府组织外，案例中所提及的其他组织皆属虚构。该案例的主要目的是作为波多里奇评审员及相关人员的培训材料，所以案例中有些准则要求故意没有涉及。

柯林技术的过程条款得分在第 4 评分带（50%～65%），结果条款得分在第 3 评分带（30%～45%）。过程条款得分在第 4 评分带的组织有系统、有效的方法应对准则的总体要求，但在有些方面和部门的展开有所不同。关键过程得益于基于事实的评价和改进，方法与组织需求不断协调。结果条款得分在第 3 评分带的组织，对于准则要求和组织使命的重要方面取得较好绩效结果。一些重要方面的结果有对比和趋势数据，其中一些向好趋势明显。

如需获取波多里奇项目产品和服务，请联系：

波多里奇卓越绩效项目

行政楼 A600 房间

行政大道 100 号，1020 信箱

马里兰州盖瑟斯堡市　邮编 20899－1020

电话：(301) 975－2036

传真：(301) 948－3716

电子邮箱：baldrige@ nist. gov

网址：http：//www. nist. gov/baldrige

BALDRIGE CRITERIA®，BALDRIGE PERFORMANCE EXCELLENCE PROGRAM and Design®，CRITERIA FOR PERFORMANCE EXCELLENCE®，MALCOLM BALDRIGE NATIONAL QUALITY AWARD®，和 PERFORMANCE EXCELLENCE®，都是联邦注册商标；BALDRIGE 25 YEARS BUILDING AN EVEN BETTER FUTURE and Design™，是美国商务部国家标准与技术研究院的服务商标。以上商标符号和服务商标禁止未经许可使用。

国家标准与技术研究院（NIST）是美国商务部所属部门，负责管理波多里奇项目。国家标准与技术研究院 100 多年来一直致力于服务美国产业界、科学界和公众，肩负以先进的计量科学、标准和技术推动美国创新和产业竞争力的使命，不断增强经济安全并提高群众生活质量。国家标准和技术研究院在三个合作项目中承担自身使命，其中包括波多里奇项目。另外两个是 NIST 实验室，通过研究推进国家技术基础，致力于美国产业界持续改进产品和提升服务；霍林斯制造业扩展伙伴计划中心（Hollings Manufacturing Extension Partnership），各地方中心构成全国性网络为小型制造业提供技术和商业帮助。

建议参考：Baldrige Performance Excellence Program. 2013 Collin Technologies Feedback Report. Gaithersburg，MD：U. S. Department of Commerce，National Institute of Standards and Technology. http：//www. nist. gov/baldrige.

2013 年 10 月 29 日

米歇尔·布兰登女士

柯林科技

工业路 624 号

田纳西州纳什维尔市，邮编 37217

亲爱的布兰登女士：

祝贺您勇于接受波多里奇的挑战！我们佩服您对追求卓越绩效的执着。这份反馈报告是对贵公司申报 2013 年马尔科姆·波多里奇国家质量奖的反馈，由评审委员会的志愿专家撰写。报告对贵公司的管理成熟度进行了打分，并识别了公司的优势和改进机会。报告并不旨在提出贵公司今后特定的行动举措，但包含了评审员对贵公司的洞见。有些情况下，反馈报告的评论并未一一覆盖条款要求的方方面面，这是由于评审组在综合意见的基础上为了突出贵公司最重要的优势和最迫切的改进机会。详情请参考下文“阅读反馈报告之前”，了解运用反馈报告信息的方法。

我们期冀反馈报告中的评价能够清晰展现给您，方便您将反馈报告的内容整合到组织持续改进的方案过程中。为便于理解，每条评论之前都标注了相应准则条款。此外，报告中的评论非常简洁，第一句话通常是概况总结，并辅以例证。由于不允许评审员与申报组织进行直接沟通，所以请您在对报告中的评论存在疑问时与我联系（310）975－2360。我们将与评审员们联系，并给您清晰的答复。

该反馈报告并非贵公司改进的唯一思想来源，当年的和之前的波奖获奖者都可以成为您在追求卓越道路上的潜在资源。获取获奖组织的联系方式，可登录网站 http：//www. nist. gov/baldrige。2013 年奖项获得者将在 2013 年 4 月 7～9 日的年度追求卓越大会上分享他们的经验。以往的获奖者也将参加我们领域的会议。有关波多里奇项目的信息可以在我们的网站获得 http：//www. nist. gov/baldrige。

每年我们都会对申报组织进行关于反馈报告和整个申报过程的满意度调查。大概 30 天左右，您会收到来自审定委员会的顾客满意度调查问卷。作为申报组织，您是唯一有资格针对我们运作波多里奇项目过程中所用的材料和过程提供有效评价的。所以请您完成并反馈这份调查，以帮助我们不断改进项目。

感谢您参与马尔科姆·波多里奇国家质量奖。祝您在卓越的征程中不断取得成功。

谨致问候。

罗伯特·法麦耶

波多里奇卓越绩效项目　执行主任

柯林科技

决定拥抱波多里奇计划是你公司参与一项旅程的承诺。它将花费时间，它需要奉献，需要投入资源。但是我确信，它会给你带来巨大的回报！

嘉吉公司副总裁　杰里·罗斯（Jerry Rose）

嘉吉谷物制粉总裁、区域生产经理　艾伦·威利斯（Alan Willets）

2008 年波多里奇奖获得者

准备阅读反馈报告——

你的反馈报告包含波多里奇评审员基于对你组织的理解而总结的观察发现。评审组根据波多里奇准则要求提供了对贵公司优势和改进机会的评论。这种反馈并不旨在综合性或者规定性，旨在告知在评审员看来贵公司有哪些优势值得庆祝、哪些空间存在改进。反馈报告不会覆盖准则的每个要求，也不会详细指出如何抓住改进机会。您需要自己确定对公司来说什么是最重要的、什么才是把握改进机会的最好做法。

如果贵公司最近一段时间没有申报过，你可能会注意到报告中反馈评论的表达结构有变化。针对申报组织的反馈，波多里奇项目要求评审员第一句话就指出评论的主旨，接着举例说明，从而在多数情况下呈现简明、聚焦的评论。此外，项目还在每条评论中涵盖准则条款，以帮助您更好地理解反馈报告。每份 2013 年反馈报告还都包括了附录 A 中的图，该图展示了贵公司与 2013 年申报组织平均得分的比较情况。

申报组织可以以不同方式理解和应用波多里奇反馈报告的评语。为使报告最大限度发挥作用，我们从历年申报组织的经验中整理了以下技巧供参考。

- 以放松的心情和开放的心态来阅读波多里奇反馈报告。既然您申请获得这份反馈报告，那么就阅读这份报告，抽时间消化这份报告，而后再读一次报告。
- 在阅读每条评论前，回顾相应的准则要求（现已附在每条评论中）。这将有助于您理解评审员评价的出发点。
- 特别注意**加粗字体**的评论。这些评论代表评审组认为特别重要的内容——评审组认为对组织的绩效实践、能力、结果以及特定条款的得分具有实质影响的优势或改进机会。
- 您比评审员更加了解自己的组织。如评审员误读或误解了您的申报材料或其中的信息，请不要低估整个反馈报告。再看看其他的评论，并关注最重要的那些。

- 庆贺你组织的优势，并巩固它们，以实现世界级绩效和竞争优势。你们的努力付出值得为自己庆贺。
- 运用优势评论作为改进其他需要做好的工作的基础。向整个组织分享优秀实践可以加速组织的学习。
- 排列改进机会的优先次序。您不可能一次做完所有事，请想想目前对组织来说最重要的事情是什么，并决定先做哪件事。
- 将这份反馈报告作为你组织战略规划过程的输入，聚焦于对战略目标有影响的优势和改进机会。

> 波多里奇是一个机会，就其本身来说，是一种我们获得非常专业、外部视角的业务审查，以及如何管理业务的方式。……这是一件很有价值的事……这将是一段精彩的旅程。
>
> 帕特里克·麦金尼斯（Patrick McGinnis） 总裁、CEO
> 雀巢宠物食品公司
> 2010 年波多里奇奖获得者

> 波多里奇要求……展示了组织内部运行架构、治理体系、业务经营方式等方面存在的差距。一旦你发现了这些差距，你将采取措施解决……毫无疑问，波多里奇已经帮助我们美德拉德成为了各方面更好的公司。
>
> 塞缪尔·里昂（Samuel Liang） 总裁、CEO
> 美德拉德（MEDRAD）
> 2003 年、2010 年波多里奇奖获得者

关键主题

关键主题——过程条款

在马尔科姆·波多里奇奖的资料合议评审阶段，柯林科技的过程条款（1.1－6.2）得分在4档。对过程评分档的解释，请参照表9a，过程评分档描述。

一个组织的过程评分在4档，典型地展示了有效系统的方法，响应了准则的总体要求，但是在一些方面或工作单元的部署存在不同。关键过程受益于基于事实的评价和改进，方法与总体组织的需求保持一致。

a. 在柯林科技对过程条款的回答中，识别的最重要的优势或杰出的实践（对其他组织有潜在的价值的）如下：

- 柯林科技展示其对以顾客为中心的理念有很好的部署方法，突出强调专家和特殊的人的核心能力。通过多种倾听方法从当前、以往和潜在顾客那里获得数据，并且确定顾客满意度和参与度，包括焦点小组、报告和调查。这些信息统统都记录在顾客关系管理系统（CRM）中，系统还包括关于所有顾客交往的信息。申报组织使用这些信息支持战略性和日常运营性决策，识别纠正措施和过程改进机会。公司为每一个顾客任命一名柯林顾客支持代表（CCA），帮助管理顾客全生命周期的关系。抱怨被系统地记录在CNet网上，传递给适宜的CCA，跟踪处理结果，有关信息送达关键的内部利益相关者。这些方法支持申报组织有关响应和私人接触的战略优势，可以帮助实现战略目标，提高市场份额。

- 柯林科技用于营造积极的员工氛围和增强员工参与的各种系统方法表明公司非常尊重员工的价值。高层领导者使用多种方法与员工进行沟通，并鼓励他们参与，包括会议、电子和社交媒体、散步交谈和职位谈判。公司对所有的重要决策都使用正式的沟通，并且开发了“生动词语”以帮助澄清部署问题。各方面的标准，如人体工效、照明、噪声以及各种防护性设备，每月加以审核，以确保员工安全和安心。员工享有多种福利和服务。申报组织每3年分析员工个人问题与总体参与度和满意度之间的相关关系和回归关系，以此系统确定影响员工参与的关键因素。这些过程落实了申报组织向员工提供最佳职业规划的使命要素。

● 高层领导者以几种系统方法指导和支持申报组织。他们向员工、伙伴供应商和顾客宣讲、每年评估和部署公司的使命、愿景和价值观。高层领导者通过领导力系统营造一个可持续的组织；校准战略目标、核心能力、行动计划和测量指标；开展周绩效评审；讨论学到的经验教训。他们强调对于行动的关注，将战略目标、行动计划和计分卡指标层层分解到业务细分市场、部门、团队和员工个人。高层领导运用多种方法与顾客、伙伴供应商和员工进行沟通。这些方法帮助高层领导者打造了一个能够应对公司面临的各种战略性挑战的可持续性组织。

b. 在柯林科技对于过程条款的回答中，识别出的最重要的机会、隐忧或弱点是什么？

● 柯林科技如何对创新进行管理的信息是不清楚的，这对于实现其领导未来电路创新的使命可能是至关重要的。申报组织在如何营造支持创新、产生创新主意以创造战略机会并确定实施那种机会方面的证据是有限的。此外，没有证据表明，首席创新官、产品开发和创新过程、绩效卓越小组与领导团队共同系统合作对创新和实施战略机会进行管理。必要时，可能要终止实施某种创新机会，回答中没有描述此方法。申报组织没有澄清其员工绩效管理系统如何强化承担对实现创新有价值的明智风险。没有管理创新的系统方法，申报组织有可能无法充分发挥其智慧性核心能力的作用。

● 几种关键方法缺乏系统评价和改进的证据。例如，多种领导过程——诸如那些与高层领导者对法律和道德行为的承诺有关的过程、与员工和顾客沟通的过程、领导团队的指导和继任安排的方法，都没有进行定期的评价。此外，有些学习循环的证据是有限的或是缺乏的。例如，申报组织关于员工支持和市场细分的方法，还有几个与员工环境有关的过程，包括能力和能量研究；团队结构过程；员工健康、安全和最低标准的确定。系统评价和改进这些方法也许能帮助申报组织实现其战略目标和满足利益相关者的需要。

● 一些关于申报组织在绩效预测、顾客信息的使用和顾客关键构建的方法没有提供或没有系统的呈现。例如，没有提供申报组织三年长期策划的预测。此外，申报组织在预测未来绩效时没有描述他如何使用绩效评估发现竞争性数据，也没有表明预测其竞争对手或可比较组织的绩效。还有，在预测未来顾客群和市场细分方面、在确定顾客、顾客群和细分市场追求业务增长方面，或者在市场营销和构建顾客关系以获取顾客方面，公司没有表明有使用信息的系统方法。额外关注这些方面的未来情况也许可以增强申报组织的可持续性。

关键主题——结果条目

柯林科技结果条款（7.1－7.5）得分落在第 3 档。关于结果得分档的解释，请参阅表 9b，结果评分档描述。

一个组织结果得分在第 3 档，说明其结果典型地应对了准则基本要求的重要方面，并以好的绩效结果履行了组织的使命。在结果的一些重要方面，提供了比较性的数据，而且证据表明有向好趋势。

c. 考虑柯林科技的关键业务/组织因素，在对结果条款的回答中，发现的最显著的优势是什么？

- 员工满意度和参与度的一些结果表明，柯林科技向员工提供最佳职业规划的使命正在取得进展。例如，从 2009 年至 2012 年，总体参与度和满意度持续上升而且超过了制造业标杆水平。还有能够反映满意和参与水平的，员工保持率工人为 93%、技术人员 95%，支持性员工近乎到 100%。员工氛围指标也显示，员工感到安全和安心的关键要求的向好趋势、员工对成为股东引以为豪、工作上创造不同、有竞争性的工资和福利。此外，具体的健康和安全指标，如员工参与健康活动；员工因非致命工伤缺勤率（DART）和报告的事故比率；险情报告；有害、有毒和铅暴露显示出与高绩效工作环境相一致的向好趋势。

- 几项以顾客为中心的结果凸显申报组织的专业核心能力。从 2009 年至 2012 年，总体顾客参与度持续提高，超越过去三年的行业标杆水平。在净推荐率（NPS）方面，柯林科技 2009 年以来的表现远高于竞争对手和行业平均值。总体上，顾客满意度各项指标，以及航空航天和合同研发细分市场的顾客满意指标均展示出好的结果和四年向好趋势。此外，与顾客满意有关的关键指标显示出好的结果水平和向好趋势，包括可靠性、高密度低重量（HDLW）能力、功能性、交付、接收质量和响应性。业务细分市场的两项最高要求的顾客满意结果在报告的六个方面中，有五个显示出高水平和向好趋势。

- 一些领导结果支持柯林科技关于承诺和勇气的价值观。例如，100% 的员工说他们能够与领导者开诚布公地沟通，99.7% 的员工报告他们经常收到公司战略的更新信息。这些结果好于前 10% 的比较者，因此员工相信公司领导者采取了正确的方向，并且可以放心地报告可疑的不符合行为。组织战略和行动计划实现的结果显示出好的结果和向好趋势。财务责任的结果，满足和超越法律和监管部门以及内部治理的要求，显示出总的向好趋势或持续的高绩效水平，环境指标也是如此。这些领导结果也许帮助申报组织应对其实现3级水平可持续性的战略挑战。

• 一些财务指标支持柯林科技实现员工高回报的使命。收入、利润、毛利、净投资回报率（RONA）等指标结果显示向好的趋势并超过了标杆水平。从2009年至2012年，总收入持续提高，航空航天和合同研发市场也是如此。其他财务结果显示出向好趋势，并超过标杆水平，包括库存周转率、应收账款周转天数、单位成本下降。

d. 考虑柯林科技的关键业务/组织因素，在对结果条款的回答中，发现的最显著的机会、弱点和差距（与数据、比较、联系有关的）是什么？

• 对柯林科技有重要关系的几个方面的结果有缺失或不足。例如，没有报告市场绩效和增长结果，这与提高航空航天、个人电子和合同研发的市场份额的战略目标相关，或者与生产原型或提高新合同的行动计划相关。应急准备结果不足，它们是与几个关键过程要求有关的创新和绩效方面的结果。在职业生涯管理（CPM）过程或培育领导者系统——诸如指导、辅导或团队领导角色，或者申报组织如何更好地满足社区要求方面，没有给出结果。在这些方面的实施和辅导指标也许可以帮助申报组织评估其满足利益相关者的需求和实现战略目标的程度。

• 几项关键指标没有按照适当的组进行归类。有些员工指标，如员工调查结果、工伤和DART率，以及员工战略行为，没有按照员工类别进行区分。利益相关方对领导有效性的感知没有按照员工类别、顾客市场和电子制造商服务（EMS）伙伴进行区分。许多财务市场指标没有按照业务市场进行区分，包括库存周转率、应收账款天数和重复购买数量。没有适当的结果区分，柯林科技也许不能聚焦于那些对绩效有巨大影响的方面。

• 柯林科技没有提供几个关键结果的对比数据。例如，有些产品和过程结果没有对比数据，包括及时接收和接收质量、面向制造和及时交付的合同研发设计、顾客支持的及时性和准确性、支付的准确性和及时性。一些员工结果的对比数据也缺失了，诸如最大的员工调查结果、员工保持率、参与健康活动的比例、有害、有毒和铅暴露，以及员工认证。领导、治理方面的结果很少。了解与行业和竞争标杆的绩效也许帮助申报组织履行其价值观：相比较其他竞争者，我们对我们的业务绩效感到自豪。

• 个人电子业务市场显示出几个不利的结果。例如，个人电子销售收入业绩平平，明显低于最佳竞争者的绩效。在这些市场的胜率显示出混合的趋势，低于航空航天和合同研发市场。此外，个人电子顾客满意度，只有77%，低于其他业务市场的满意度，以及97%的满意度标杆。个人电子的前两个要求，高密度低重量（HDLW）和价格明显低于其他业务市场的前两个要求。提高个人电子市场的结果也许对实现提高15%的个人电子市场份额的战略目标至关重要。

优势和改进机会的详细情况

在每条评语前的数字和字母代表该评语对应的准则要求。并非每条准则要求都有对应的评语；然而，这些评语是评审组认为的最显著的方面。

1 领导力

1.1 高层领导的作用

在合议评审阶段该条目的得分在 50%~65% 区间。（请参阅表 8a：过程条款评分指南。）

优势

- a（1）柯林科技制定使命、愿景和价值观并将之传递到利益相关方，以及必要时进行修订的系统过程，支持公司有关特殊的人的核心能力。使命、愿景和价值观每年得到评价。合作伙伴供应商出席“柯林科技承诺”研讨会。新员工入职培训向新员工介绍使命、愿景和价值观。柯林科技顾客代表将它们传递给顾客。
- b（1）为了支持员工享受最佳职业规划的战略优势，高层领导者系统地与员工和顾客沟通（图 1.1-1 和表 1.1-1），并让他们深度参与。方法包括电子和社交媒体、领导团队散步谈心。基于员工反馈，申报组织针对所有关键的决策都使用正式的沟通，“生动词语”信息清晰地协助了部署。
- a（3）多项增强可持续性的方法支持员工最佳职业规划和员工高回报。这些包括领导系统，确定其在策划、实施、检查和处置（PDCA）循环，以及整合战略策划过程（SPP）的责任；以及协调一致的战略目标、核心能力、行动计划和测量指标；教训学习的会议研讨；以及顾问董事会（AB）、领导团队和未来领导者的培养过程。
- b（2）为支持柯林科技承诺的价值，高层领导者通过战略目标、行动计划和已经分解至业务细分市场、部门、团队和员工的计分卡指标，创造了对行动的关注。在月度评审计划（表 1.1-2）中，顾客、运营、财务和员工的绩效；战略执行情况；和领导系统均得到分析，找出纠正行动和改进机会。

改进机会

• a（3），b（2）在领导团体强调向持续改进和连续创新转变的背后，没有证据表明公司有用于营造创新和承担明智风险的环境的方法。此外，没有清晰地说明领导团队如何开展月度的绩效评审，以支持创新和承担明智风险。在这方面的系统方法可以支持申报组织关于“创造：我们致力于不断创新”的价值观。

• a，b 一些领导力方法——诸如用于表明对法规和道德的承诺的方法、用于与员工和顾客沟通的方法，以及用于领导团队指导和安排继任计划的方法——没有显示经过系统的评价和改进。系统检查这些用作改进机会的方法可以帮助申报组织巩固其构筑长期关系、引领行业和理解顾客业务的核心能力。

• b（2）没有说清楚高层领导者如何强化对利益相关方创造和均衡价值的关注。例如，领导团队评审计划（表1.1－2）中没有包括那些影响社区和伙伴供应商的项目。在允许利益相关者评审员实施轮换制后，没有说清楚高层领导者如何劝导这些团队成员采取措施来均衡满足其他利益相关者的需要。这可能会导致一些冲突或错失一些让多数利益相关者受益的行动计划。

1.2 治理和社会责任

在合议评审阶段该条目的得分在50%～65%区间。（请参阅表8a：过程条款评分指南。）

优势

• b（1）柯林科技使用团队的方法应对社会的潜在负面影响（表1.2－1），这体现了支持社会和环境以及努力构建与顾客和相关方的长期关系的使命。例如，公共健康团队与职业安全和健康管理局（OSHA）和社区的公共健康组织合作，执行与健康和安全风险方面的审核。环境改进团队重点关注消除生产过程中使用铅和减少有毒化学物质的使用。

• a（2）高层领导者的绩效使用360度职业生涯管理（Level 3 Sustainability）（CPM）过程进行系统评价，应对领导力培养的战略挑战。绩效结果与员工调查的反馈一起，经分析，确定每位领导者发展的方面和领导系统的改进机会，每季度讨论一次这些内容。顾问董事会基于公司的绩效、管理责任、个人领导绩效和顾客反馈评价首席执行官和确定他的报酬。

• b（2）促进员工交互中践行道德行为的方法支持申报组织“承诺”（践行诚信）的价值观。例如，新员工接受道德培训、采取后续测试，并签署一份针对公司道德准则的理解和遵守的声明。其他方法包括一个年度更新课程，一个匿名的热线电话，以及一个在线符合性报告的网页，这些都是近期实施 PDCA 循环的结果。

改进机会

- c（2）不清楚柯林科技如何系统应对社区支持。例如，不清楚关键社区是如何识别出来、支持的四个方面如何提升核心能力、各种团队如何系统地确定怎样对社区支持作出贡献。这可能会折中申报组织支持社会和环境以及增强其社区的能力。

- a（1）未见监管的系统方法。例如，执行委员会如何完成领导者的继任计划，或者顾问董事会组成的决策是如何作出的。也不清楚申报组织如何识别、优化和选择监管的改进机会。这些方面的系统方法可以帮助巩固申报组织在通过可靠性的运行过程获得超越期望的核心能力。

- b（2）柯林科技用于确保道德行为的方法，以及行为测量指标——诸如调查问题和热线应用——没有显示展开到合作伙伴供应商。这会影响申报组织“践行诚信、信任和尊敬”的价值观。

2 战略规划

2.1 战略制定

在合议评审阶段该条目的得分在 50%～65% 区间。（请参阅表 8a：过程条款的评分指南。）

优势：

- a（1）对战略策划过程（图 2.1－1）增加的季度扫描，已增强了其机动性和灵活性，在领导团队计分卡中包含的一些战略目标，使得策划活动与绩效评审过程更加协调。这些过程包含 PDCA 的元素，并按照年度实施，兼顾了短期和长期策划周期。

- a（3）应用于战略规划的数据收集与分析，可以支撑柯林科技的商业信誉战略优势。九类数据和信息（表 2.1－1）可以应用到对优势、弱点、机会以及威胁（SWOT）的分析，另外也可能影响诸如产品研发、供应链管理、人力资源管理这些领域。在金色环中，执行计划的能力会被评价，并在必要时予以相应调整。

- b 柯林科技五项战略目标中每个都至少应对一个战略优势，或战略挑战，抑或核心竞争力（表 2.1－3）。例如，提高净推荐值的目标，会影响柯林科技在公司商业信誉、影响力、私人接触方面的战略优势，以及专业和特殊的人的核心竞争力。

改进机会

- **a（2）不清楚柯林科技如何营造一个支持创新的环境，创新思想的产生是如何引导战略机遇，或柯林科技如何决定抓住哪些机会。例如，用于建立首席创新官职位**

和识别战略机会的过程没有明显的说明。系统的方法可以有效地促进柯林科技的创新价值观和其独创的核心竞争力。

- a（4）不清楚柯林科技如何决定哪些过程由内部实施，哪些过程外包出去。比如，一个用于考虑诸如核心竞争力和成本等因素的过程没有说明清楚。鉴于柯林科技两个特殊的EMS伙伴以及70%以上伙伴供应商，这方面的系统方法可以确保基于事实的决策，以确定是通过内部还是外部来提供必要的核心能力。

- b（2）不清楚柯林科技的战略目标是如何考虑社区需求的。例如，柯林科技如何考虑纳什维尔社区关于安心的就业机会、社会组织的领导力，以及社区发展的支持没有说明。考虑并应对这些需求可能会帮助柯林科技履行增强社区使命的任务。

2.2 战略实施

在合议评审阶段该条目的得分在50%～65%区间。（请参考表8a，过程条目中的评分准则。）

优势

- a（1、2、5）行动计划的方法制订、实施和测量强化了每个人为柯林科技成功积极贡献的柯林科技文化。董事们用战略矩阵确定短期战略行动计划和举措（表2.2－1）。工作组实施行动计划，该行动计划通过计分卡和职业生涯管理相关联，并在月度战略审查会议上检查进展情况。

- a（3）给行动计划分配的财政的和其他资源支持了柯林科技战略目标的实现。领导团队和顾问董事会审查资源需求，董事和经理执行两次可行性审查。获批的资源分配给各个行动计划，如果需要，领导团队在月度战略审查会议上进行调整。

- a（6）柯林科技建立和实施改进的战略行动规划的方法支持顾客需求的达成，比如可靠性、及时交付和高质量。为确保完成行动计划，领导团队在其战略领导力评审时使用力场（force－field）工具，以平衡优先事项和资源。然后指定利益相关方负责执行修正的行动计划。

改进机会

- a（1）对于柯林科技的长期规划区间，战略行动计划不清晰。创建这样的行动计划可能协助柯林科技克服其战略挑战，应对商业环境中的预期变化，比如研发增长、纳米技术和GBN集团的合同。

- a（4）支持战略目标、行动计划、人才影响、容量和功能的潜在变化的人才计划，不清晰如确保员工有在合同研发和纳米技术中成功的能力的计划。与战略目标协调一致的人才计划可能帮助柯林，确保其能应对GBN合同带来的人才影响，满足顾客对可靠性、及时交付和高质量的需求。

- b 柯林科技 3 年规划期的绩效预估确定方法不清楚，柯林科技的竞争者或可对比的组织的绩效预估也不明确。清楚了解自我期望的绩效和其竞争者可能帮助柯林科技建立有效的行动计划，以及实现其在业务细分市场中的增长。

- a，b 柯林科技系统性的评估或实施其战略的方法改进不明显。例如行动计划如何制订和实施，资源如何分配，若计划中情形需要转变时行动计划如何改进。定期评估这些和其他关于识别机遇的方法可能改进柯林的绩效和实现战略目标。

3 以顾客为中心

3.1 顾客声音

在合议评审阶段该条目的得分在 50%～65% 区间。（请参见表 8a，过程项目评分指南。）

优势

- a 通过倾听顾客并每年评估方法，柯林科技通过私人接触（核心竞争力），提高其与所有顾客建立持久关系的能力。例如开展季度和两年期的焦点小组以及在贸易展览会上的市场兴趣调查。收集来自当前顾客、以往顾客、潜在顾客和竞争对手的顾客的信息作为战略规划的输入。

- b（1）柯林科技确定顾客满意度和参与度的方法提供了信息，以支持增加当前市场份额的战略目标。每年审查这些方法以进行改进。通过参与改进工具箱，柯林科技确定哪些领域的改进能够对结果产生显著的变化。

- b（2）通过确定与竞争对手相关的满意度方法获得的洞察可能有助于柯林科技实现其增加当前市场份额的战略目标。方法包括流失顾客分析，收集有关供应商选择的非顾客数据以及互惠伙伴合作协议。

改进机会

- a（1）目前尚不清楚柯林科技如何调整其倾听方法——如季度顾客回访，焦点小组和顾客满意度调查，针对整个顾客生命周期的航空航天、个人电子和合同研发的顾客。调整倾听方法可以帮助柯林科技利用私人接触的战略优势，实现增加当前市场份额的战略目标。

- b（3）目前还不清楚柯林科技如何捕获不满者的测量，采取可操作的信息去满足顾客的需求，超越他们未来的期望。在该领域有系统的方法可以帮助柯林科技识别未来的顾客需求，并支持其净推荐值的提高。

3.2 顾客参与

在合议评审阶段该条目的得分在50%~65%区间。（请参见图8a，过程条款评分指南。）

优势

• b（2）柯林科技支持整个产品生命周期和高质量的顾客需求的投诉管理。投诉信息记录到CNet，按照路径分配到相应的柯林科技CCA，并进行跟踪解决，通知关键的内部利益相关者。投诉编码与整个顾客关系生命周期中的其他编码系统保持一致，提供一个集成的投诉视图。

• a（2）顾客支持和信息沟通的多种方式增强了柯林科技在了解顾客业务和超出顾客预期的核心竞争力。方法包括一个安全的顾客门户网站CNet，以及社交媒体和CCA博客。除了保持电话联系和跟进订单外，CCA和业务部门经理定期会与顾客见面。

• b（1）柯林科技建立和管理与当前顾客关系的方法与其建立持久关系的核心竞争力相一致。例子包括分配CCA与顾客协调沟通，参与电子工业联盟（EIC）小组委员会，参加贸易展览会，并使用短信和CCA博客。

改进机会

• a（3）目前还不清楚柯林科技如何确定哪些顾客、顾客群体和细分市场，去强调和追求业务增长，或如何使用信息来预测未来的顾客群体和细分市场。鉴于通过收购不断扩张的顾客研发服务和行业增长的战略挑战，系统性识别未来的顾客群体和市场将可能支持柯林科技的可持续发展。

• a（1），b（1）目前尚不清楚柯林科技如何构建和管理关系来获取顾客，或如何识别和调整产品进入新市场并吸引新顾客。在这些领域的系统流程可能支持不断扩大的顾客研发服务的战略挑战。

• a（2），b目前尚不清楚柯林科技如何系统改善其顾客支持和顾客关系方法，如那些用于确定不同的顾客群体和细分市场的支持需求。系统地改进这些方法可以帮助柯林科技增加其市场份额，并提高其净推荐值。

4 测量、分析和知识管理

4.1 组织绩效的测量、分析与改进

在合议评审阶段该条目的得分在50%~65%区间。（请参见表8a，过程条款评分指南。）

优势

• a（1，2）柯林科技测量绩效和选择比较数据的系统性方法可以支持战略目标和组织结果的实现。绩效测量系统包括总计和分解的计分卡，标杆团队采用一流的比较措施。在战略策划过程中确定的关键战略措施成为领导团队计分卡（表4.1-1），然后将它们对应到每个员工的指标中。

• a（3）柯林科技系统地使用顾客声音和市场数据支持战略和运营决策，打造核心竞争力。CRM 系统包括所有的顾客互动信息。顾客调查评估对柯林科技未来业务产生关于相比需求的产品性能、相对重要性、优先级别和相关级别的定量指标。流程团队使用这些数据来确定纠正措施和流程改进。

• c（3）领导团队使用绩效评审结果制定持续改进优先事项，这强化了每个人对柯林科技成功作出贡献的组织文化。内部评估审查过去一年的绩效表现，包括纠正及持续创新和持续改进团队行动。必要时，优先事项的改变由领导团队评审触发，并与合适的利益相关者团队沟通此变更，确保合作伙伴供应商和利益相关者的参与。

改进机会

• c（2）目前还不清楚柯林科技如何使用绩效评估结果和竞争数据预测未来的业绩。例子是柯林科技如何使用所有领导团队计分卡指标所需的比较数据去预测，顾客利益相关者团队和标杆团队如何协调测量结果和竞争信息之间的差异。预测未来业绩可能会帮助柯林科技评估其组织相对于竞争对手的进度，支持其巨大的价值。

• b 目前还不清楚柯林科技如何评估实现其战略目标的进展情况。例如，领导团队计分卡评估审查没有出现对所有战略目标的进展，如通过业务部门和员工推广的可持续做法增加市场份额。协调的措施可以帮助柯林科技应对其战略挑战，如通过收购和员工可持续的参与促进行业增长。

• c（1）尚不清楚柯林科技如何确保最佳实践得到有效和系统的识别和共享，以支持引领未来电路创新的愿景。例如，根据业务部门识别高绩效业务并审查这些业务，以及在领先实践数据库中使用和共享这些信息的过程不明显。

4.2 知识管理、信息与信息技术

在合议评审阶段该条目的得分在 50%~65% 区间。（请参见表 8a，过程条款评分指南。）

优势

• b（4）为了支持响应的战略优势，柯林科技系统地确保在紧急情况下硬件和软件系统可用。紧急情况可用性计划自 2011 年起已经到位，本地服务器每八小时就会备

份到冗余服务器。此外，合作伙伴供应商还会在24小时内提供硬件库存。

• b（1）确保数据准确性、完整性和可靠性，及时性、安全性和保密性的方法：每年进行审查以改进，支持柯林科技完成其目标。例如，具有条形码的集成系统通过自动化设备跟踪材料。所有系统都使用基于角色的访问，防火墙和过滤器保护系统免受外部威胁。

• b（3）柯林科技确保软件和硬件可靠，安全和用户友好的方法支持员工生产力。例如，产品由信息技术系统（ITS）小组通过用户输入进行评估，柯林科技访问合作伙伴供应商的网站以确定要部署哪些技术。此外，ITS计分卡跟踪与系统可用性和安全性相关的性能。

改进机会

• a（1）目前尚不清楚柯林科技如何有系统地收集和分享知识。不清楚的方法示例包括员工知识如何被捕获和转移，而不是离开的员工，以及如何有效地使用领先实践数据库作为过程设计和管理过程的输入（图6.1－1）。没有系统的知识管理过程，柯林科技可能不能充分利用其组织能力的聪明才智。

• a（2）目前尚不清楚柯林科技如何使用知识和资源将学习嵌入到其运作方式中。例如，不清楚员工如何使用卓越绩效小组的最佳实践信息，或者使用什么过程来验证绩效卓越小组对领先实践数据库分析的有效性。这一领域的有效进程可以解决员工对学习机会的要求。

• b（2）不清楚柯林科技如何确保数据和信息以用户友好的格式提供给公司以外的员工。示例是确保合作伙伴供应商和顾客的数据和信息的用户友好性以及考虑向社区友好地提供数据和信息的方法。这可能限制柯林科技回应这些利益相关者需求的能力。

5　以人为本

5.1　员工环境

在合议评审阶段该条目的得分在50%～65%区间。（请参考表8a，过程条款评审指南。）

优势：

• a（1）柯林科技以整合和系统的方法评估员工能力和数量，并整合战略和行动计划，并支持员工对学习和改进机会的需求。如，通过年度人力资源能力测评和季度数量研究，柯林实现岗位需求、能力需求和合格员工的匹配。

• b（1）柯林科技系统应对工作场所环境因素以确保所有员工安全。在众多领域建立了环境健康安全（EHS&S）措施和目标（表 5.1－1）。对 50 项相关领域的最低标准进行月度或半年度的检查，如人机设计、照明、噪声、个人防护装备等。

• b（2）员工福利和服务按照惯例运用满意度调查数据进行评估，并帮助柯林科技保持有竞争力的福利和服务，满足员工需求。这些福利和服务根据员工和过程改进或持续改进和创新团队的建议来确定，并由人力资源委员会来推行。

改进机会：

• a（2）柯林科技的招聘方式未体现针对多元区域文化和思维方式的个性方法。除为新员工提供入职介绍外，未描述留住新员工的方法。一项可重复的过程可以帮助增强柯林科技在优秀人才方面的核心优势。

• a（4）人事变动管理的系统方法不明显，包括柯林科技如何管理员工以保证连续性，防止员工流失并减少员工流失的影响，以及如何应对增长周期。这一方面的系统方法能够帮助柯林应对研发（R&D）业务扩展的战略调整。

• a，b 柯林科技以下方面的学习循环不明显，如能力和数量研究、团队建设过程、员工健康和安全判断以及最低标准过程。员工过程的系统视角将有助于帮助柯林科技持续改进并促进员工参与。

5.2 员工参与

在合议评审阶段该条目的得分在 50%～65% 区间。（请参考表 8a，过程条款评审指南。）

优势：

• a（1）柯林科技确定员工参与关键因素的方法有助于应对员工可持续参与这一战略挑战。这些因素每三年根据对员工调查问卷和整体参与及满意度的相关与回归分析进行更新，分析识别不同员工群体参与因素的潜在差异，并指导人力资源委员会识别所需的持续改进与创新团队。

• a（3）柯林科技绩效管理的系统方法支撑其为员工提供最佳职业和优越回报的使命。其职业生涯管理（CPM，图 5.2－1）在建立个人和团队绩效方案中，考虑到能力素质模型差距、战略目标、行动计划以及员工职业目标。个人绩效评估还结合顾客和波多里奇标准评估结果来确定其报酬，并依据实施了的想法提供奖励。

• c（1）柯林科技的学习和发展方法满足组织需要，并为员工提供了学习并致力于公司成功的机会。基于项目的培训与战略和能力需要相衔接，员工的个人发展方案基于个人和上级选择来决定。通过职业生涯管理（CPM）过程识别支撑员工发展需要的培训和其他内部机会。

改进机会：

• a（3）未清晰说明柯林科技的员工绩效管理体系，包括个人发展规划过程、员工调查过程、360°反馈过程以及奖励和认可系统如何支持承担明智风险以实现创新。系统运用这些过程来支持承担明智风险和评估发展机会将有助于柯林科技实现引领未来电路板创新的愿景。

• c（3）管理和领导岗位的职业发展和继任方案部署不明显，而且未清晰说明这些方法如何与其他的员工能力和数量过程相整合。如，职业通道未设置管理或领导角色。完整部署这一方法有助于柯林科技应对领导力发展方面的战略挑战并有助于长期可持续发展。

• a（2），b（1）柯林科技未说明不同员工群体差异化的绩效管理和员工参与方法或措施。如利用留用率、缺勤率和生产率来评估和提升员工参与并运用这些信息确保文化受益于不同员工群体。在这些领域充分应用，将有助于柯林科技认识到与为员工提供最佳职位目标的差距。

6 关注运营

6.1 运营过程

在合议评审阶段该条目的得分在50%~65%区间。（请参考表8a，过程条款评审指南。）

优势：

• a（1）柯林科技发挥专业的核心竞争力，通过流程设计和管理过程（图6.1－1）设计和评估其产品和过程，包括产品开发和创新过程（图3.2－1），以及PDCA。过程设计的输入包括顾客需求、当前能力、新技术和预期的过程输出。

• b（1，3）在所有生产线上管理生产过程绩效的多种方法支撑柯林科技过程能力的战略优势。可编程序控制器、数据采集与监视监控系统、柯林科技集成网络汇总数据和卓越绩效团队评估，有助于管理运营绩效。柯林科技每年至少运用一次PDCA循环和过程分析问卷（表6.1－1）识别改进生产过程的机会。

• b（2）运营体系、关键过程和支持过程与柯林科技的绩效改进系统和关键顾客需求相契合（图6.1－2）。柯林科技连同一些要求的绩效指标一起界定关键运营过程要求（表6.1－2）。

改进机会：

• a（1）对于在产品开发和创新过程、流程设计和管理过程中，如何考虑需求的变化和新技术的变化表述不清楚。这方面采用系统方法将有利于柯林更好地聚焦细分市场并实现增长目标。

• b（1，2）柯林科技没有充分证明如何确保日常运营中的非生产过程满足所有关键需求（表 6.1－2），如 CNet 汇总数据和其他指标。系统的过程保证方法可以提高柯林科技在提升需求交付和响应以及成功应对订单加急等方面的声誉。

• b（3）持续改进与创新团队没有展开到所有产品、过程和工作团队中。如没有充分证明所有过程团队运用了过程分析问卷，持续改进与创新团队持续影响关键工作过程和生产线的程度并不清楚。而完全展开，将增强柯林科技专业化的核心竞争力。

6.2 运营有效性

在合议评审阶段该条目的得分在 50%～65% 区间。（请参考表 8a，过程条款评审指南。）

优势：

• a 柯林科技的生产过程在很多方面结合了成本控制、周期、产量和其他效率和有效性因素，有助于有效管理运营和应对 3 级可持续性和高密度低重量生产方面的战略挑战。方法包括监控过程的闭环控制器、过程能力学习、可编程的测试和检测设备。

• c 到位的安全和应急准备方法有助于为支撑关键使命原则，营造安全和有防备的工作环境。柯林科技的环境健康安全项目包括一支提供安全监督、安全措施管理的团队，以及其他举措。系统的应急准备方法包括业务持续性计划和年度恢复计划评估。

• b 系统的供应链管理方法有助于支撑顾客对准时交付这一首要考虑期望的满足。这些方法包括正式的供应商资质审核过程和对伙伴供应商和普通供货商的五个关键绩效指标跟踪。伙伴供应商可以共享竞争对手和标杆数据以帮助提高绩效。

改进机会：

• d 没有说清楚首席创新官、产品开发和创新过程、卓越绩效团队和领导团队如何系统协同合作以管理创新并创造未来流程。如，不清楚高层领导如何调整预算以应对创新机会的增加或系统地决定中止创新机会。如果缺乏系统的方法，柯林可能无法识别最能支撑创新聚焦愿景的产品和过程能力提升机会。

• a，b 柯林科技在实现运营效益方法上的系统评估和改进证据不足，如用于控制运营成本、降低错误和缺陷、管理伙伴供应商和普通供货商绩效的方法。对关键运营过程的周期性系统评估有助于满足顾客在竞争性的价格、准时交付和高质量方面的需求。

• a 柯林科技并没有描述在非生产过程如何控制成本和降低错误，如控制调度——什么是与准时交付这一关键顾客需求相关的，和订单接收成本。也没有说清合作研发如何在新产品顾客评估测试方面支持缺陷降低和成本控制。这将限制柯林科技扩张顾客研发服务。

7 结果

7.1 产品和过程结果

在合议评审阶段该条目的得分在 30%～45% 区间。（请参考表 9b，结果条款评分档。）

优势：

• a 多数产品和过程结果显示了柯林科技成功满足关键顾客需求。结果上的改善趋势体现在准时交付、及时收货、顾客转移率和信息准确性（图 7.1－1，图 7.1－2，图 7.1－4，图 7.1－5）。准时交付（图 7.1－1）接近行业最佳标杆，可靠性超越标杆（图 7.1－3）。

• b（1）一些过程效率和有效性指标的向好趋势增强了柯林科技有效过程的战略优势。如开发和蚀刻、电镀、层压（图 7.1－8）的过程能力以及合作研发和个人电子的加工周期总天数。

改进机会：

• a，b，c 柯林科技报告中仅涉及范围有限的一些产品和过程结果。如满足某些市场和顾客期望的结果（图 P.1－4），多数供应商满足关键需求的能力结果（表 6.1－2）。缺少对这些结果的跟踪，柯林科技可能错失把握关键领域改进的机会。

• a，b，c 多数指标缺少对比结果，包括在产品绩效（如图 7.1－2，图 7.1－4 和图 7.1－5）、运营过程有效性（如图 7.1－9 和图 7.1－10）和供应链管理（如图 7.1－15）。在这些方面与其他组织或标杆的对比有助于柯林科技追求希望实现的价值——与其他组织相比值得骄傲的运营绩效。

• a，b，c 一些重要方面的结果没有根据特定顾客或市场群进行细分。如可靠性（图 7.1－3）没有说明对于关键顾客 GBN 集团的结果，而这一可靠性评估应该放到首位。同时，合作研发作为柯林科技着力实现最快发展的业务板块、优先考虑的结果（图 7.1－5，顾客支持的及时性和准确性）并没有针对顾客进行细分。

• a，b（1）一些产品或过程结果指标显示了波动的绩效水平或趋势。如，合作研发和个人电子中标率在过去四年里都滞后于航空业务板块，而且个人电子中标率在

2011 年至 2013 年一季度之间不稳定（图 7.1－11）。这些结果可能表明柯林科技在各关键领域没把握住提高产品或过程效率的机会，将影响其市场竞争力。

7.2 以顾客为中心的结果

在合议评审阶段该条目的得分在 50%～65% 区间。（请参考表 9b，结果条款评分档。）

优势

- a（1）顾客满意度的一些关键测量指标结果与关键顾客的需求相一致。例如，10 个顾客满意度测量中的 6 个（表 7.2－1）的结果，显示了可靠性、HDLW 能力、功能性、交付，收货质量和响应性的良好水平和向好趋势。顾客对不同市场前两名需求的顾客满意度（表 7.2－2）显示了可靠性，HDLW 和支持的良好水平和向好趋势。

- a（1）总体顾客满意度结果以及航空航天和合同研发部门（图 7.2－1）强调了柯林科技的核心竞争力。例如，2009 年至 2013 年第一季度，总体满意度及航空航天和合同研发顾客的满意度有所增加；此外，在 2012 年和 2013 年第一季度，两个细分市场都达到或超过了标杆水平。

- a（2）一些顾客参与度结果可能反映了建立顾客关系能力的增强，从而在未来三年内按业务板块增加了市场份额。例如，从 2009 年到 2013 年第一季度，总体顾客参与度有所提高，并超过了过去三年的行业基准（图 7.2－4）。柯林科技的净推荐值得分超过了竞争对手和 2009 年以来的行业平均水平（图 7.2－3）。

改进机会

- a 柯林科技没有提供对提高绩效的重要领域（例如投诉结果和解决方案，关系属性，与战略目标相关的顾客满意度/不满意度，以及顾客流失）的顾客满意度结果。这些结果可能有助于柯林科技识别改善其私人接触方法的机会。

- a（1）对于个人电子业务板块，满意度低于航空航天和合同研发业务，低于标杆（图 7.2－1）。此外，个人电子业务的前两项需求——HDLW 和定价的满意度，明显低于其他业务板块前两项需求的满意度（表 7.2－2）。提高个人电子产品的满意度结果可能有助于增加这一领域的市场份额。

- a 柯林科技没有按业务板块或顾客生命周期细分一些关键的以顾客为中心的结果（例如，净推荐值，总体顾客参与度和累积顾客推荐人数；图 7.2－3，图 7.2－4 和图 7.2－5）。细分市场的结果可能通过稳健的操作流程来支持柯林科技的核心竞争力，用于了解顾客的业务并超越顾客的期望。

7.3 以人为本的结果

在合议评审阶段该条目的得分在 30%～45% 区间。（请参考表 9b，结果条款评分档。）

优势：

- a（3）2009 年至 2013 年间的员工满意度和员工参与结果显示柯林科技正朝着为员工提供最佳职位并满足他们需求的方向前行（图 P.1－3）。这期间整体的参与和满意度提升高于 2013 年制造业标杆（图 7.3－1）。此外，员工留职率（图 7.3－5）上，工厂达到 93%，技术员工达到 95%，支持部门员工近 100%，对工厂和人事部门来说趋势喜人。

- a（1，4）员工能力和开发结果满足员工获得学习和提升机会的需求，同时也增强了员工获得工作所需能力认证的战略优势。能力结果趋势向好（图 7.3－1），有关电子连接工业认证和提升可持续发展能力的测量结果也是如此。

- a（2）很多工作环境测量指标契合员工需求。如感到安全放心、拥有有竞争力的工资和待遇、自豪于成为持股者等方面的结果在 2009 年至 2012 年间不断提高。具体的健康和安全测量指标（如表 7.3－2 到图 7.3－3）也同期改善。

改进机会：

- a（4）柯林科技提供的职业生涯管理（图 5.2－1）或接班人培养体系结果非常有限，而且展示领导力的员工百分比在 2008 年至 2012 年间（表 7.3－4）基本保持不变。监测后备领导力开发的结果将有助于柯林满足所识别到的需求——扩大接班人体系以培养员工适应领导角色并维持组织长远发展。

- a 技术员工——占到员工总数的 28%，且是产品创新和合作研发增长的关键资源——人力资源结果落后于工厂员工及一些员工支持指标。如员工数量和能力（图 7.3－1），留职率（图 7.3－5）以及培训应用百分比（图 7.3－6）。技术员工结果的提升将有助于支撑柯林科技致力于满足市场增长份额目标和设计未来的产品。

- a 对于柯林科技具有重要意义的一些结果没有进行细分或仅根据工作职能进行细分。比如：员工调查结果（表 7.3－1），伤害事故率和员工因非致命工伤缺勤率（表 7.3－2），员工战略行为结果（表 7.3－4）。充分的细分将有助于柯林科技聚焦于特殊员工群体的满意度、参与度、福利或战略行为。

- a 很多以人为本的结果中缺少对比结果，包括多数的员工调查结果（表 7.3－1）和员工留职率（表 7.3－5）。了解比较行业和其他合适标杆以人为本的结果，有助于柯林科技实现其较其他组织拥有值得骄傲业绩的价值。

7.4 领导和治理结果

在合议评审阶段该条目的得分在 30%～45% 区间。（请参阅表 9b，结果条款评分档。）

优势

• a（1，4）领导沟通和信任结果（表 7.4 – 1）支持柯林科技“承诺”价值观。例如，“我能与领导直接敞开沟通”的结果在 2013 年保持 100%，好于前 10% 的标杆水平。其他超过前 10% 标杆的还有“我经常收到公司战略的更新信息”，结果是 99.7%，和“我相信领导采取了正确的方向”。

• b 组织战略和行动计划的实现和两项核心能力的结果表明柯林科技“勇气”的价值。例如，行动计划和战略目标完成的指标 2012 年均达到 100%（表 7.4 – 2）。显像、蚀铜和黑化三个工序的过程能力从 2009 年到 2012 年均有提高（图 7.1 – 8）。私人接触的正向评价过去三年从 6 次提高到 18 次（表 7.4 – 3）。

• a（2，3）柯林科技在财务责任方面的结果，满足/超越法律法规要求，治理强化了“承诺”价值观。例如，100% 的顾问委员会相信他们的行为符合道德和法律要求（表 7.4 – 1）。此外，柯林科技报告 2009 年至 2012 年 0 项外部审核发现和两项或更少的外部观察项（图 7.4 – 4）。

• a（5）环境支持的结果展示，柯林科技有效应对了其实现“水平 3 可持续性”的战略挑战。再循环和能源效率改进活动已经持续降低了固态废物（图 7.4 – 6），有害化学物处理出错数已经连续四年降低（图 7.4 – 8）。

改进机会

• a（5）漏报了一些指标结果，柯林科技如何很好地满足在业务区域作为伙伴的社区要求的指标，以及增强社区参与的活动指标（图 1.2 – 2），如对当地学校计算机实验室的支持。跟踪这些测量指标可以支持更新的关于增强其社区的使命。

• a（1，4）柯林科技没有报告一些识别的利益相关方的领导有效性结果（表 7.4 – 1）或者其他利益相关方团体的细分结果。例如，没有给出伙伴供应商或顾客方面的信任结果。此外，员工、顾客和其调查结果，没有按照员工类型、顾客类型和两个 EMS 伙伴供应商，分别区分调查结果。没有这些结果，柯林科技或许会丢失这些团队回答中的不同。

• a，b 大多数领导和治理的结果缺乏对比数据。没有这种数据，特别是没有环境测量指标，柯林科技也许不能确定其过程是否是领先的最佳实践结果。

7.5 财务和市场结果

在合议评审阶段该条目的得分在 30% ~ 45% 区间。（请参考表 9b，结果条款的评分档。）

优势

• a（1）一些财务结果支持柯林科技为员工优秀和其勇气可嘉提供回报的使命。例如，航空航天销售从2009年到2012年改进，每年都超越最佳竞争者，研发销售从2009年到2012年稳步提升（图7.5－1）。

• a（1）资产效益的几项指标的结果与柯林科技专业知识的核心竞争力一致。例子包括自2009年已超越标杆的库存周转数（图7.5－5），和从2008年到2012年的改进并超过2012年标杆的应收账款周转天数（图7.5－6）。

• a（2）赢得的回头客百分比（图7.5－8），是市场绩效的一个关键指标，从2008年到2013年第一个季度的改进，自2010年起都比行业最佳好。这个结果与柯林科技同顾客建立持久关系的核心竞争力相一致。

改进的机会

• a（2）柯林科技没有汇报市场绩效的一些指标的结果和同其战略规划相关联的增长。例子包括增加航空航天、个人电子和合同研发顾客（表2.1－3）的市场比例的战略目标，以及生产原型和增加新合同（图2.1－1）的战略行动计划。这样的结果可能帮助柯林认识到其行动计划是否可以产生预期结果。

• a航空航天、个人电子和合同研发业务领域没有汇报大多财务和市场绩效的指标结果。市场细分结果，比如赢得的可用回头客比例，可能帮助柯林科技实现这些业务领域增长的战略信息。

• a（1）对于个人电子业务领域，销售额趋势平平，销售水平远低于2012年的最佳竞争者的那些（图7.5－1）。这些结果可能表明柯林在这个领域实现其增长目标的现行战略对实现未来领导电路创新的愿景没有贡献。

• a财务和市场结果仅包括有限的对比数据。认识到相对于竞争对手的绩效和改进进度，有助于柯林科技获得两方面的巨大价值——为自己的业绩感到骄傲，同时有助于衡量市场份额增加这一战略目标的达成情况。

附录 A

下方的雷达图描绘了贵公司每个条款得分所代表的绩效，并将该绩效与 2013 年所有申报组织的平均分数进行了对比。您将会注意到图中的每个圆环都对应得分区间。

这里可以看到你们的绩效与所有申报组织的平均情况相比的相同和差异之处，有助于你们下一步确定努力改进和发挥优势的领域以及先后顺序。

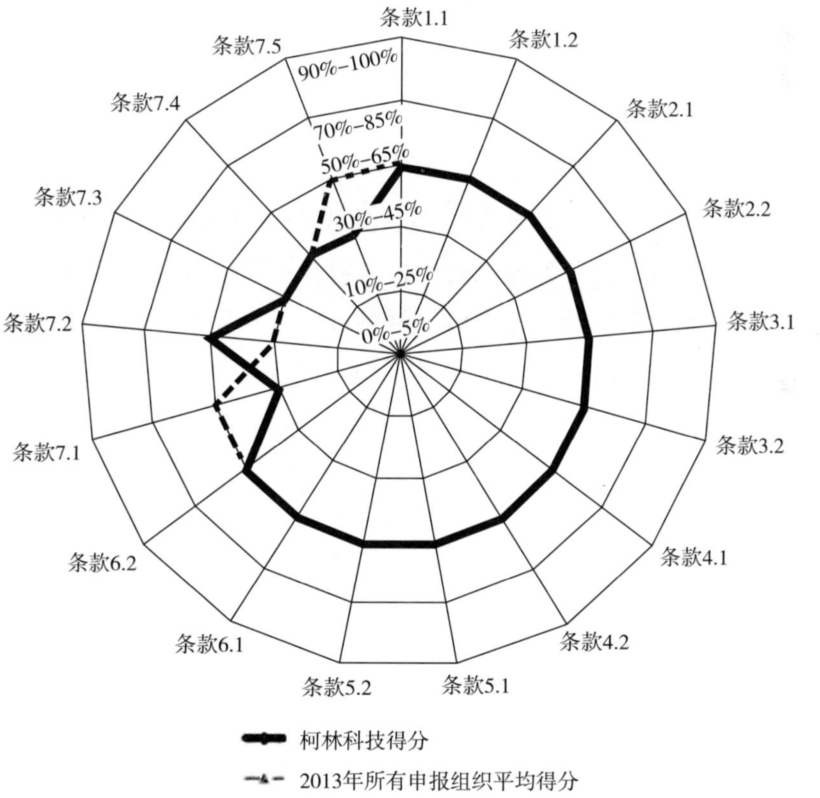

附录 B

能够提交波多里奇质量奖申报材料，就表明贵公司已经与多数的美国组织不一样了。评审委员会对你们的马尔科姆·波多里奇国家质量奖的申报材料，及申报评审和反馈的全过程每个环节都严格保密。

反馈报告涵盖评审员的评审结果，其中包括评审的关键主题综述，优势和改进机会的详细列表以及评分信息。评审过程的背景信息也在下方提供。

申报材料评审

独立评审

在收到奖项申报材料后，奖项的评审过程周期（图 1 所示）从独立评审开始展开，这一环节评审委员会成员会分到各家的申报材料。我们会根据评审员的专长和潜在冲突与利益回避来分配申报材料。每家申报材料都会得到评审员独立评审，评审员会对应《2013—2014 卓越绩效准则》的评分体系撰写评审意见。

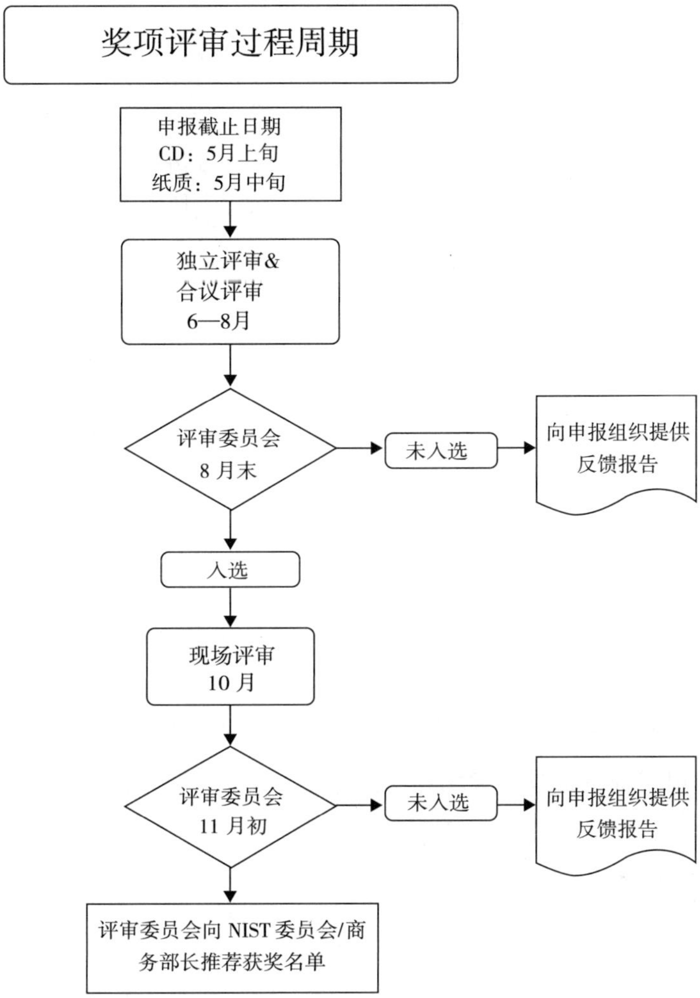

图 1　奖项评审过程周期

合议评审

在合议评审中（见表 1），评审组在高级评审员或资深评审员的带领下，进行一系列的评审活动。先是在 BOSS 安全数据平台上虚拟管理，最后通过集中电话会议完成评审。这一系列评审的目的是让评审组通过收集评审员有关柯林优势和改进机会的观点从而达成合议的评论和评分。评审组在合议评分册上记录评论和打分。

表1　合议评审

阶段1 合议制订计划	阶段2 在BOSS上合议评审	阶段3 合议通话	阶段4 合议通话后工作
• 梳理团队完成工作的时间表 • 分配章节/条款讨论的负责人 • 讨论关键经营/组织因素	• 审阅所有独立评审意见，形成合议评论和分数的初稿 • 形成供评审组讨论的评价报告和打分 • 处理反馈报告，整合输入，针对大家工作列表的差异提出合议 • 审阅更新的评论和打分	• 讨论评论、打分和所有关键主题 • 在评论和打分上达成合议	• 根据合议讨论意见，更新评论和打分 • 准备最终的合议评分册 • 准备反馈报告

现场评审

合议评审之后，评审委员会根据评分情况选择进入现场评审的申报组织。对于未被确定为现场评审的组织，最终的合议评审评分册在评审员调整后将作为反馈报告。

现场评审是为分数最高的申报组织准备的，以澄清评审员在资料评审过程中不确定或存疑的方面，并证实申报材料中的信息都是准确的（见表2现场评审过程）。现场评审之后，评审组将准备最终的现场评审评分册。

表2　现场评审

阶段1 评审组准备	阶段2 现场评审	阶段3 现场评审后工作
• 合议评审的成果 • 准备现场评审的问题 • 制订现场评审计划	• 现场展示 • 沟通面谈 • 记录发现 • 整理材料	• 解决问题 • 总结调查结果 • 给出评价 • 准备最终现场评分册 • 准备反馈报告

所有申报组织的申报材料、合议评分册和进现场评审组织的评分册都会提交评审委员会审阅（见表3）。评审委员会委员建议哪些申报组织应获得波多里奇奖，并识别未获奖的申报组织在哪些方面展示了最佳实践。评审委员会委员分别讨论六个奖项类别中的申报组织，并投票确定保留和淘汰的申报组织。接下来，评审委员会委员将根据“绝对”标准——柯林整体上是否卓越且适合成为全国的标杆，以决定每个奖项类别的最佳申报组织是否能够作为奖项获得者。对于未推荐获奖的组织，评审委员会将进一步讨论决定这些组织是否在某些方面有最佳实践。每个类别奖项的确定都经过这一过程。

表 3　评审委员会审议

阶段 1 评审委员会小组审查	阶段 2 按奖项类别评估	阶段 3 最佳组织评估
• 申报材料 • 合议评分册 • 现场评分册	• 制造业 • 服务业 • 小企业 • 教育 • 医疗卫生 • 非营利	• 整体的优势/改进机会 • 作为全国卓越绩效标杆的适当性

评审委员会委员不得参加与自己有竞争或冲突利益及有私人或特殊利益组织（如有雇佣关系或顾客关系、经济利益或个人及家庭关系）的讨论或投票过程，所有回避事宜都需要评估和讨论，因此评审委员会委员知晓本人和他人在获取信息或参与讨论和投票方面的限制。

在评审委员会委员审议和推荐获奖者之后，现场评审组的组长编辑最终的现场评审评分。

图书在版编目（CIP）数据

美国波多里奇国家质量奖案例研究：制造业／中国质量协会等编译．—北京：中国社会出版社，2018.5

ISBN 978－7－5087－5959－3

Ⅰ.①美…　Ⅱ.①中…　Ⅲ.①制造工业－工业企业管理－质量管理－案例－美国　Ⅳ.①F471.264

中国版本图书馆CIP数据核字（2018）第090260号

书　　名：美国波多里奇国家质量奖案例研究：制造业

编 译 者：中国质量协会　赵建坤　王　婧　王文佳　于洪波

出 版 人：浦善新

终 审 人：李　浩

责任编辑：朱永玲　杨春岩

出版发行：中国社会出版社　　**邮政编码**：100032

通联方式：北京市西城区二龙路甲33号

电　　话：编辑部：（010）58124828

邮购部：（010）58124828

销售部：（010）58124845

传　真：（010）58124826

网　　址：www.shcbs.com.cn

shcbs.mca.gov.cn

经　　销：各地新华书店

中国社会出版社天猫旗舰店

印刷装订：中国电影出版社印刷厂

开　　本：185mm×260mm　1/16

印　　张：15.5

字　　数：300千字

版　　次：2018年7月第1版

印　　次：2018年7月第1次印刷

定　　价：48.00元

中国社会出版社微信公众号